m Lehrbuch findest du unterschiedlich gekennzeichnete Seiten oder Teile von Seiten.
ie Inhalte sollen dich bei der Aneignung naturwissenschaftlicher Kompetenzen unterstützen.

Inhaltsseiten

Inhaltsseiten vermitteln dir – unterstützt durch Merksätze, Tabellen und Übersichten – Wissen über interessante Erscheinungen, wichtige Begriffe und grundlegende Gesetze.
Hier kannst du nachlesen, wenn du im Unterricht etwas nicht verstanden hast.

Physik im Alltag

An Beispielen wird dir gezeigt, wie dir dein Wissen helfen kann, den Alltag zu verstehen.
Es wird dargestellt, wie du Probleme lösen, Fragen beantworten oder Sachverhalte bewerten kannst.

Interessantes aus …

Interessantes aus der Natur, der Technik, der Geschichte oder der Wissenschaft bietet dir zusätzliche Informationen, die über die obligatorischen Inhalte hinausgehen.

So kannst du vorgehen

Auf diesen Seiten wird dir an Beispielen gezeigt, wie du typische Tätigkeiten und Methoden ausführen kannst und was dabei zu beachten ist.
Dieses Methodenwissen brauchst du im gesamten Physikunterricht.

Selbst erforscht

Du erhältst Anregungen für eigene experimentelle Untersuchungen, die du teilweise auch zu Hause durchführen kannst.
Bei der Lösung mancher Aufgaben ist es zweckmäßig, mit einem Partner oder in Gruppen zu arbeiten.

Wahlpflichtbereich

Ein solcher Lernbereich beinhaltet ein Thema, das im Unterricht behandelt werden kann, aber nicht behandelt werden muss.
Es geht dabei um eine Ergänzung oder Vertiefung zu obligatorischen Inhalten des Physikunterrichts.

Das Wichtigste im …

Auf diesen Überblicksseiten wird das Wesentliche eines Abschnitts übersichtlich und strukturiert zusammengefasst.

Gewusst • Gekonnt

Unter dieser Überschrift findest du Aufgaben unterschiedlichen Charakters. Du kannst
- Experimente durchführen,
- prüfen, ob du physikalische Zusammenhänge verstanden hast,
- testen, ob du Begriffe und Gesetze anwenden kannst.

Physik 6

Gymnasium Sachsen

Duden Schulbuchverlag
Berlin

Autoren
PD Dr. habil. Barbara Gau, Prof. Dr. habil. Lothar Meyer, Dr. Gerd-Dietrich Schmidt

Redaktion Prof. Dr. habil. Lothar Meyer
Gestaltungskonzept Britta Scharffenberg, Simone Hoschack
Einband Britta Scharffenberg
Layout zweiband.media, Berlin
Grafik Heribert Braun, Christiane Gottschlich, Gabriele Lattke, Christiane Mitzkus, Jens Prockat, Walther-Maria Scheid, zweiband.media, Berlin
Titelbild Mädchen mit Fernglas, panthermedia/Iuliia Malivanchuk

www.cornelsen.de

Dieses Werk enthält Vorschläge und Anleitungen für Untersuchungen und Experimente. Vor jedem Experiment sind mögliche Gefahrenquellen zu besprechen. Beim Experimentieren sind die Richtlinien zur Sicherheit im naturwissenschaftlichen Unterricht einzuhalten.
Hinweis Experimente: Achtung! Unsere Experimente sind sorgfältig ausgewählt und getestet, sodass bei ordnungsgemäßer Durchführung nichts passieren kann. Ggf. sollte Hilfestellung durch Erwachsene erfolgen. In jedem Fall schließen Verlag und Autoren jegliche Haftung aus.

1. Auflage, 6. Druck 2020

Alle Drucke dieser Auflage können im Unterricht nebeneinander benutzt werden.

Druck und Bindung Livonia Print, Riga

ISBN 978-3-8355-3227-4

PEFC
PEFC/12-31-006

PEFC zertifiziert
Dieses Produkt stammt aus nachhaltig bewirtschafteten Wäldern und kontrollierten Quellen.
www.pefc.de

Inhaltsverzeichnis

So kannst du vorgehen – Methoden

Die Physik – eine Naturwissenschaft

Die Physik beschäftigt sich mit Erscheinungen und Gesetzen unserer natürlichen Umwelt. Das Wort „Physik“ kommt vom griechischen Wort „physis“ und bedeutet Natur.

In der Physik geht es darum, Naturerscheinungen zu untersuchen, Zusammenhänge zu erforschen und Gesetze zu finden.

Eine Naturerscheinung sind Sonnen- und Mondfinsternisse. In der Physik wird die Frage untersucht und beantwortet, wie sie zustande kommen.
Da man heute die Zusammenhänge und Gesetze kennt, kann man voraussagen: Die nächste totale Sonnenfinsternis wird in Deutschland erst am 3. September 2081 zu beobachten sein.

Im Physikunterricht wirst du dich mit solchen Fragen beschäftigen wie:
- Wie kommt eine Sonnenfinsternis zustande?
- Wie funktioniert eine Lupe?
- Wie kann man die Geschwindigkeit eines Autos bestimmen?
- Warum zeigt eine Kompassnadel immer in Nord-Süd-Richtung?
- Wie kommt ein Blitz zustande und wie sollte man sich bei Gewitter verhalten?
- Warum hat siedendes Wasser höchstens eine Temperatur von 100 °C?

Zwischen der Physik und den anderen Naturwissenschaften gibt es zahlreiche Verbindungen. Besonders eng sind sie zwischen der Physik und der Astronomie.

Physik

untersucht grundlegende Erscheinungen und Gesetze in unserer natürlichen Umwelt.

Astronomie

untersucht die Entwicklung und Bewegung von Planeten, Sternen und anderen Objekten im Weltall.

Naturwissenschaften

beschäftigen sich mit der Erforschung der verschiedenen Bereiche der Natur.

Biologie

untersucht Erscheinungen und Gesetze des Lebens von Pflanzen, Tieren und Menschen.

Chemie

untersucht Erscheinungen und Gesetze, die mit dem Aufbau von Stoffen, den Eigenschaften von Stoffen und Stoffumwandlungen verbunden sind.

Physik, Technik und Alltag

Die Physik ist eine wichtige **Grundlage der Technik.** Dabei werden bewusst physikalische Erkenntnisse genutzt, um Geräte und Anlagen zu bauen, um Energie zweckmäßig zu verwenden, um unser Leben sicherer und angenehmer zu machen.

Wenn du den Lichtschalter betätigst, dann leuchtet die Deckenbeleuchtung im Zimmer auf. Die elektrische Energie wird in Licht und Wärme umgewandelt. Energie wird auch genutzt, um Fernsehapparate oder Computer zu betreiben, Räume zu heizen, Fahrräder und Autos zu bewegen oder Raketen in den Weltraum zu schießen (Abb. 2).

In vielen Bereichen werden heute Roboter verwendet (Abb. 1). Ihre Konstruktion erfordert umfangreiches physikalisches Wissen. Ohne die Kenntnis physikalischer Zusammenhänge und Gesetze gäbe es keine Handys, kein Navigationssystem, kein Flugzeug, kein Internet.

Die Physik ist eine wichtige Grundlage der Technik. In der Technik werden physikalische Gesetze vom Menschen genutzt.

Physikalische Erkenntnisse spielen nicht nur in der Technik, sondern auch in unserem täglichen Leben eine wichtige Rolle.

1 Marsroboter: Was kann er leisten?

2 Start einer Rakete: Was passiert dabei?

In einem anfahrenden oder bremsenden Bus musst du dich festhalten, um nicht umzufallen. Das gilt auch bei einer Kurvenfahrt. Nach dem Baden sollte man die nasse Badebekleidung wechseln, weil man sich sonst leicht erkälten kann. Ein Autofahrer weiß, dass sein Bremsweg bei eisglatter Fahrbahn wesentlich größer ist als auf trockener Straße, und erhöht den Sicherheitsabstand.
In allen diesen Beispielen nutzen wir – bewusst oder unbewusst – physikalische Erkenntnisse.

Die Physik ist eine wichtige Grundlage unseres täglichen Lebens. Die bewusste Nutzung physikalischer Gesetze erleichtert unser Leben und erhöht unsere Sicherheit. Unkenntnis oder Nichtbeachtung physikalischer Gesetze kann zu Unfällen oder Schäden führen.

Die Teilgebiete der Physik

Traditionell wird die Physik in verschiedene Teilgebiete eingeteilt. Diese Einteilung hat sich historisch entwickelt und ermöglicht es, das umfangreiche Gebiet der Naturwissenschaft Physik besser zu überblicken.

In der **ATOM- UND KERNPHYSIK** wird der Aufbau der Atome, ihre Umwandlung, die Entstehung und Nutzung radioaktiver Strahlung sowie der Schutz vor ihr untersucht. Auch die Gewinnung von Energie in Kernkraftwerken oder die Vorgänge der Kernverschmelzung im Innern der Sonne werden in der Atom- und Kernphysik betrachtet.

In der **AKUSTIK,** die manchmal auch als Teilbereich der Mechanik betrachtet wird, geht es um die Entstehung und Ausbreitung von Schall, aber auch um gesundheitsgefährdenden Lärm und den Schutz vor ihm.

In der **OPTIK** wird die Ausbreitung des Lichts, seine Reflexion und Brechung sowie die Bildentstehung durch Spiegel und Linsen untersucht. Gegenstand der Optik sind auch der Aufbau und die Wirkungsweise von optischen Geräten wie Lupen, Mikroskopen und Fernrohren.

Die **MECHANIK** beschäftigt sich mit der Bewegung von Körpern, den verschiedenen Kräften und ihren Wirkungen, den kraftumformenden Einrichtungen wie Hebeln, Rollen und geneigten Ebenen, dem Druck sowie dem Schwimmen, dem Schweben und dem Fliegen.

Im Mittelpunkt der **ELEKTRIZITÄTSLEHRE** stehen elektrisch geladene Körper, der elektrische Strom und seine Wirkungen sowie die Gewinnung elektrischer Energie. Behandelt werden solche Naturerscheinungen wie Blitze und technische Anwendungen wie Generatoren, Motoren, Transformatoren oder Chips, ohne die moderne elektronische Geräte nicht funktionieren würden.

Die **WÄRMELEHRE** oder **THERMODYNAMIK** beinhaltet alle Fragen, die mit der Temperatur, der Übertragung von Wärme, dem Schmelzen, Erstarren oder Sieden zu tun haben.
Auch der Aufbau und die Wirkungsweise von Verbrennungsmotoren sind Teil der Wärmelehre.

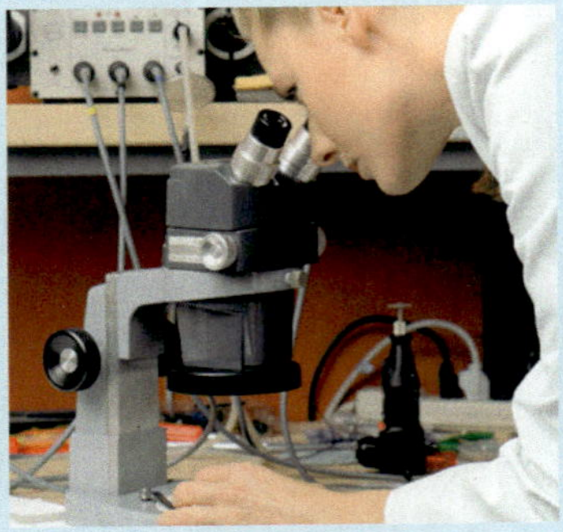

1 Licht und seine Eigenschaften

Grenzen überschreiten

Unsere Augen sind leistungsfähig und sensibel, stoßen aber an Grenzen. Dann helfen Lupen und Mikroskope, die als wichtige Bauelemente Linsen enthalten.

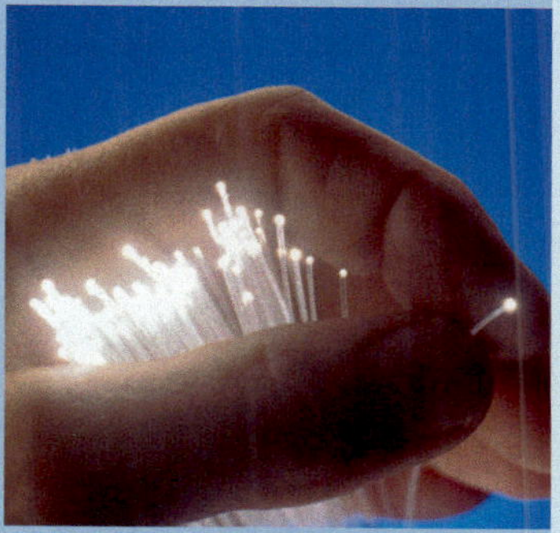

Optische Erscheinungen

In deinem Alltag, in der Natur und in der Technik kannst du zahlreiche optische Erscheinungen beobachten. Überall findest du Licht und Schatten. Du siehst Spiegelbilder. Licht wird reflektiert und gebrochen.
Was aber ist Licht? Wie breitet es sich aus? Welche weiteren Eigenschaften hat es?
Versucht, in einer Diskussion Antworten zu finden.

1.1 Lichtquellen und Lichtausbreitung

1 Ein Blick zum Himmel

Je nach Tageszeit können wir am Himmel Sonne, Mond, Sterne, andere Planeten und Satelliten beobachten. Welche dieser Himmelskörper senden selbst Licht aus?

2 Schattenspiele

Licht und Schatten gehören zusammen. Dabei lassen sich interessante Schattenbilder erzeugen. Probiert es selbst aus. Veranstaltet einen Wettbewerb: Wer erzeugt die interessantesten Schattenbilder?

3 Ausbreitung von Licht

Bei Sonnenschein und günstigem Wetter kannst du beobachten, wie sich Licht ausbreitet. Beschreibe die Ausbreitung von Licht.

Lichtquellen und beleuchtete Körper

Körper unserer Umgebung können wir nur sehen, wenn von ihnen Licht in unsere Augen fällt. Manche Körper, z.B. die Sonne oder eine Glühlampe, erzeugen selbst Licht, andere Körper nicht.

Körper, die selbst Licht erzeugen und aussenden, nennt man Lichtquellen.

Die meisten Lichtquellen sind glühende Körper, also Körper mit einer hohen Temperatur (Abb. 1a, b, c). Es gibt aber auch Körper, die bei normaler Temperatur Licht aussenden, zum Beispiel Glühwürmchen, der Bildschirm eines Computers (Abb. 1d) oder Leuchtdioden. Bei diesen Körpern wird Licht durch komplizierte physikalische oder chemische Vorgänge erzeugt. Die meisten Körper, die wir sehen, erzeugen selbst kein Licht. Sie werfen nur Licht zurück, das auf sie auftrifft. Der Physiker sagt: Sie reflektieren Licht.

Körper, die auftreffendes Licht reflektieren, nennt man beleuchtete Körper.

a)

b)

c)

d)

1 Lichtquellen sind Körper, die selbst Licht erzeugen und aussenden.

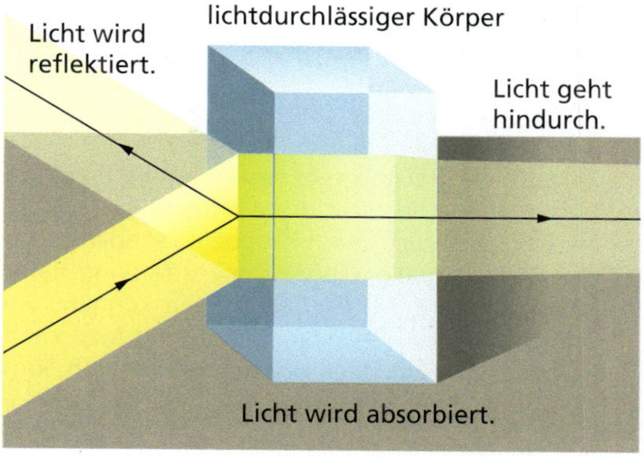

2 Bei lichtdurchlässigen Körpern wird ein Teil des auftreffenden Lichtes reflektiert, ein Teil absorbiert (aufgenommen) und ein Teil geht durch den Körper hindurch.

Bei den beleuchteten Körpern unterscheidet man zwischen lichtdurchlässigen und lichtundurchlässigen Körpern.
Lichtdurchlässige Körper können **durchsichtig** (z. B. Fensterglas) oder **durchscheinend** (z. B. Milchglas) sein. Trifft Licht auf **lichtdurchlässige Körper,** so wird es z. T. hindurchgelassen, z. T. absorbiert (aufgenommen) und z. T. reflektiert (Abb. 2).
Bei **lichtundurchlässigen Körpern** wird das einfallende Licht teilweise reflektiert und teilweise absorbiert. Da Licht Träger von Energie ist, bewirkt das von einem Körper aufgenommene Licht eine Erwärmung des betreffenden Körpers.

Beleuchtete Körper können lichtdurchlässig (durchsichtig, durchscheinend) oder lichtundurchlässig (undurchsichtig) sein.

Ob ein Körper durchsichtig, durchscheinend oder undurchsichtig ist, hängt nicht nur von dem Stoff ab, aus dem er besteht. Eine große Rolle spielt auch die Schichtdicke. So ist z. B. eine dünne Schicht aus Wasser durchsichtig. Das gilt sogar für eine sehr dünne Metallschicht. Durch Wasserschichten von einigen Metern Dicke dringt noch Licht hindurch. Sie sind durchscheinend. Es kommt aber umso weniger Licht hindurch, je dicker die Schicht ist. Am Meeresboden in 100 m Tiefe ist es völlig dunkel.

Interessantes aus der Natur

Vom Holzfeuer zur Leuchtdiode

In Natur und Technik gibt es sehr unterschiedliche Lichtquellen. Die wichtigste Lichtquelle ist unsere Sonne. Sie ist nicht nur Lichtquelle, sondern auch eine Wärmequelle. Ohne Sonnenstrahlung hätte kein Leben auf der Erde entstehen können. Die Entwicklung von Pflanzen, Tieren und Menschen ist untrennbar mit dem Vorhandensein von Sonnenstrahlung verbunden.

Auch die Sterne, die wir nachts am Himmel sehen, sind Lichtquellen. Der Mond und alle Planeten dagegen sind beleuchtete Körper. Sie reflektieren das von der Sonne kommende Licht.

Schon von alters her nutzen Menschen verschiedene Lichtquellen. Holzfeuer (Abb. 1a) sind wahrscheinlich die ersten Lichtquellen, die von Menschen verwendet wurden. Bereits in der Steinzeit wurden auch Fackeln und Kienspäne genutzt. Kienspäne sind Holzscheite aus harzdurchtränktem Kiefernholz.
Schon im Altertum waren Öllampen (1b) bekannt. Viele Jahrhunderte lang waren Wachskerzen (1c) eine wichtige Lichtquelle.
Ein entscheidender Fortschritt war im 19. Jahrhundert die Entwicklung von Gaslampen (1e), die vor allem der Straßenbeleuchtung dienten. In vielen Haushalten war bis zu Beginn des 20. Jahrhunderts die Petroleumlampe (1d) die wichtigste Lichtquelle.

Der Siegeszug der elektrischen Beleuchtung begann etwa 1880 mit der Entwicklung der ersten brauchbaren **Glühlampen** durch den amerikanischen Erfinder THOMAS ALVA EDISON (1847–1931).
Bei einer Glühlampe wird aber nur ein kleiner Teil der elektrischen Energie in Licht umgewandelt.

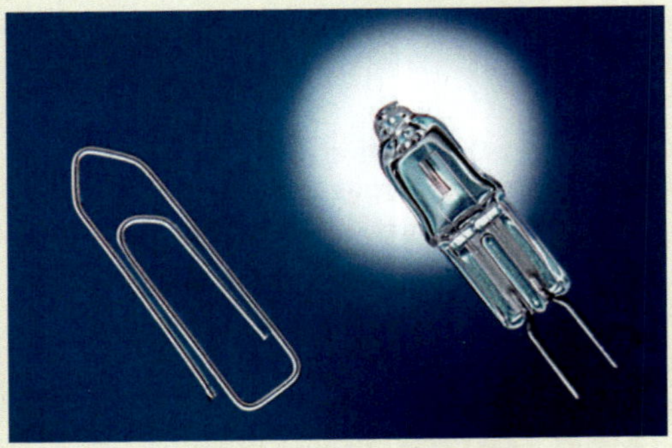

2 Halogenlampe für einen Diaprojektor

Deshalb bemühten sich viele Techniker, Lichtquellen zu entwickeln, die bei gleicher Lichtausbeute weniger Energie verbrauchen. Ergebnis dieser Entwicklung sind **Energiesparlampen** (Abb. 4), **Leuchtdioden** (Abb. 3) und **Halogenlampen** (Abb. 2). Weitere Hinweise zu Lichtquellen sind im Internet unter Suchwörtern wie Lichtquelle, Leuchtmittel oder Energiesparlampe zu finden.

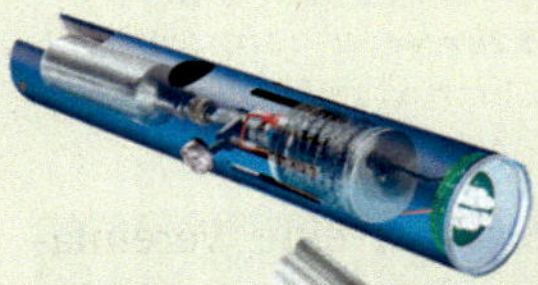

3 Moderne Stableuchte, die mit einer Leuchtdiode arbeitet

4 Energiesparlampen benötigen weniger Energie als gleich helle Glühlampen.

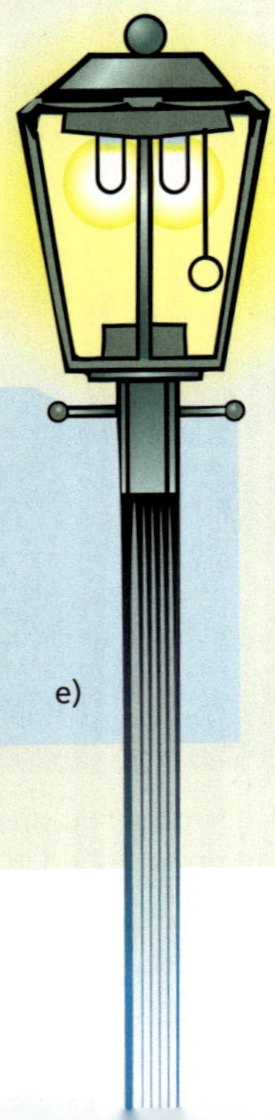

1 Historische Lichtquellen, die die Menschen im Verlauf der Geschichte nutzten

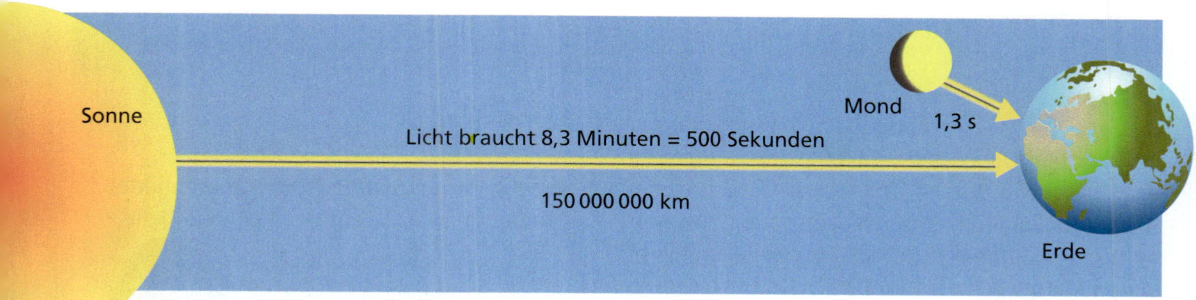

1 Licht breitet sich außerordentlich schnell aus. Von der Sonne bis zur Erde braucht es 8,3 Minuten und legt dabei eine Strecke von 150 Millionen Kilometern zurück.

Die Ausbreitung von Licht

Von einer Lichtquelle, z. B. der Sonne oder einer Glühlampe, breitet sich Licht nach allen Seiten **geradlinig** aus, wenn es nicht durch andere Körper daran gehindert wird. Das von einer Lichtquelle ausgehende Licht wird auch als **Lichtbündel** bezeichnet. Den Weg des Lichts können wir durch Geraden veranschaulichen, die als **Lichtstrahlen** bezeichnet werden (Abb. 3).

Licht breitet sich von einer Lichtquelle geradlinig und allseitig aus. Sein Weg kann durch Lichtstrahlen veranschaulicht werden.

Lichtstrahlen sind ein **Modell,** eine Vereinfachung der Wirklichkeit. Um die Ausbreitung des Lichts beschreiben und Erscheinungen erklären zu können, reicht es meist aus, einige ausgewählte Lichtstrahlen zu zeichnen. Die Übersicht unten zeigt Beispiele.

2 Geradlinige Lichtausbreitung von der Sonne aus

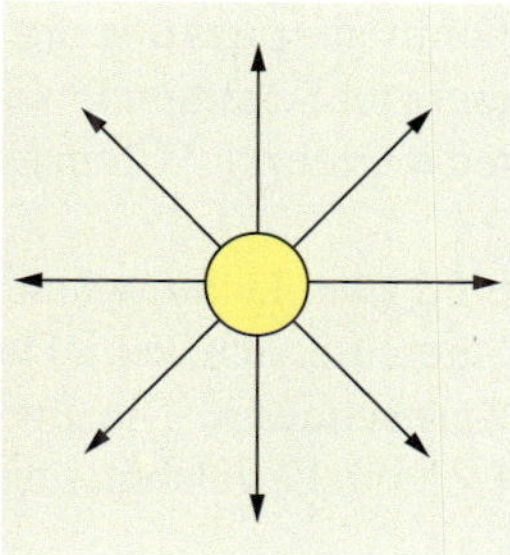

3 Veranschaulichung der Ausbreitung des Lichts durch Lichtstrahlen

Licht breitet sich mit sehr großer Geschwindigkeit aus. Diese Geschwindigkeit nennt man **Lichtgeschwindigkeit.**

In Luft legt das Licht in jeder Sekunde einen Weg von etwa 300 000 km zurück. Es hat eine Geschwindigkeit von 300 000 km je Sekunde. In anderen Stoffen, etwa in Glas oder Wasser, ist die Lichtgeschwindigkeit etwas kleiner.

Darstellung optischer Erscheinungen

Zum Verstehen von Sehvorgängen sind nur die Strahlen wichtig, die in unsere Augen fallen.

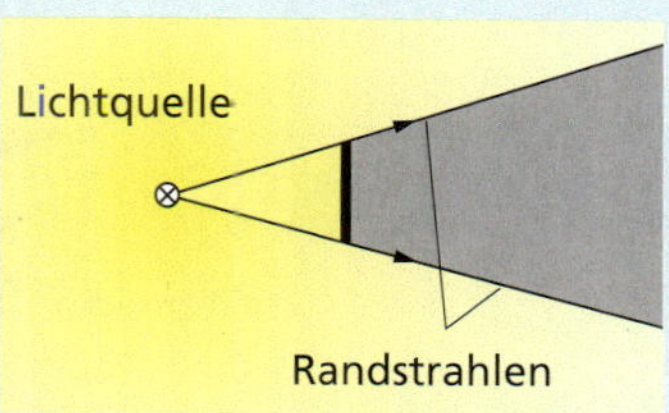

Zum Verstehen der Schattenbildung sind nur die Strahlen wichtig, die gerade noch am Hindernis vorbeigehen.

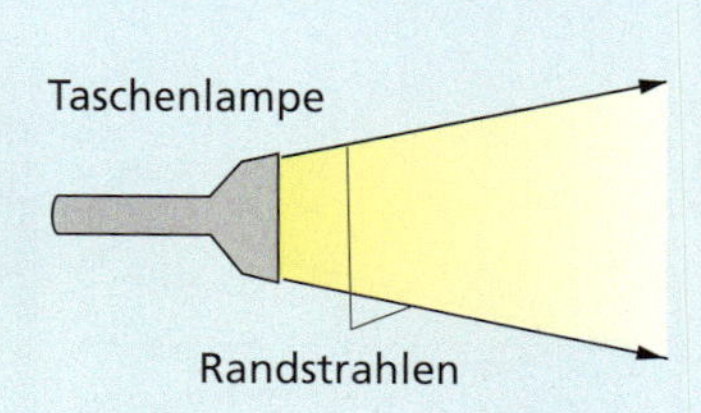

Zum Verstehen der Ausbreitung von Licht sind nur die Strahlen wichtig, die ein Lichtbündel begrenzen.

Licht und Schatten

Wenn die Sonne scheint, dann kannst du unter Bäumen, bei Häusern oder Personen Schatten beobachten. Du kannst auch eine Taschenlampe als Lichtquelle nutzen und damit verschiedene Körper beleuchten. Immer zeigt sich: Hinter beleuchtete, undurchsichtige Körper gelangt von einer Lichtquelle kein Licht. Es bilden sich dunkle Gebiete aus, die **Schatten** genannt werden.

Bei sehr kleinen Lichtquellen - der Physiker nennt sie punktförmig - entsteht ein scharf begrenzter Schatten. Er wird durch zwei Randstrahlen begrenzt (↗ Übersicht unten).

Sind zwei Lichtquellen vorhanden, so gelangt in einen Bereich kein Licht. Dieser Bereich heißt **Kernschatten.** Die Bereiche, in die Licht einer Lichtquelle gelangt, nennt man **Halbschatten.**

Selbst erforscht

Schattenbilder

Erzeuge von einem Partner Schattenbilder. Du benötigst dazu eine starke Lichtquelle.

Zeichnet die Schattenbilder, nummeriert sie und vergleicht. Welches Bild gehört zu welchem Schüler?

Schatten bei einer punktförmigen Lichtquelle	Schatten bei zwei punktförmigen Lichtquellen

Es entsteht ein scharf begrenzter Schatten.	Es entstehen ein Kernschatten und zwei Halbschatten.
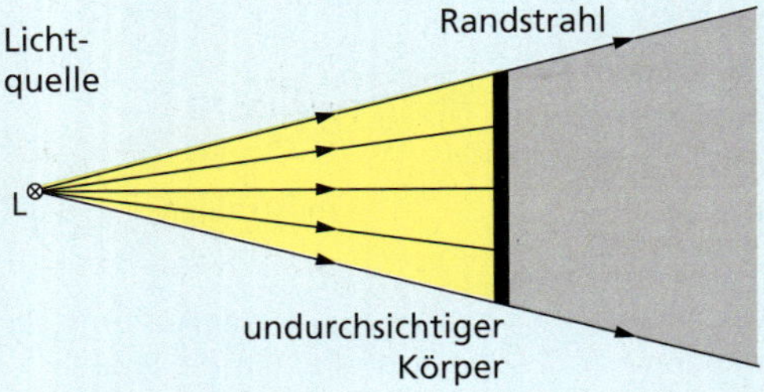	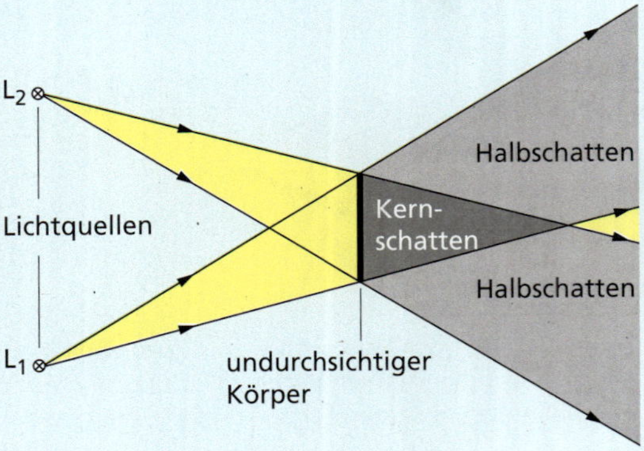

Schattenstab und Sonnenuhr

Untersucht man mit einem Schattenstab die Länge und die Richtung des Schattens, dann zeigt sich: Mittags ist der Schatten am kürzesten und bei uns immer nach Norden gerichtet (Abb. 1). Damit kann man einen solchen Schattenstab folgendermaßen nutzen:

- Mit dem Schattenstab kann der Zeitpunkt des wahren Mittags ermittelt werden. Das ist der Zeitpunkt, an dem die Sonne an einem Ort am höchsten steht.
- Es kann die Nord-Süd-Richtung bestimmt werden. Der kürzeste Schatten zeigt genau in Richtung Norden.

Du kannst dir einen solchen Schattenstab selbst bauen und an einem sonnigen Tag stündlich die Punkte markieren, die die Spitze des Schattens erreicht. Eine Weiterentwicklung des Schattenstabs ist die **Sonnenuhr,** die man in vielen verschiedenen Formen an Gebäuden und in Parks findet (Abb. 2). Sonnenuhren sind die ältesten Uhren und werden schon seit vielen Jahrhunderten von Menschen genutzt.
Wie kann man sich eine Sonnenuhr bauen?

Eine einfache Sonnenuhr kannst du dir aus einem dicken Draht und einem Holzbrett bauen.

2 Sonnenuhr an einem Gebäude

Die Sonnenuhr muss dabei so ausgerichtet sein, wie es die Abb. 3 zeigt. Wichtig für ein genaues Anzeigen der Zeit ist der Winkel α zwischen Draht und Holzbrett. Dieser Winkel ist gleich der geografischen Breite des Orts, an dem sich die Sonnenuhr befindet.
Der Winkel beträgt z. B. für Dresden 51,0°, für Leipzig 51,3° und für Chemnitz 50,8°. Für andere Orte kannst du die geografische Breite einem Atlas entnehmen oder im Internet finden.
Eine Zeiteinteilung erhältst du, wenn du an einem sonnigen Tag zu jeder vollen Stunde den Schatten nachzeichnest und die Zeit daranschreibst.

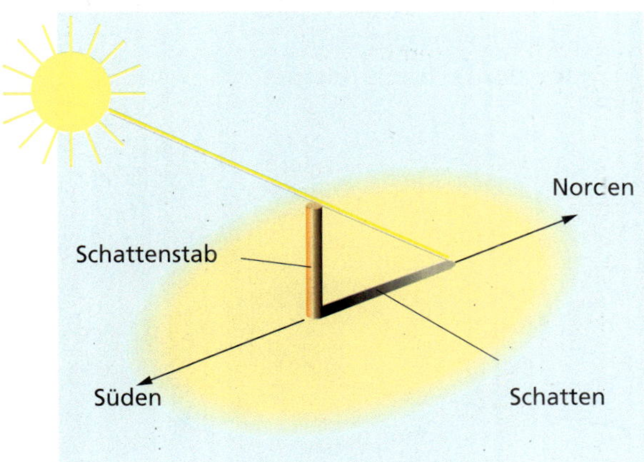

1 Mittags weist der Schatten nach Norden und ist am kürzesten.

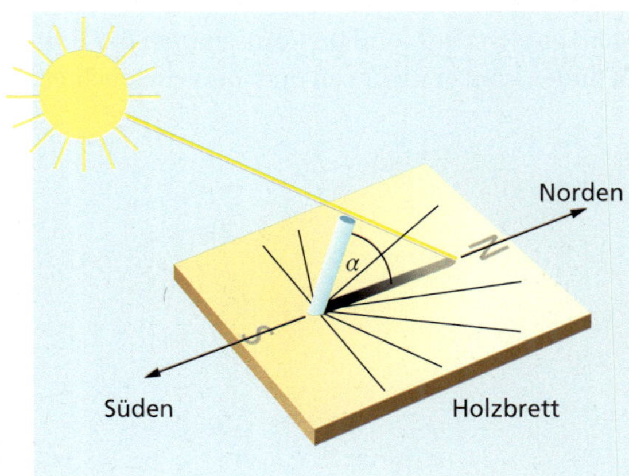

3 Einfache Sonnenuhr: Zum Bau braucht man ein Holzbrett und einen stabilen Stab.

Sonnen- und Mondfinsternisse

Die Sonne sendet ständig Licht nach allen Seiten geradlinig aus und bestrahlt damit Planeten, Monde und andere Himmelskörper in unserem Sonnensystem. Eine **Finsternis** tritt ein, wenn sich ein Himmelskörper oder Teile von ihm im Schatten eines anderen Himmelskörpers befinden.
Weil die Sonne räumlich ausgedehnt ist, entstehen hinter der Erde und dem Mond Kernschatten und Halbschatten. Durch die Bewegung von Erde und Mond können Sonnen- und Mondfinsternisse auftreten.

Mondfinsternis: Unser Mond ist, ebenso wie die Erde, ein von der Sonne beleuchteter Körper. Er reflektiert das auf ihn auftreffende Sonnenlicht. Deshalb können wir ihn von der Erde aus in verschiedenen Gestalten sehen. Manchmal kommt es zu einer **Mondfinsternis.** Ursache dafür ist die Bewegung des Monds um die Erde.
Auf der Seite der Erde, die der Sonne abgewandt ist, entstehen Kern- und Halbschatten, die weit in den Weltraum reichen. Für einen Beobachter auf dieser Seite der Erde ist Nacht.
Meist verläuft die Mondbahn oberhalb oder unterhalb von Kern- und Halbschatten der Erde. Nur wenn der Mond bei seiner Bewegung um die Erde in den Kernschatten der Erde gerät, ist eine Finsternis zu beobachten (Abb. 1). Sie ist nur bei Vollmond möglich.
Solange sich der Mond im Kernschatten der Erde befindet, wird er nicht von der Sonne beleuchtet.

2 Die letzte totale Sonnenfinsternis war in Teilen Deutschlands am 11. August 1999 zu beobachten.

Der Mond kann damit auch kein Sonnenlicht reflektieren. Wir können ihn nicht sehen. Es tritt eine Mondfinsternis auf. Eine Mondfinsternis ist stets von allen Beobachtern auf der Nachtseite der Erde zu sehen.

Bei einer Mondfinsternis befindet sich der Mond im Erdschatten. Die Erde befindet sich dann genau zwischen Sonne und Mond.

Gewusst · Gekonnt

Erkunde, wann an deinem Heimatort die nächste totale Sonnen- bzw. Mondfinsternis zu beobachten sein wird.
Nutze dazu z. B. das Internet.

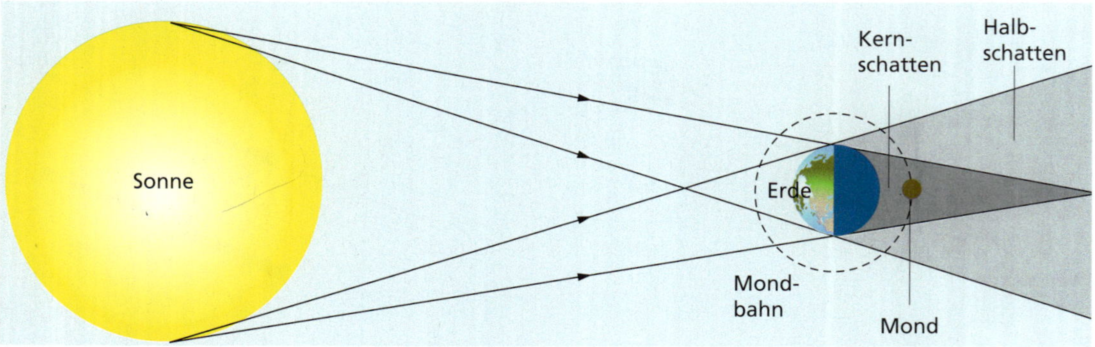

1 Totale Mondfinsternis: Der Mond befindet sich im Kernschatten der Erde.

Sonnenfinsternis: Die Bewegung des Monds um die Erde ist nicht nur die Ursache für eine Mondfinsternis, sondern auch für eine Sonnenfinsternis. Bei seiner Bewegung um die Erde gelangt der Mond manchmal zwischen Sonne und Erde. Für einen Beobachter auf der Erde, der sich im Kernschatten des Monds befindet, wird damit die Sonne völlig verdeckt. Es tritt eine Sonnenfinsternis auf (Abb. 1). Sie ist nur bei Neumond zu beobachten.
Anstelle der Sonne ist nur die unbeleuchtete Seite des Monds als dunkler Kreis zu sehen (S. 18, Abb. 2). Das, was du außerdem noch als Leuchterscheinung um diesen dunklen Kreis siehst, sind glühende Gase, die die Sonne umgeben. Sie liegen nicht im Mondschatten.

Eine Sonnenfinsternis tritt auf, wenn der Schatten des Monds auf Teile der Erdoberfläche fällt. Der Mond befindet sich dabei zwischen Erde und Sonne.

Eine Sonnenfinsternis können nur diejenigen beobachten, die sich auf der Tagseite der Erde gerade in dem relativ kleinen Schattengebiet des Monds befinden. Bei einer Mondfinsternis ist das anders: Sie kann stets von allen Beobachtern auf der Nachtseite der Erde gesehen werden. Die maximale Dauer einer totalen Sonnenfinsternis für einen Ort auf der Erde beträgt nur 7,6 Minuten. Eine Mondfinsternis kann dagegen mehr als eine Stunde dauern.
Für die gesamte Erde sind Sonnenfinsternisse häufiger als Mondfinsternisse.

Gewusst · Gekonnt

1. Lies den Text auf S. 18/19 genau durch und beantworte folgende Fragen:
   a) Warum ist nicht bei jedem Umlauf des Monds um die Erde eine Mondfinsternis zu sehen?
   b) Zu welchen Tageszeiten kann man eine Sonnen-/Mondfinsternis beobachten?

2. Eine Sonnenfinsternis dauert höchstens 7,6 Minuten. Wie viele Sekunden sind das?

3. Obwohl Sonnenfinsternisse häufiger als Mondfinsternisse auftreten, kannst du an deinem Wohnort viel häufiger eine Mondfinsternis beobachten. Wie lässt sich das erklären?

4. Angenommen, du wärst auf dem Mond. Kannst du dann auch eine Sonnenfinsternis bzw. eine Erdfinsternis beobachten? Begründe.

5. Eine partielle Sonnenfinsternis (↗ Abb.) ist viel häufiger zu beobachten als eine totale Sonnenfinsternis. Worin unterscheiden sich beide? Informiere dich im Internet.

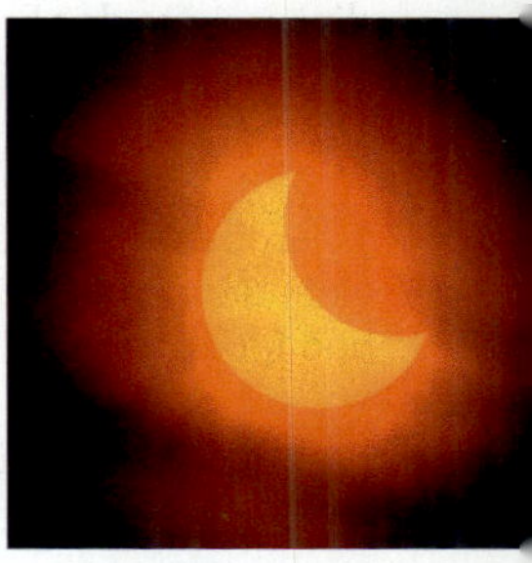

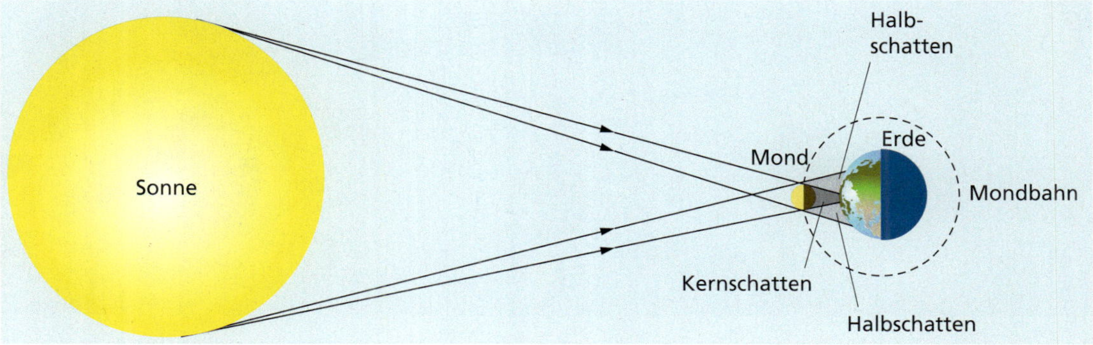

1 Totale Sonnenfinsternis: Der Schatten des Monds fällt auf einen kleinen Teil der Erdoberfläche.

Die Entstehung von Mondphasen

Wenn du den Mond an verschiedenen Tagen beobachtest, siehst du ihn in unterschiedlicher Gestalt: manchmal nur als Sichel, manchmal als Halbmond oder als Vollmond. Diese unterschiedlichen Gestalten des Monds werden als **Mondphasen** bezeichnet.
Darüber hinaus ändert der Mond ständig seine Lage am Himmel. Das siehst du, wenn du ihn im Abstand von einer Stunde betrachtest.

Wie kommen die Mondphasen zustande? In welchem zeitlichen Abstand kann man die gleiche Mondphase beobachten?

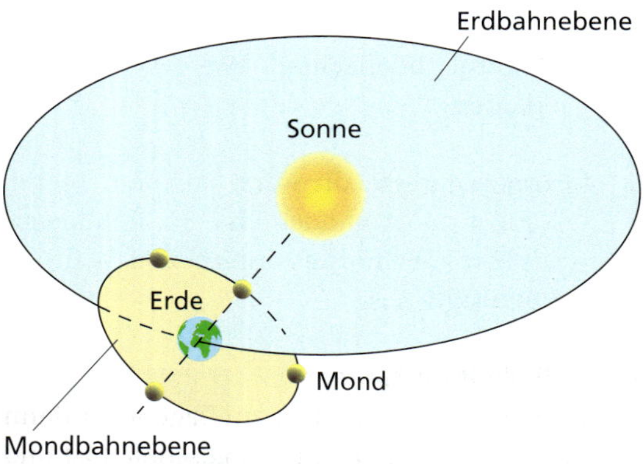

1 Erdbahnebene und Mondbahnebene sind gegeneinander geneigt. Deshalb befinden sich Sonne, Erde und Mond nur selten auf einer Linie.

Der Mond bewegt sich in 29,5 Tagen ein Mal um die Erde (Abb. 1). Dabei werden Erde und Mond von der Sonne beleuchtet, verändern aber ständig ihre Positionen zueinander (Abb. 2).
Wir sehen von der Erde aus jeweils nur den beleuchteten Teil des Monds.
Bei Stellung 1 haben wir **Neumond.** Mit **zunehmendem Mond** wird ein immer größerer Teil der Mondoberfläche sichtbar, bis wir schließlich in Stellung 3 **Vollmond** haben.
Anschließend ist **abnehmender Mond,** in Stellung 4 wieder Halbmond und in Stellung 1 Neumond. Gleiche Mondphasen sieht man nach jeweils 29,5 Tagen.

Gewusst · Gekonnt

1. Warum vergehen zwischen gleichen Mondphasen, z.B. Vollmond, jeweils 29,5 Tage, bis man sie wieder beobachten kann?

2. Tobias erzählt in der 5. Unterrichtsstunde, dass er auf dem Schulweg einen wunderschönen Vollmond gesehen hätte. Leon behauptet, dass der Mond in der letzten Pause noch wesentlich deutlicher zu erkennen war. Sarah, die zuhört, meint darauf: „Ich weiß, dass ihr beide schwindelt!“ Wem kannst du glauben?

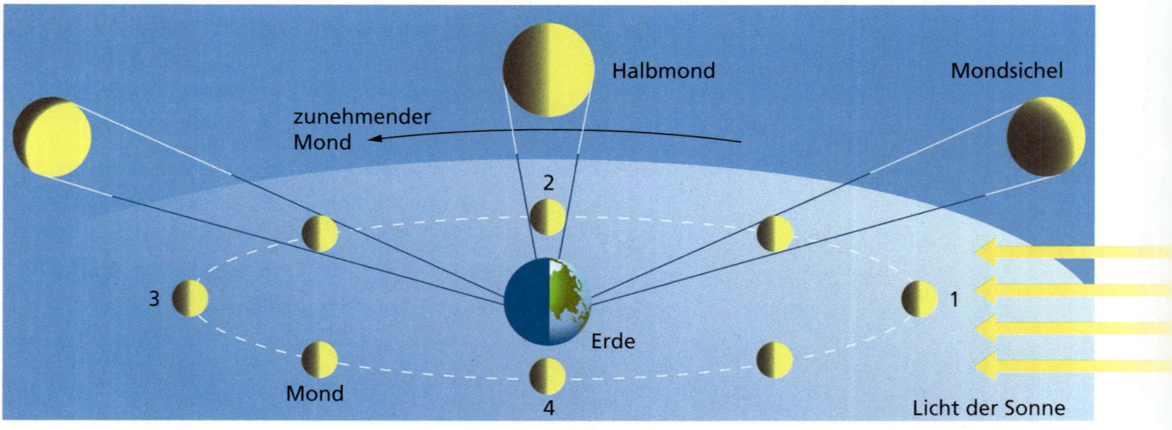

2 Das Aussehen des Monds hängt davon ab, wie Sonne, Erde und Mond zueinander stehen. In der Stellung 1 ist Neumond, in den Stellungen 2 und 4 Halbmond, in der Stellung 3 Vollmond.

Gewusst · Gekonnt

1. Auftrag korrekt ausgeführt?
Ein Fotograf hatte die Aufgabe, Lichtquellen zu fotografieren. Er hat einige Fotos vorgelegt.

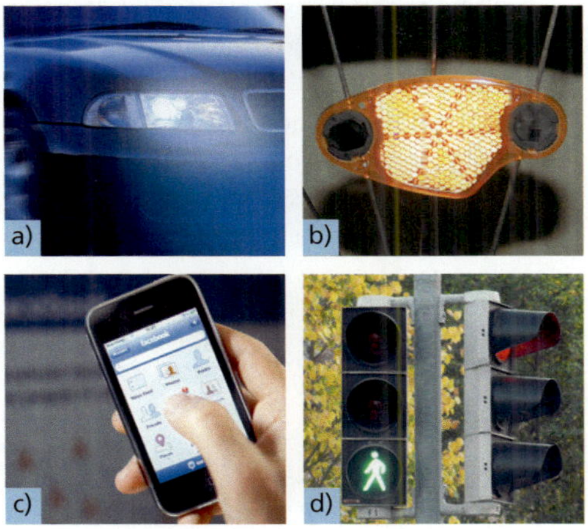

Entscheide, ob er in allen Fällen wirklich Lichtquellen fotografiert hat.
Begründe deine Aussagen.

2. Licht in Sprichwörtern
Was ist mit den folgenden Sprichwörtern gemeint?
„Nachts sind alle Katzen grau."
„Mir geht ein Licht auf."
Suche nach weiteren Sprichwörtern, bei denen es um Licht geht.

3. Himmelskörper unterscheiden sich
Stelle in einer Übersicht zusammen, welche Himmelskörper es gibt. Ordne die Himmelskörper nach Lichtquellen und beleuchteten Körpern.

4. Weg des Lichts
Schüttle in einem abgedunkelten Raum einen staubigen Lappen vor einer eingeschalteten Taschenlampe.
a) Beschreibe deine Beobachtung.
b) Überlege weitere Möglichkeiten, den Lichtweg sichtbar zu machen, und führe sie vor.

5. Licht trifft auf Körper
Beim Auftreffen auf Körper wird Licht teilweise reflektiert, teilweise vom Körper absorbiert, teilweise hindurchgelassen.
Erläutere Beispiele, bei denen das Licht
a) fast nur reflektiert,
b) fast nur absorbiert,
c) fast nur hindurchgelassen wird.

6. Sichtbarkeit von Körpern
Die meisten Körper sind keine Lichtquellen und trotzdem sind sie zu sehen. Erkläre, wieso das möglich ist.

7. Helligkeit im Zimmer
In einem Zimmer ist es am Tage auch dann hell, wenn keine Lampe angeschaltet ist und die Sonne nicht in das Zimmer scheint. Wie ist das zu erklären?

8. Lichtquellen
Nenne einige Lichtquellen und gib an, wofür sie genutzt werden.

9. Veränderlicher Schatten
Untersuche, wie sich der Schatten eines kleinen Gegenstands ändert, wenn die Versuchsbedingungen systematisch geändert werden.

Formuliere Je-desto-Aussagen.

Gewusst · Gekonnt

10. Fußballer wirft Schatten

Ein Fußballer erzeugt auf dem Fußballfeld mehrere Schattenbilder (↗ Abb.).

a) Erkläre das Zustandekommen dieser Schattenbilder.

b) Wie viele Lichtquellen sind an der Erzeugung dieser Schattenbilder beteiligt?

11. Größe eines Schattens

Ein 3 cm breiter Gegenstand wird von einer punktförmigen Lichtquelle beleuchtet. Die Lichtquelle befindet sich 4 cm vom Gegenstand entfernt.

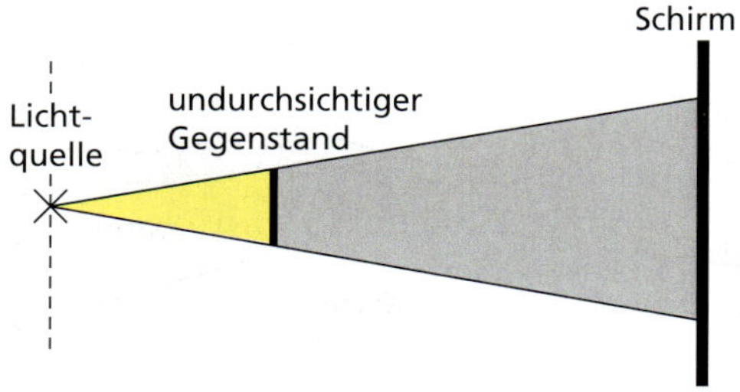

a) Ermittle, wie breit der Schatten ist, der vom Gegenstand auf einem Schirm entsteht. Der Schirm befindet sich 8 cm hinter dem Gegenstand. Löse die Aufgabe mithilfe einer Zeichnung.

b) Wie verändert sich die Breite des Schattens, wenn die Lichtquelle entlang der gestrichelten Linie (↗ Abb.) nach oben oder unten verschoben wird?

12. Schatten von Sonnenlicht

Stelle einen Gegenstand, z. B. eine Flasche, an einer sonnigen Stelle auf ein Blatt Papier. Markiere alle 30 Minuten die Lage und die Länge des Schattens. Beschreibe und erkläre deine Beobachtungen.

13. Scharfe und unscharfe Schatten

Wird ein Gegenstand vom Licht einer Glühlampe beleuchtet, so ist sein Schatten scharf begrenzt. Bei Beleuchtung mit einer Leuchtstoffröhre ist der Schatten des gleichen Gegenstandes unscharf. Erkläre.

14. Schatten bei ausgedehnter Lichtquelle

Eine Leuchtstoffröhre ist eine ausgedehnte Lichtquelle. Begründe, warum die Ränder der Schattenbilder unscharf sind.

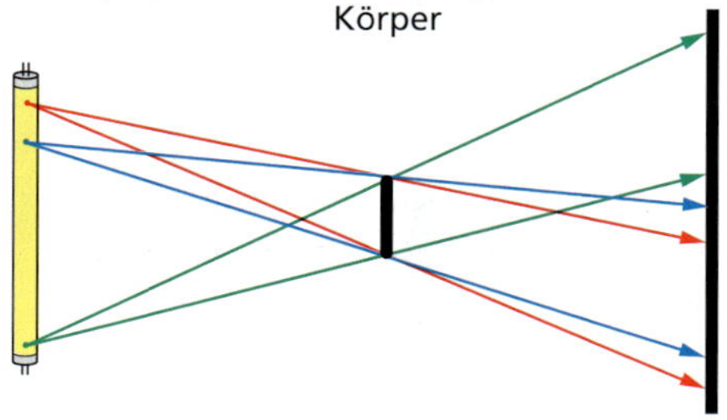

15. Sonnen- und Mondfinsternis

Beschreibe mit eigenen Worten, unter welchen Bedingungen du

a) eine Mondfinsternis,

b) eine Sonnenfinsternis

an deinem Wohnort beobachten kannst.

16. Eine Mondbeobachtung

Am Nachthimmel kannst du den Mond in unterschiedlichen Gestalten sehen.

a) Skizziere den Horizont in Mondrichtung. Gib dabei markante Objekte, z. B. hohe Bäume oder Gebäude, an (↗ Abb.).

b) Beobachte und skizziere Form und Ort des Monds zu einer bestimmten Zeit.

c) Mache das Gleiche etwa eine Stunde später.

d) Wiederhole a) und b) an mehreren aufeinanderfolgenden Tagen.

Lichtquellen und Lichtausbreitung

- **Lichtquellen** sind alle Körper, die selbst Licht aussenden (Sonne, Glühlampe, Kerzenflamme, Feuer, Bildschirm eines Computers). **Beleuchtete Körper** werfen auf sie fallendes Licht zurück (Mond, Kleidung, Wände eines Zimmers, Bäume).

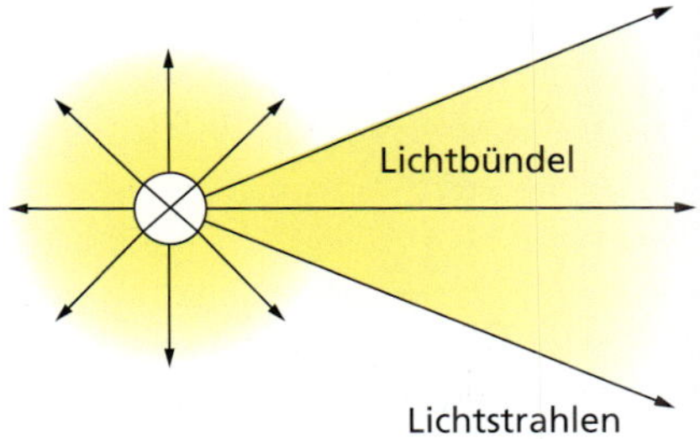

- Licht breitet sich geradlinig und nach allen Seiten aus. Der Weg des Lichts kann durch **Lichtstrahlen** verdeutlicht werden. Lichtstrahlen sind ein **Modell** für Licht.

- Licht legt in Luft und im Vakuum in einer Sekunde eine Strecke von 300 000 km zurück.

- Körper können lichtdurchlässig oder lichtundurchlässig sein. Hinter lichtundurchlässigen Körpern bilden sich bei der Beleuchtung mit Licht **Schatten.**

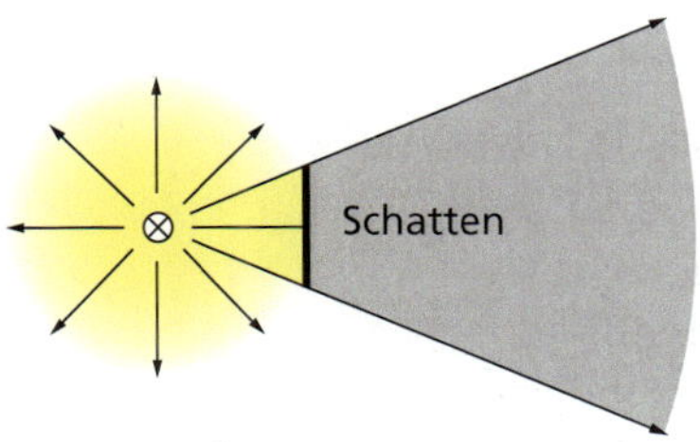

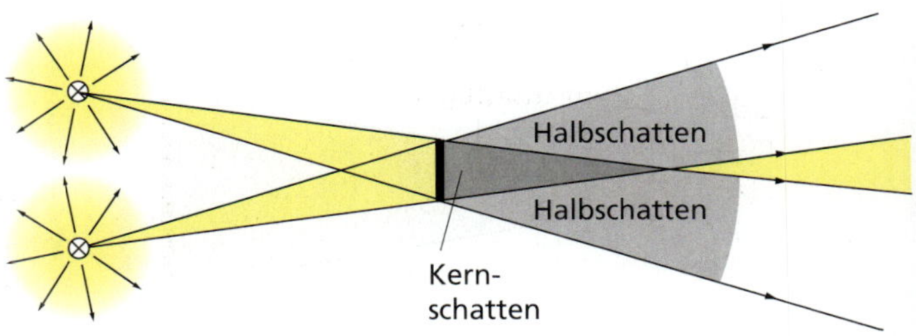

- Schatten entstehen auch im Weltraum. Von der Sonne fällt Licht auf die Erde und den Mond. Auf der Seite, die der Sonne abgewandt ist, bilden sich Schatten.

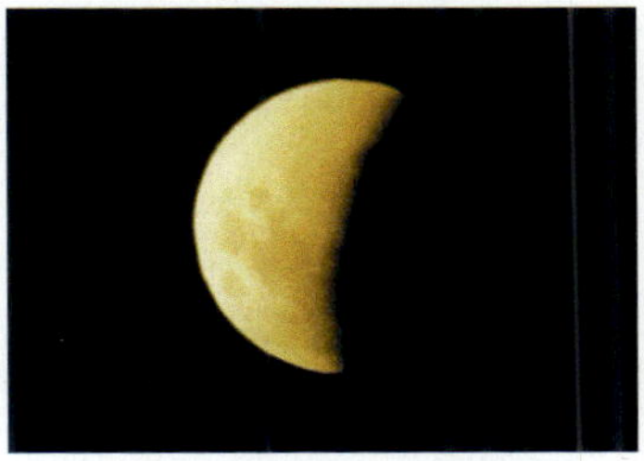

- Eine **Mondfinsternis** entsteht, wenn sich der Mond im Erdschatten befindet. Die Erde steht dann zwischen Sonne und Mond.

- Eine **Sonnenfinsternis** entsteht, wenn der Mondschatten auf die Erdoberfläche fällt. Der Mond steht dann zwischen Erde und Sonne.

- **Mondphasen** kommen dadurch zustande, dass wir immer nur den jeweils von der Sonne beleuchteten Teil des Monds sehen.

1.2 Reflexion und Brechung von Licht

1 Zauberhaftes Wasser

Auf dem Boden von zwei gleichen Tassen liegt eine Münze. Wurde das Foto montiert? Probiere es selbst aus. Beschreibe deine Beobachtungen. Näheres zu diesem Phänomen findest du auf den Seiten 34 und 35.

2

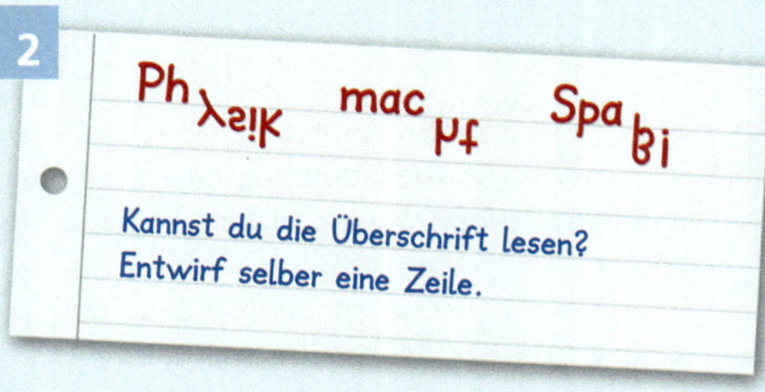

3 Optik macht gute Laune

Wenn Licht auf Körper trifft, kann es absorbiert, reflektiert oder hindurchgelassen werden. Was trifft für das Foto zu?

4 Besser lesen mit Wasser?

Lege eine durchsichtige Folie auf einen Text mit kleiner Schrift und tupfe vorsichtig einige Tropfen Wasser darauf. Hebe die Folie mit den Tropfen nun langsam an. Beschreibe deine Beobachtungen.

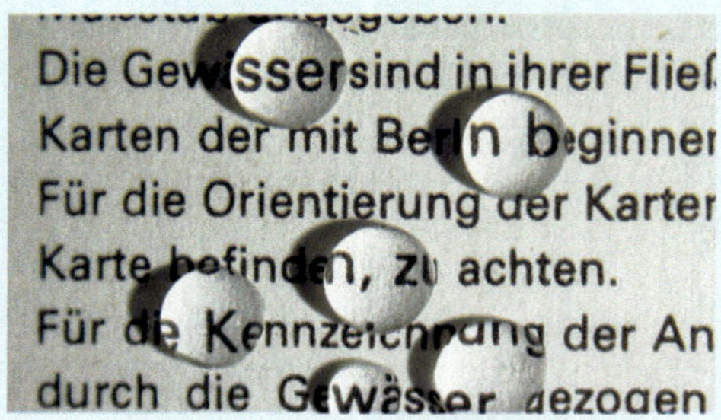

Beobachten und Beschreiben

Beim **Beobachten** werden Erscheinungen aus der Natur oder dem Alltag mit unseren Sinnesorganen (Augen, Ohren) wahrgenommen. Beobachtungen werden oft bei Experimenten angestellt. Sie regen aber auch zu neuen Experimenten an. Zufällige Beobachtungen waren in der Geschichte häufig der Anlass für neue Entdeckungen oder Erfindungen.

Wenn die Aufgabe gestellt wird, eine Erscheinung oder ein Experiment zu beobachten, dann sollte so vorgegangen werden:

Schritt 1

Erfassen der Beobachtungsaufgabe
Verschaffe dir Klarheit darüber, was beobachtet werden soll und worauf besonders zu achten ist.

Die Aufgabe könnte lauten: Beobachte die Ente auf dem Teich und ihr Spiegelbild (Abb. 1).

Schritt 2

Auswählen geeigneter Beobachtungsmittel
Neben unseren Sinnesorganen (Augen, Ohren) können auch technische Geräte (z.B. Fernglas, Lupe, Mikroskop) als Hilfsmittel genutzt werden.

Hier erfolgt die Beobachtung mit bloßem Auge.

1 Was ist mit der Ente los?

Schritt 3

Festhalten der Beobachtungsergebnisse
Das, was du beobachtet hast, muss festgehalten werden. Du kannst es in deinem Gedächtnis speichern, eine Skizze anfertigen, ein Foto machen oder die Beobachtung in Form von Notizen festhalten.

Bei unserer Ente ist ein Foto zweckmäßig (Abb. 1).

Meist willst du deine Beobachtungen anderen Personen mitteilen und dich mit ihnen austauschen. Es geht dabei um das Beschreiben einer Beobachtung. Beim Beschreiben sollte man so vorgehen:

Schritt 1

Angeben des Sachverhalts (der Erscheinung, des Objekts), der zu beschreiben ist
Das, was zu beschreiben ist, wird in der Regel in der Aufgabenstellung genannt.

Beschreibe deine Beobachtung.

Schritt 2

Beschreiben des Sachverhalts
Stelle den Sachverhalt in Worten dar:
- Erfasse typische Merkmale oder Eigenschaften.
- Formuliere in vollständigen Sätzen.
- Wähle eine zweckmäßige Reihenfolge.
- Formuliere für alle verständlich.

Auf dem Teich kann man bei ruhiger Wasseroberfläche die Ente und ihr Spiegelbild sehen. Das Spiegelbild ist umgekehrt. Es hat die gleiche Größe wie die Ente. Auch die Wasserpflanzen spiegeln sich.

Mit diesen Kenntnissen über Beobachten und Beschreiben kannst du die Aufgaben 1 und 4 auf Seite 24 sachgerecht lösen.

Selbst erforscht

Licht wird reflektiert

Experiment 1

Untersuche, wie verschiedene Körper Licht reflektieren.

Vorbereitung:

Lege verschiedene Körper bereit, z. B. Spiegel, Glasscheibe, Papier, Aluminiumfolie. Beklebe eine Taschenlampe vorn mit schwarzem Papier, sodass nur ein Spalt bleibt.

Durchführung und Auswertung:

Richte paralleles Licht auf die Körper. Beobachte. Vergleiche deine Beobachtungen.

Experiment 2

Untersuche Einfalls- und Reflexionswinkel an einem ebenen Spiegel.

Vorbereitung:

Material: Experimentierleuchte mit Spalt, ebener Spiegel, Winkelmesser, Papier

Durchführung:

a) Zeichne eine Gerade und dazu eine Senkrechte. Stelle auf die Gerade einen kleinen ebenen Spiegel.

b) Richte das schmale Lichtbündel wie in der Abbildung auf den Spiegel. Markiere die Lichtwege.

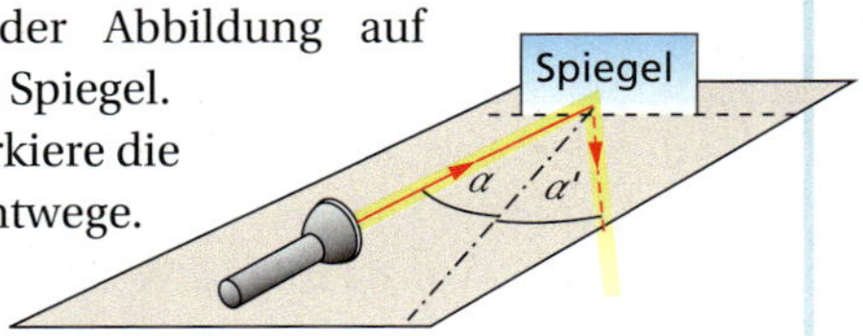

c) Miss für verschiedene Einfallswinkel die Reflexionswinkel. Trage die Messwerte in eine Tabelle ein.

Einfallswinkel α	**Reflexionswinkel β**
…	…

Auswertung:

Vergleiche Einfalls- und Reflexionswinkel.

Die Reflexion von Licht

Mit einem dünnen Lichtbündel kannst du experimentell untersuchen, wie Licht an einem Spiegel reflektiert (zurückgeworfen) wird (Expriment 2). Die experimentelle Untersuchung ergibt: Die beiden Winkel α (Einfallswinkel) und α' (Reflexionswinkel), die der einfallende Strahl und der reflektierte Strahl mit dem Einfallslot bilden, sind dabei annähernd gleich groß.

Für die Reflexion von Licht gilt das **Reflexionsgesetz.**

Wird Licht an einer Fläche reflektiert, so ist der Einfallswinkel α gleich dem Reflexionswinkel α'.

$$\alpha = \alpha'$$

Dabei liegen einfallender Strahl, Einfallslot und reflektierter Strahl in einer Ebene.

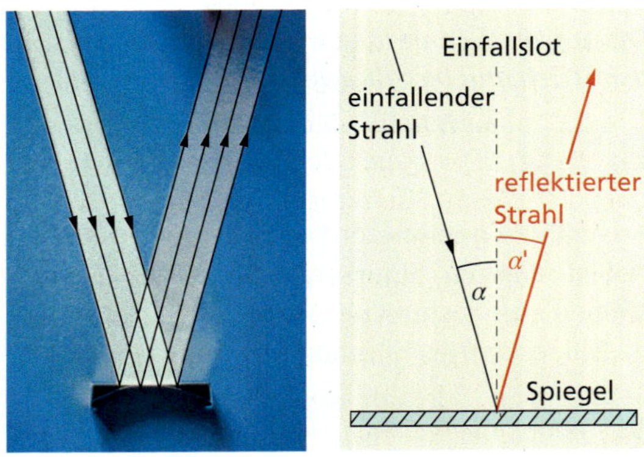

1 Reflexion von Licht an einem ebenen Spiegel

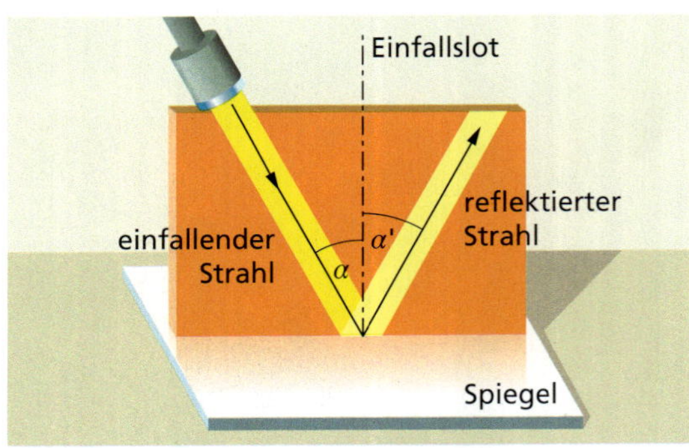

2 Die beiden Lichtstrahlen und das Lot liegen in einer Ebene senkrecht zur Spiegeloberfläche.

Reflexion von Licht an verschiedenen Oberflächen

Untersucht man, wie verschiedene Körper Licht reflektieren (S. 26, Experiment 1), dann stellt man fest:

Trifft paralleles Licht auf eine glatte Oberfläche, z. B. auf einen Spiegel, dann wird es in eine bestimmte Richtung reflektiert. Das ist auch bei Glasscheiben oder glatten Wasseroberflächen zu beobachten. Die Richtung des reflektierten Lichts ergibt sich aus dem Reflexionsgesetz (Abb. 1, links).

Anders ist das, wenn paralleles Licht auf eine raue Oberfläche trifft, etwa auf die Wand eines Zimmers, auf ein Blatt Papier oder auf einen Pullover. In diesem Fall wird das parallele Licht nicht in eine Richtung reflektiert, sondern in verschiedene Richtungen. Wie der einzelne Lichtstrahl reflektiert wird, hängt von der Ausrichtung der Fläche ab, auf die er trifft (Abb. 1, rechts). Für jeden einzelnen Lichtstrahl gilt auch hier das Reflexionsgesetz. Das Licht wird aber in unterschiedliche Richtungen zurückgeworfen.

Durch Reflexion von Licht an verschiedenen Oberflächen kann es zum **Glänzen** oder **Glitzern** kommen. Glänzen ist bei glatten Oberflächen zu beobachten. Glitzern kommt zustande, wenn mehrere kleine Flächen mit unterschiedlicher und sich ändernder Ausrichtung vorhanden sind.

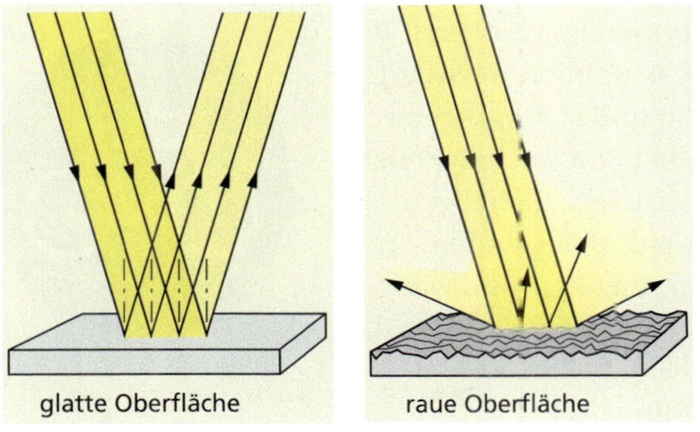

1 Reflexion von Licht an einer glatten und einer rauen Körperoberfläche

Interessantes aus der Geschichte

Vom Sehen

Schon lange haben sich Menschen darüber Gedanken gemacht, warum wir ohne Licht nichts sehen, in einem ziemlich dunklen Raum nur Grautöne erkennen können und bei Licht verschiedenfarbige Gegenstände wahrnehmen.

Das kannst du auch selbst ausprobieren. Wie aber erfolgt das Sehen?

Im Altertum verglich man das Sehen mit dem Fühlen. So nahmen PYTHAGORAS (ca. 570–480 v. Chr.) und andere griechische Philosophen an, dass von unseren Augen Sehstrahlen ausgehen.

Man verglich diese Sehstrahlen mit Händen, die die Gegenstände abtasten und sie dadurch sichtbar machen.

PTOLEMÄUS (ca. 100–160) vermutete zweierlei Arten von Strahlung, die das Sehen ermöglichen: die von den Augen ausgehenden Sehstrahlen und die vom Gegenstand ausgehenden Lichtstrahlen.
Erst viel später setzte sich die Auffassung durch, dass wir einen Gegenstand nur dann sehen, wenn Licht von ihm in unsere Augen gelangt. Das Auge ist ein Lichtempfänger.

Sehen und gesehen werden

Sehen und gesehen werden ist das A und O im Straßenverkehr. Das gilt für alle Teilnehmer am Straßenverkehr.

Aufgabe 1
Untersucht, welche Kleidung bei Dunkelheit am besten sichtbar ist.
a) Vergleicht in der Gruppe eure Kleidung. Stellt Vermutungen auf, welche Kleidungsstücke im Dunkeln am besten wahrgenommen werden können.
b) Überprüft eure Vermutungen in einem abgedunkelten Raum mithilfe einer Taschenlampe.

Kleidung, Fahrräder und Schultaschen sorgen für mehr Sicherheit im Straßenverkehr, wenn sie mit **Reflektoren** ausgestattet sind. Die Reflektoren sind im Dunkeln für Autofahrer bereits von Weitem sichtbar (Abb. 1).
Sie werfen den größten Teil des Lichts genau in die Richtung zurück, aus der das Licht gekommen ist. In Abb. 1 sind die angestrahlten Reflektoren deutlich zu sehen.

1 Reflektoren sorgen für gute Erkennbarkeit.

Aufgabe 2
Warum kann man die Reflektoren in Abb. 1 im Scheinwerferlicht von Autos gut sehen, aber die Personen und das Fahrrad kaum?
Welche Schlüsse könnt ihr daraus für die Bekleidung von Verkehrsteilnehmern ziehen?

Reflektoren bestehen aus vielen kleinen Spiegelflächen. Im einfachsten Fall stehen drei ebene Spiegel senkrecht aufeinander (↗ Abb. rechts). Bereits mit zwei Spiegeln, die senkrecht aufeinanderstehen, kann man zeigen: Sie reflektieren das Licht überwiegend in die Richtung, aus der es gekommen ist (↗ Abb. links).

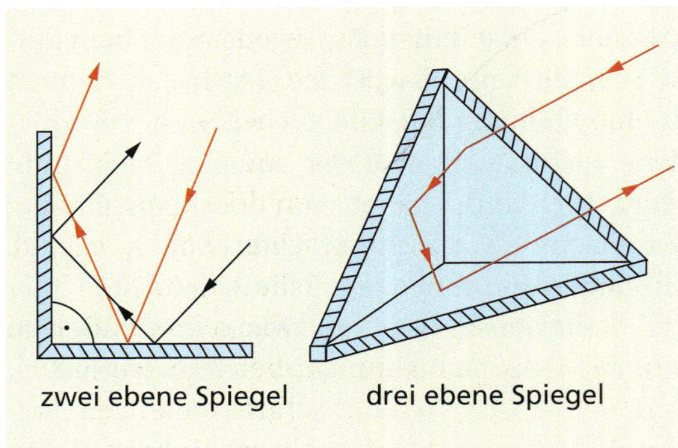

Aufgabe 3
Erklärt anhand der Abbildung oben, warum Reflektoren das Licht, das auf sie fällt, genau in die Richtung zurückwerfen, aus der das Licht gekommen ist.

Im Alltag werden oft Reflektorfolien verwendet. So sind z. B. Verkehrszeichen mit solchen Reflektorfolien überzogen. In dem spiegelnden Trägermaterial sind winzige Glaskugeln eingebettet.

Aufgabe 4
Erkundet weitere Einsatzgebiete von Reflektorfolien. Wie funktionieren sie?

Bilder an Spiegeln

Blickst du auf einen **ebenen Spiegel,** so siehst du dein **Spiegelbild.**

Trifft Licht von einem Punkt P eines Gegenstands auf einen ebenen Spiegel, so wird es nach dem Reflexionsgesetz zurückgeworfen. Für uns scheint das Licht aber vom Punkt P' aus zu kommen, der scheinbar hinter dem Spiegel liegt (Abb. 2).

Für einen ebenen Spiegel gilt: Gegenstand und Bild sind bezüglich des Spiegels symmetrisch zueinander.

Wir sehen das Bild von P an der Stelle P', von wo aus die Lichtstrahlen **herzukommen scheinen.** Befindet sich ein Gegenstand vor dem Spiegel, so geht von jedem Punkt des Gegenstands Licht aus. Es entsteht ein Spiegelbild (Abb. 3), das sich scheinbar hinter dem Spiegel befindet.

Wie wir das Spiegelbild im Vergleich zum Gegenstand sehen, hängt von der Lage von Spiegel, Gegenstand und Betrachter zueinander ab. Mögliche Positionen zeigen die Abb. 1a–c.

Das Spiegelbild kann man zwar sehen und auch fotografieren. Man kann es aber dort, wo es sich befindet, nicht auf einem Schirm auffangen. Solche Bilder nennt man deshalb **scheinbare Bilder,** im Unterschied zu **wirklichen** Bildern, die man auf einem Schirm auffangen kann.

Die Abbildungen 3 und 4 zeigen die Bildkonstruktion: Gegenstandspunkt und zugehöriger Bildpunkt sind immer gleich weit vom Spiegel entfernt.

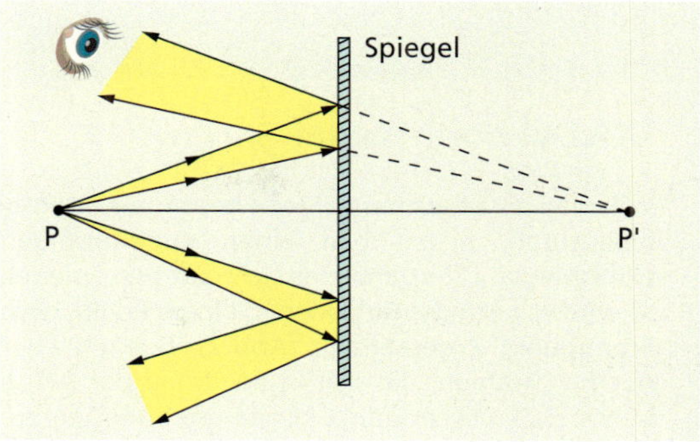

2 Reflexion am ebenen Spiegel

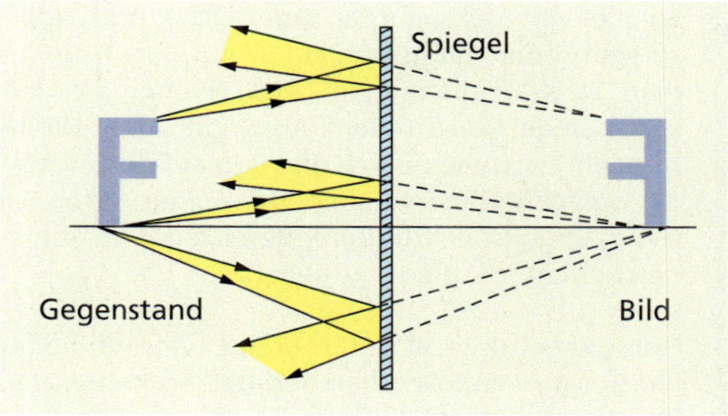

3 Bildentstehung am ebenen Spiegel

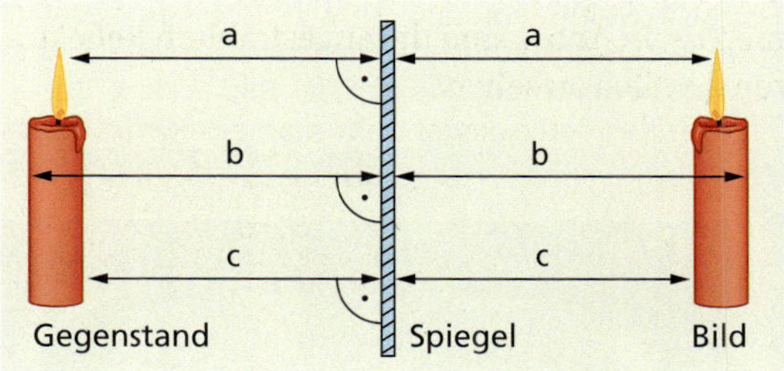

4 Bildkonstruktion am ebenen Spiegel

1a Beim Spiegel können oben und unten vertauscht sein.

1b Beim Spiegel können vorn und hinten vertauscht sein.

1c Beim Spiegel können links und rechts vertauscht sein.

Interessantes aus der Technik

Überall Hohlspiegel

Will man eine bestimmte Stelle besonders intensiv beleuchten, nutzt man einen kugelförmigen **Hohlspiegel.** Fällt paralleles Licht auf den Spiegel, so wird es nach der Reflexion in einem Punkt, dem **Brennpunkt** F, gesammelt (Abb. 2). Das gilt aber nur für Strahlen, die sich in der Nähe der Achse befinden. Im Brennpunkt können so hohe Temperaturen entstehen, dass Stoffe schmelzen. Das nutzt man in Sonnenöfen (↗ S. 31).

Spiegel mit gekrümmter Oberfläche sind **Hohlspiegel** oder **Wölbspiegel.** Wölbspiegel findet man in Kraftfahrzeugen (Abb. 1) oder als Verkehrsspiegel an Straßenkreuzungen. Bei Wölbspiegeln entstehen durch die nach außen gewölbte Spiegelfläche verkleinerte Bilder (Abb. 1). Gleichzeitig ist ein größerer Bereich des Verkehrsgeschehens im Spiegel zu sehen.

Hohlspiegel unterschiedlicher Art werden in vielen Geräten und Anlagen genutzt. So haben z. B. die meisten Taschenlampen Hohlspiegel (Reflektoren), die das von der Lampe ausgehende Licht bündeln.
Auch Kosmetikspiegel sind Hohlspiegel. Ändert man die Entfernung Gegenstand–Spiegel, kann man beobachten, wie sich das Bild ändert. Bei einem Kosmetikspiegel sieht man ein vergrößertes Bild.

1 Die Feuerwehr im Rückspiegel erscheint verkleinert und weiter entfernt.

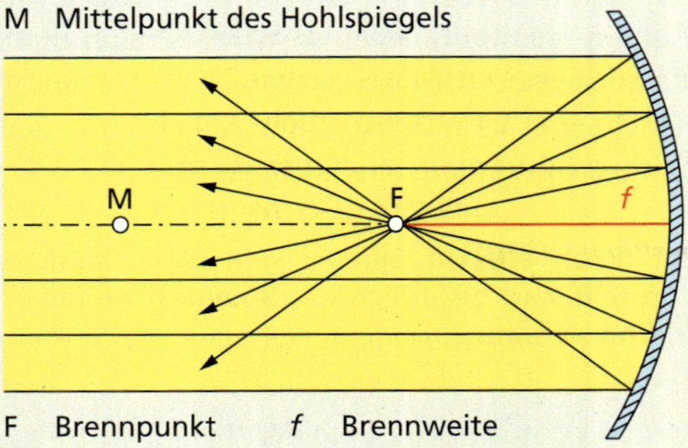

2 Reflexion an einem kugelförmigen Hohlspiegel (achsennahe Strahlen)

Auch in Autoscheinwerfern befinden sich Hohlspiegel. Man kann Fernlicht oder Abblendlicht einschalten (↗ Abb.). Das ist möglich, weil im Autoscheinwerfer eine Glühlampe mit zwei verschiedenen Glühfäden (Biluxlampe) verwendet wird.

Beim **Fernlicht** fällt Licht des unteren Glühfadens auf den gesamten Spiegel und wird parallel reflektiert.

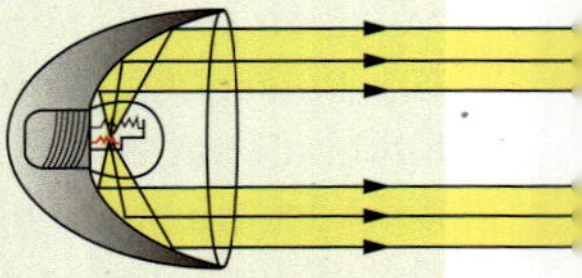

Beim **Abblendlicht** befindet sich die Glühwendel an einer anderen Stelle. Das nach unten abgestrahlte Licht wird durch einen Metallspiegel abgeschirmt.

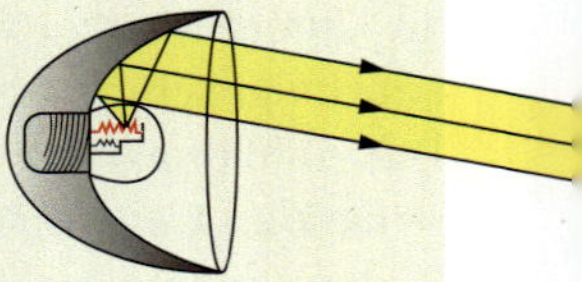

Wenn du den Text dieser Seite gründlich gelesen hast, kannst du folgende Aufgaben lösen:

1. Warum wird der Punkt, in dem sich die reflektierten Strahlen an einem Hohlspiegel treffen (Abb. 2), Brennpunkt genannt?
2. Warum haben die meisten Taschenlampen Hohlspiegel?
3. Vergleiche das Spiegelbild im Rückspiegel eines Autos mit dem „Gegenstand“. Achte besonders auf die Bildgröße und die Größe des Ausschnitts aus dem Verkehrsgeschehen.

Physik im Alltag

Eine Landschaft im Spiegel

An einem See oder Teich kann man bei Windstille auf der Wasseroberfläche das Spiegelbild des gegenüberliegenden Ufers sehen. Bei stärkerem Wind ist das aber nicht möglich (Abb. 1).

Erkläre, warum man bei glatter Wasseroberfläche ein Spiegelbild sieht und bei rauer und welliger Oberfläche nicht.

Eine glatte Wasseroberfläche wirkt wie ein ebener Spiegel. Es tritt Reflexion auf. Das von den Gegenständen (Baum, Haus) ausgehende Licht fällt auf die glatte Oberfläche und wird reflektiert. Das reflektierte Licht, das in unser Auge fällt, scheint aus Richtung der Wasseroberfläche zu kommen. Wir sehen dort das Spiegelbild. Gleichzeitig fällt aber auch Licht direkt vom Gegenstand in unser Auge. Das bedeutet: Wir sehen den Gegenstand und zugleich sein auf dem Kopf stehendes Spiegelbild (Abb. 1a).

Bei einer rauen und welligen Oberfläche tritt ebenfalls Reflexion auf. Jeder einzelne Lichtstrahl wird zwar nach dem Reflexionsgesetz reflektiert. Da jedoch die Lagen der reflektierenden Flächen verschieden sind, werden die Lichtstrahlen in unterschiedliche Richtungen reflektiert. Wir sehen kein Spiegelbild der Gegenstände (Abb. 1b), sondern nur eine aufgehellte und wellige Fläche.

1 Ein See bei Windstille (a) und vom gleichen Standort aus bei stärkerem Wind (b)

Der Sonnenofen

Mithilfe von Sonnenlicht können Stoffe so erhitzt werden, dass sie schmelzen oder verdampfen. Eine solche Anordnung wird als Sonnenofen bezeichnet (Abb. 3).

Wie ist ein solcher Sonnenofen aufgebaut? Wie funktioniert er?

Ein Sonnenofen besteht aus verschieden angeordneten Spiegeln. Das parallele Sonnenlicht fällt zunächst auf ebene Spiegel (Abb. 2). Es wird von diesen Spiegeln nach dem Reflexionsgesetz so reflektiert, dass es als paralleles Licht auf den Hohlspiegel fällt. Von einem Hohlspiegel wird das parallele Licht so reflektiert, dass es in einem kleinen Bereich konzentriert wird.

In diesem Bereich werden im Sonnenofen von Odeillo (Abb. 3) Temperaturen bis 3 300 °C erreicht. Solche Temperaturen reichen aus, um fast alle Metalle zu schmelzen.

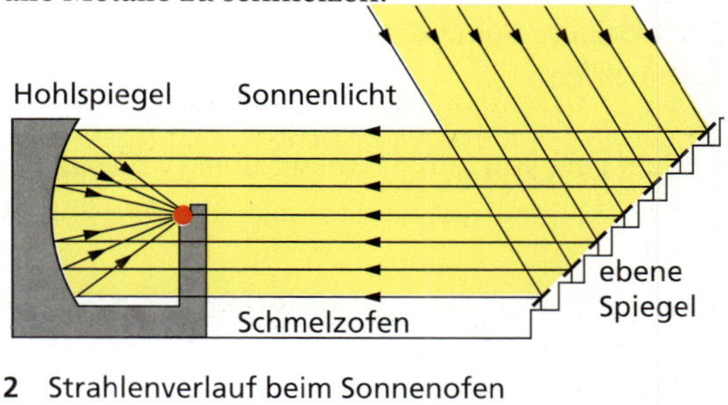

2 Strahlenverlauf beim Sonnenofen

3 Der Sonnenofen von Odeillo (Frankreich) ist eine der größten Anlagen dieser Art.

Licht auf Abwegen

In Luft breitet sich Licht geradlinig aus. Trifft es aber schräg auf Wasser oder Glas, so ist das nicht mehr der Fall. Das Licht ändert seine Richtung. Wie es sich dann ausbreitet, kannst du selbst experimentell erforschen. Führe dazu die folgenden Experimente durch.

Experiment 1

Untersuche, welchen Weg das Licht nimmt, wenn es von Luft in Wasser oder Glas übergeht.

Vorbereitung:

a) Wiederhole, wie sich Licht in Luft ausbreitet.
b) Was passiert, wenn Licht auf Körper trifft, die Licht durchlassen bzw. nicht durchlassen?
c) Wann können wir einen Körper sehen?

Durchführung:

Lass ein schmales Lichtbündel wie in den Abbildungen auf Wasser bzw. Glas treffen.
Nutze jeweils eine Lampe mit Spalt oder einen Laserpointer. Orientiere dich bei deinen Beobachtungen an „So kannst du vorgehen", Seite 25. Protokolliere deine Beobachtungen. Ändere deine Blickrichtung.

- Licht geht von Luft in Wasser über (↗ Skizze).

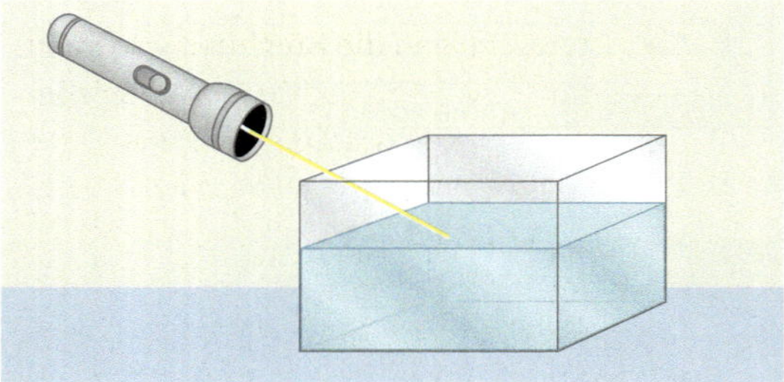

- Licht geht von Luft in Glas über (↗ Skizze).

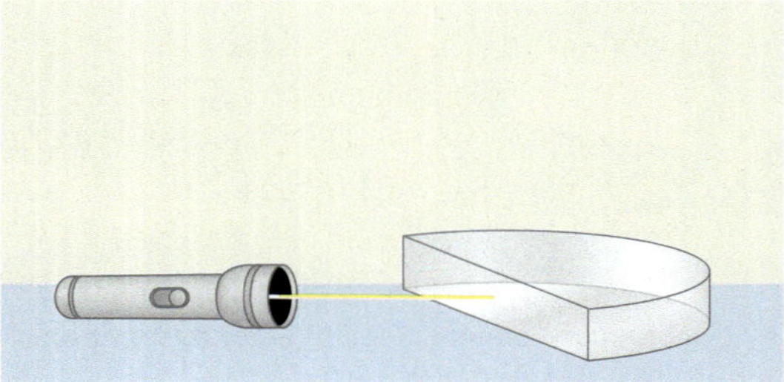

- Licht geht von Glas in Luft über.

Auswertung:

Beschreibe deine Beobachtungen.

Experiment 2

Probiere aus, wie die Erscheinung auf dem Foto zustande kommt.

Durchführung:

a) Benutze ein durchsichtiges Gefäß, wie es im Haushalt verwendet wird. Anstelle der Kerze sind auch andere Gegenstände geeignet.
b) Ändere deine Blickrichtung.

Auswertung:

Unter welchen Bedingungen kannst du eine Parallelverschiebung eines Gegenstands wie im Foto beobachten?

Experiment 3

Lass ein schmales Lichtbündel so wie in der Abbildung auf ein Prisma fallen. Beschreibe den Weg des Lichts.

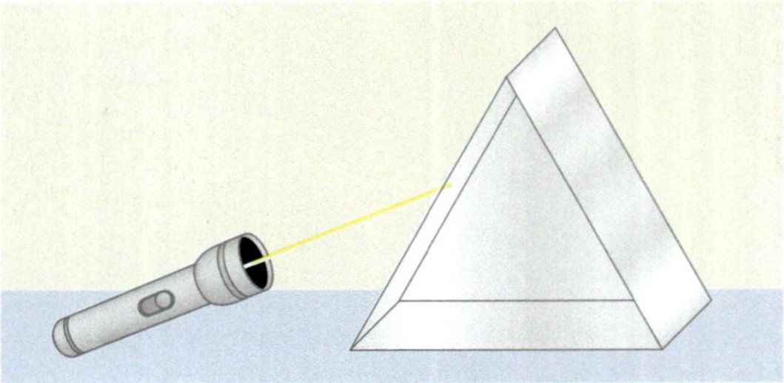

Brechung von Licht

In Luft, Wasser oder Glas breitet sich Licht geradlinig aus. Geht Licht aber schräg von Luft in Glas oder Wasser über, so ändert sich seine Ausbreitungsrichtung (Abb. 1). Das gilt ebenfalls, wenn das Licht von Wasser in Luft (Abb. 2) oder von Glas in Luft übergeht. Die Ausbreitungsrichtung des Lichts ändert sich. Das zeigen auch die Experimente auf Seite 32. In der Physik wird diese Erscheinung **Brechung** genannt. Die Fläche zwischen Luft und Wasser oder Luft und Glas heißt **Grenzfläche.** Damit kann man formulieren:

> **Als Brechung des Lichts bezeichnet man die Änderung seiner Ausbreitungsrichtung an der Grenzfläche zweier lichtdurchlässiger Stoffe.**

1 Brechung von Licht beim Übergang von Luft in Glas

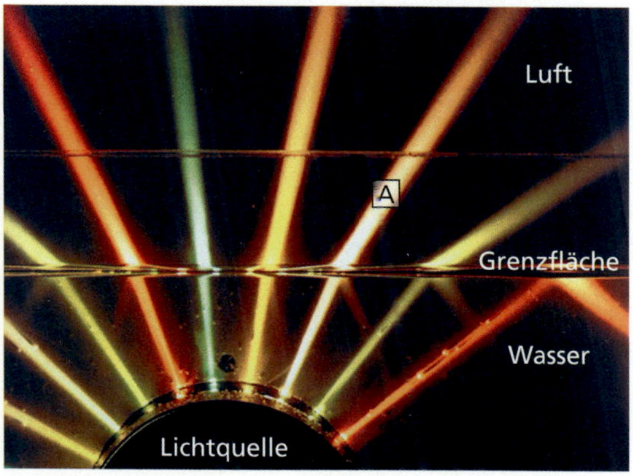

2 Die Lichtquelle befindet sich unter Wasser. An der Grenzfläche Wasser – Luft ändert das Licht seine Richtung. Teilweise wird es reflektiert.

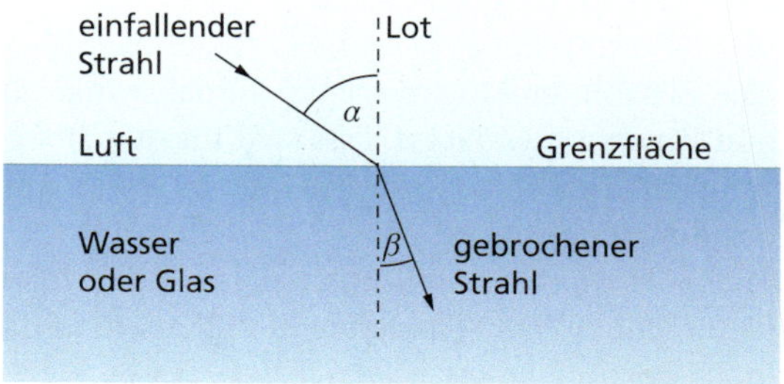

3 Darstellung der Brechung von Licht beim Übergang von Luft in Glas oder Wasser im Modell

Um die Brechung zu beschreiben, nutzen wir wie bei der Reflexion das Modell Lichtstrahl (Abb. 3). Beachte dabei immer:

- Das Lot steht senkrecht auf der Grenzfläche.
- Der Einfallswinkel α und der Brechungswinkel β werden immer zwischen Lot und Lichtstrahl gemessen.
- Brechung tritt nur auf, wenn Licht schräg auf die Grenzfläche trifft. Der Einfallswinkel muss größer als 0° und kleiner als 90° sein.
- Beim senkrechten Auftreffen von Licht auf eine Grenzfläche ($\alpha = 0°$) tritt keine Brechung auf.

Gewusst · Gekonnt

1. Abb. 1 und 2 zeigen die Brechung von Licht.
   a) Bestimme in Abb. 1 die Größe von Einfallswinkel und Brechungswinkel.
   b) Wie groß sind in Abb. 2 die Winkel α und β für das markierte Lichtbündel A?

2. Angenommen, die Lichtquelle in Abb. 2 befindet sich über dem Wasser, sodass das Licht von Luft in Wasser übergeht.
   Wie würden die Lichtbündel dann verlaufen?
   a) Stelle eine Vermutung auf.
   b) Fertige eine Skizze an und zeichne mehrere Strahlenverläufe. Kennzeichne die Einfalls- und Brechungswinkel.
   c) Entwickle eine Idee, wie du deine Vermutung überprüfen kannst. Führe einen Versuch durch. Kannst du deine Vermutung bestätigen?

Das Brechungsgesetz

Der Zusammenhang zwischen Einfallswinkel α und Brechungswinkel β lässt sich für den Übergang Luft-Glas mit der in Abb. 1 dargestellten Anordnung untersuchen.
Ebenfalls experimentell untersuchen kann man die Brechung beim Übergang des Lichts von Luft in Wasser.
In der nachfolgenden Tabelle sind einige Messwerte angegeben.

Einfallswinkel α und Brechungswinkel β für den Übergang Luft–Wasser und Luft–Glas

Einfallswinkel α	Brechungswinkel β für Luft–Wasser	Brechungswinkel β für Luft–Glas
10°	8°	6°
20°	15°	12°
30°	22°	18°
40°	29°	24°
50°	35°	28°
60°	41°	33°
70°	45°	36°
80°	48°	38°

Der Vergleich von Einfalls- und Brechungswinkeln ergibt:
- Geht Licht von Luft in Wasser bzw. Glas über, so ist der Brechungswinkel immer kleiner als der Einfallswinkel. Man sagt: Das Licht wird zum Lot hin gebrochen.
- Geht das Licht umgekehrt von Wasser bzw. Glas in Luft über, so ist der Brechungswinkel immer größer als der Einfallswinkel. Man sagt: Das Licht wird vom Lot weg gebrochen. Diese Erkenntnisse werden zum Brechungsgesetz zusammengefasst.

Darüber hinaus zeigen die Messwerte: Wie stark das Licht gebrochen wird, hängt von den beteiligten Stoffen ab. Bei einem bestimmten Einfallswinkel wird das Licht beim Übergang Luft-Glas stärker gebrochen als beim Übergang Luft-Wasser. Vergleicht man die Lichtwege beim Übergang Luft-Wasser/Glas und beim umgekehrten Übergang Wasser/Glas-Luft miteinander, dann zeigt sich der gleiche Strahlenverlauf. Nur die Richtung der Lichtstrahlen ist umgekehrt. In der Physik formuliert man das so: Bei der Brechung von Licht ist der Lichtweg umkehrbar. Die wichtigsten Kenntnisse zur Brechung sind im **Brechungsgesetz** zusammengefasst.

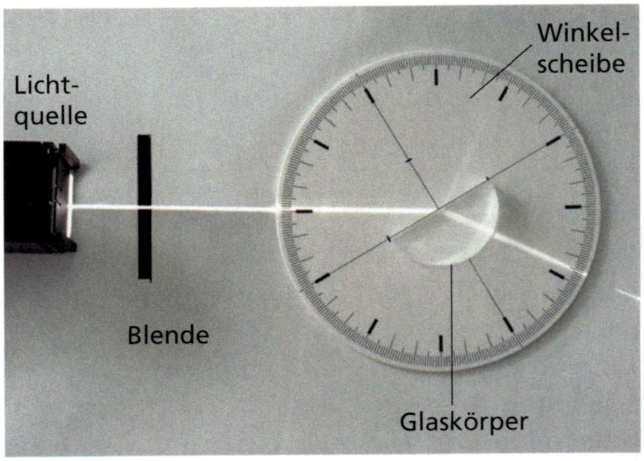

1 Mit einer solchen Anordnung kannst du den Einfallswinkel und den zugehörigen Brechungswinkel messen.

Trifft Licht schräg von Luft auf Glas oder Wasser, so wird es an der Grenzfläche zum Lot hin gebrochen.

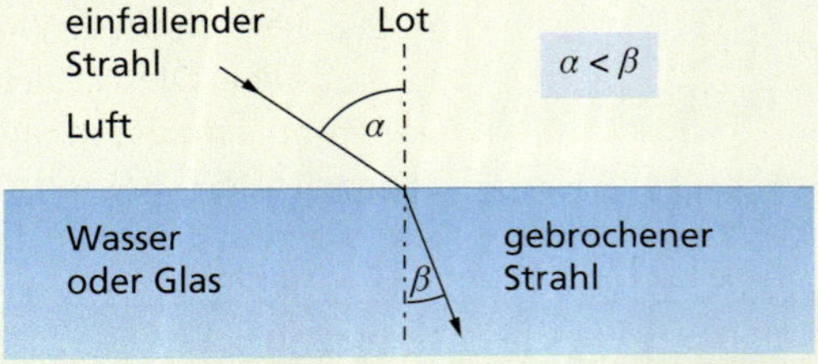

Trifft Licht schräg von Glas oder Wasser auf Luft, so wird es an der Grenzfläche vom Lot weg gebrochen.

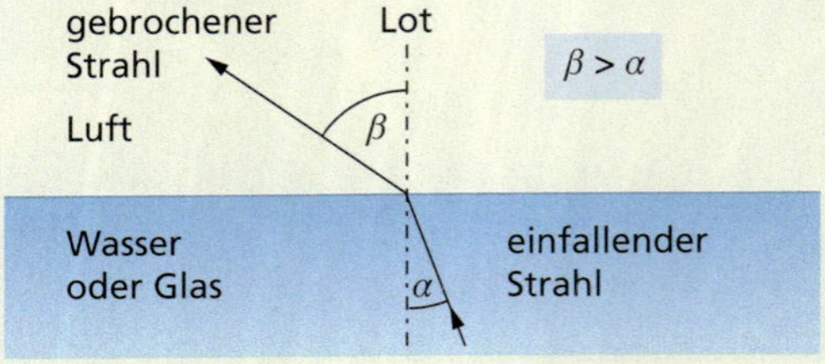

Dabei liegen einfallender Strahl, Lot und gebrochener Strahl in einer Ebene.

Eine optische Täuschung?

Stellt man einen Trinkhalm in ein Gefäß mit Wasser, so scheint er an der Wasseroberfläche einen Knick zu haben (Abb. 1). Wird er durch das Wasser verbogen? Nimmt man den Trinkhalm aus dem Wasser heraus, ist der Knick wieder weg.
Probiere es selbst aus. Wie kann man das Abknicken eines Trinkhalms an der Wasseroberfläche erklären?

Der Trinkhalm bekommt tatsächlich keinen Knick. Es liegt eine optische Täuschung vor, die wir mithilfe der Brechung erklären können. Dazu muss man vom Sehvorgang ausgehen. Aufgrund unserer Erfahrungen mit der geradlinigen Lichtausbreitung sehen wir einen Körper an der Stelle, von der aus die Lichtstrahlen herzukommen scheinen. Von dem Teil des Trinkhalms, der sich außerhalb des Wassers befindet, fällt das Licht geradlinig in unser Auge. Anders ist es mit dem Licht von dem Teil des Trinkhalms, der sich unter Wasser befindet. Dieses Licht, das vom Trinkhalm ausgeht, wird an der Grenzfläche Wasser-Luft vom Lot weg gebrochen, so wie es die Skizze zeigt.

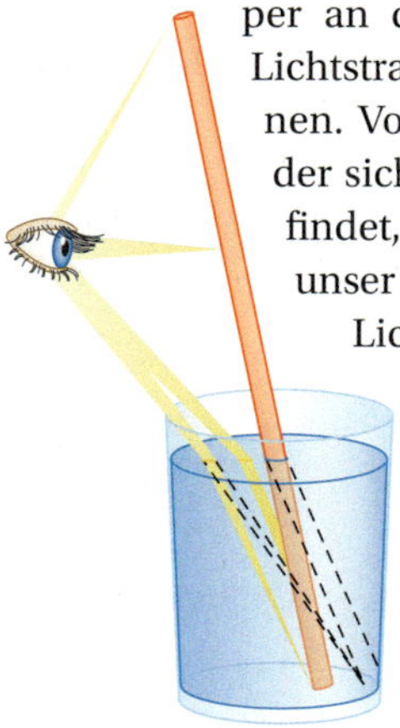

1 Der Trinkhalm in einem Gefäß mit Wasser erscheint wegen der Brechung geknickt.

Die rückwärtigen geradlinigen Verlängerungen der Lichtstrahlen, die ins Auge fallen, schneiden sich an den Stellen, an denen wir den Körper sehen. Dort entsteht ein scheinbares Bild des Trinkhalms unter Wasser. Dieses Bild sehen wir. Damit scheint der Trinkhalm an der Wasseroberfläche einen deutlichen Knick zu haben. Ähnliche Effekte kann man auch in einem Schwimmbad beobachten.

Guckloch eines Tauchers

Wenn ein Taucher von unten gegen die Wasseroberfläche blickt, sieht er über sich ein kreisrundes helles Loch.
Wie kommt ein solches helles Guckloch für den Taucher zustande?

Der Taucher sieht nur das Licht, das in seine Augen fällt. Der größtmögliche Einfallswinkel des Lichts von Luft in Wasser beträgt fast 90°. Für diesen Einfallswinkel beträgt der Brechungswinkel 49°. Dies gilt nach allen Seiten. Der Taucher sieht also eine kreisrunde Fläche, durch die Licht aus dem hellen Bereich über der Wasseroberfläche in seine Augen fällt (Abb. 2).
Bei Winkeln, die größer als 49° sind, gelangt nur sehr wenig Licht in seine Augen. Also erscheint für ihn der Bereich außerhalb des 49°-Kegels dunkler als der beleuchtete Bereich.

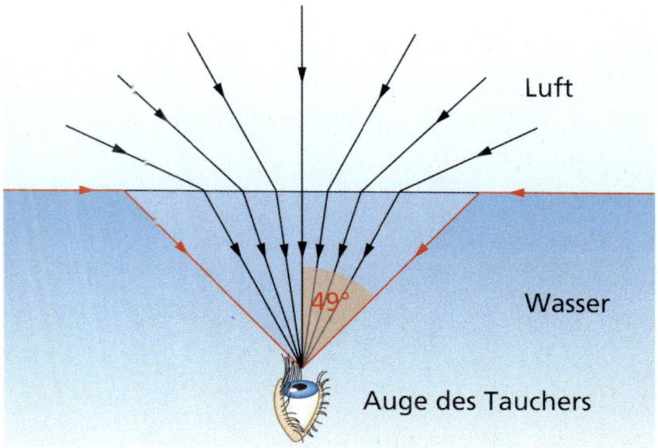

2 Strahlenverlauf zum Auge des Tauchers: Das Licht wird an der Grenzfläche gebrochen.

Eine spezielle Reflexion

In der Abb. 2, Seite 33, ist zu erkennen, dass das Licht beim Übergang von Wasser in Luft nicht nur gebrochen, sondern auch an der Grenzfläche reflektiert wird.

Eine solche Reflexion tritt aber nur unter bestimmten Bedingungen auf. Das zeigen die Experimente in Abb. 1:

- Erforderlich ist eine Grenzfläche, an der das Licht vom Lot weg gebrochen wird (Abb. 1a).
- Bei einem bestimmten Einfallswinkel beträgt der Brechungswinkel 90° (Abb. 1b).
- Wird der Einfallswinkel weiter vergrößert, so wird das gesamte Licht an der Grenzfläche reflektiert (Abb. 1c). Diese Erscheinung wird als **Totalreflexion** bezeichnet.

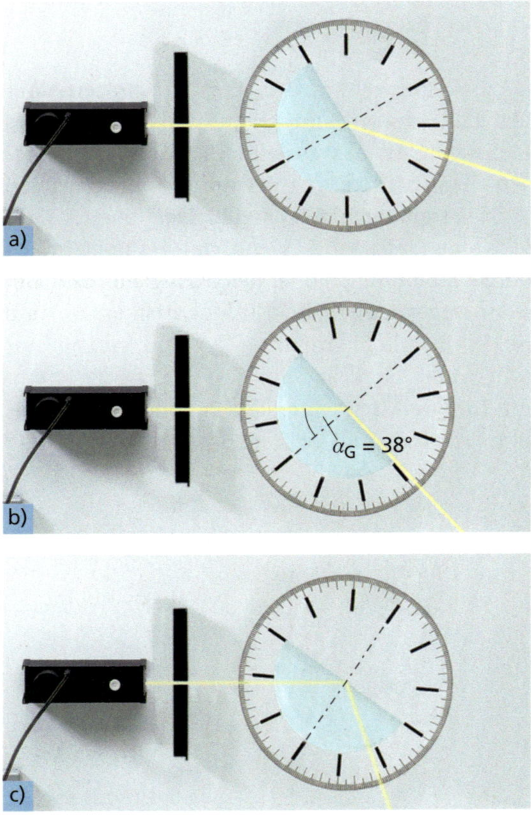

1 Brechung (a und b) und Totalreflexion (c) an der Grenzfläche Glas–Luft. Bei Winkeln $\alpha > 38°$ wird das gesamte auffallende Licht reflektiert.

Interessantes aus der Technik

Glasfaserkabel als Lichtleiter

Mit Glasfaserkabeln und Licht werden heute Telefongespräche, Fernsehprogramme oder Daten zwischen Computern übertragen.

Ein solches Kabel (Abb. 3) besteht aus mehreren Tausend dünnen Glasfasern, die gebündelt und mit einer Isolierschicht versehen sind.
Jede einzelne Glasfaser hat einen Mantel und einen Kern (Abb. 2). Lässt man Licht unter dem richtigen Winkel auf den Glasfaserkern fallen, so wird es im Glasfaserkern fortgeleitet und am Glasfasermantel reflektiert.
Mit dem Licht werden Informationen übertragen. Mit Glasfaserkabeln können viel mehr Informationen übertragen werden als mit herkömmlichem Kupferkabel.
Darüber hinaus sind Glasfaserkabel leichter und lassen sich einfacher verlegen.

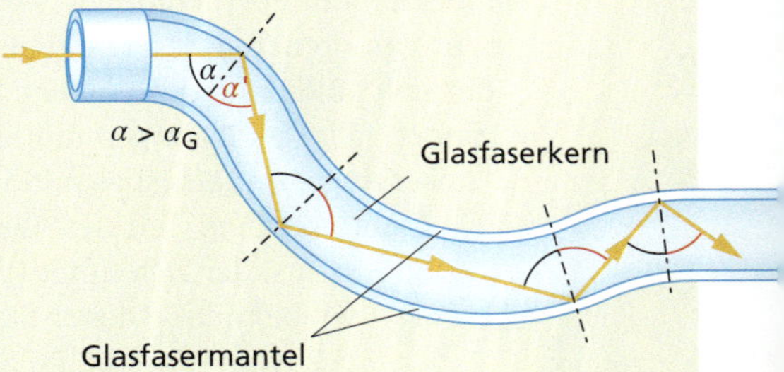

2 Trifft Licht von innen auf den Mantel einer Glasfaser, wird es total reflektiert.

3 100-adriges Glasfaserkabel für einen digital gesteuerten Multimedia-Arbeitsplatz. Durch jede Faser werden Informationen übertragen.

Prismen

Reflexion und Brechung von Licht werden bei Prismen genutzt. Prismen bestehen meist aus Glas. Sie werden in Ferngläsern, Fotoapparaten und anderen optischen Geräten verwendet (Abb. 3).

Dabei wird zwischen **Umlenkprismen** und **Umkehrprismen** unterschieden (Abb. 1, 2). Bei einem Umlenkprisma (Abb. 1) wird Licht in eine andere Richtung gelenkt. Wie stark die Ablenkung ist, hängt ab

- von der Form des Prismas und
- davon, aus welcher Richtung das Licht auf das Prisma trifft.

Bei einem Umkehrprisma (Abb. 2) geht es darum, die Lage von einfallenden und austretenden Lichtstrahlen umzukehren. So kann z. B. aus einem Bild, das auf dem Kopf steht, ein aufrechtes Bild erzeugt werden.

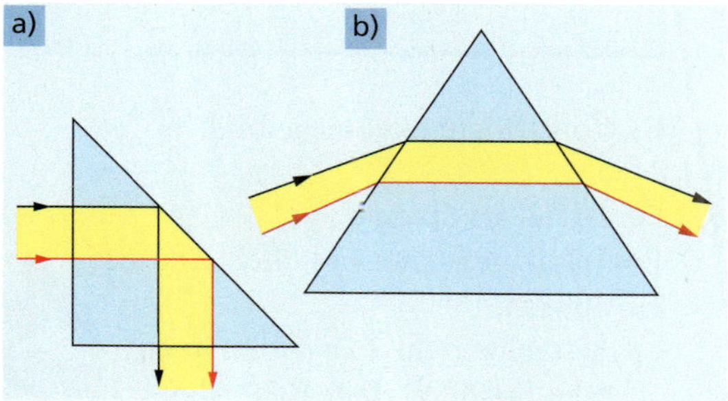

1 Bei Umlenkprismen wird Licht durch Reflexion oder Brechung umgelenkt.

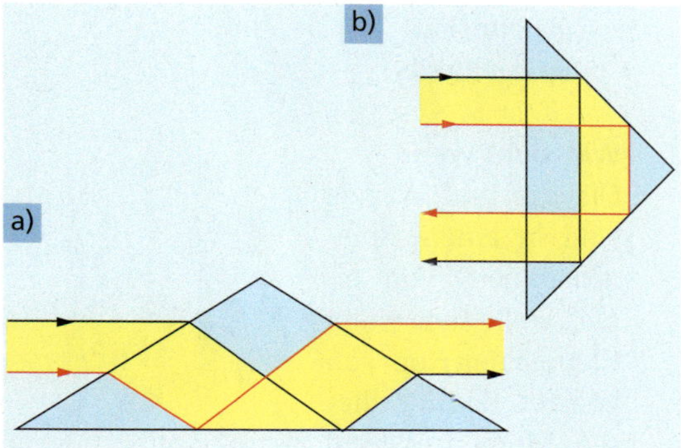

2 Bei Umkehrprismen ist die Lage der eintretenden und austretenden Strahlen zueinander vertauscht.

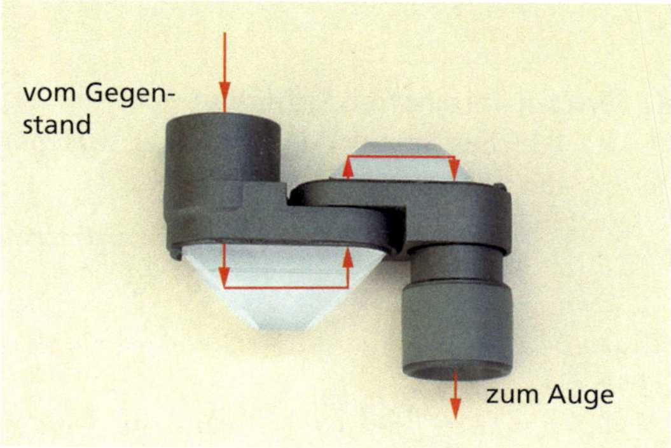

3 Bei dem abgebildeten Minifernglas wird das einfallende Licht durch zwei Prismen umgelenkt.

Gewusst · Gekonnt

1. Erkunde, wo Prismen genutzt werden und welchen Zweck sie bei verschiedenen Geräten erfüllen.
2. Untersuche experimentell den Strahlenverlauf an den skizzierten Prismen. Lass das Licht so auffallen, wie es links dargestellt ist. Skizziere jeweils den Strahlenverlauf.
3. Begründe die Zweckmäßigkeit der Bezeichnungen Umlenkprismen und Umkehrprismen.
4. Lass weißes Licht auf ein gleichseitiges Prisma (Abb. 1b) fallen. Beobachte und beschreibe.
5. Es gilt: Bei Reflexion und Brechung ist der Lichtweg umkehrbar. Erläutere diese Aussage an einem selbst gewählten Beispiel.

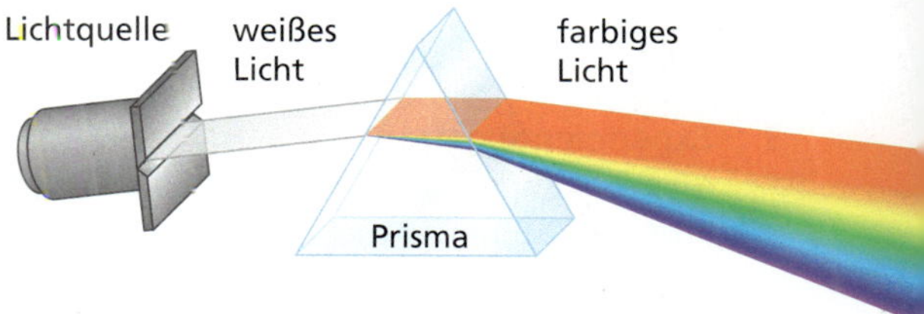

4 Zerlegung von weißem Licht durch ein Prisma: Man erhält Licht verschiedener Farben.

Gewusst · Gekonnt

1. Fakten verschaffen Sicherheit

a) Welches ist der Einfallswinkel, welches der Reflexionswinkel?

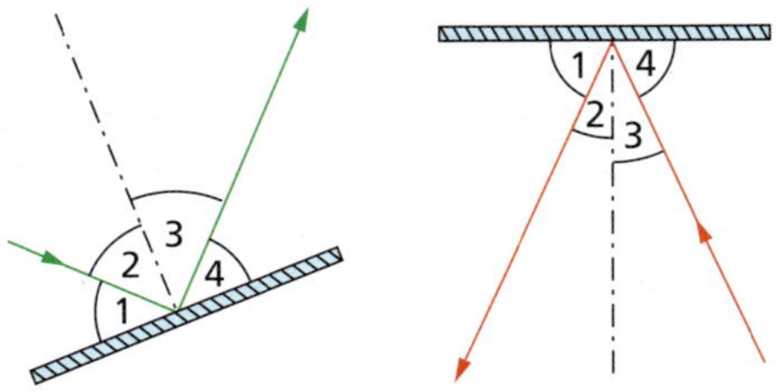

b) Welche Gerade ist das Einfallslot?

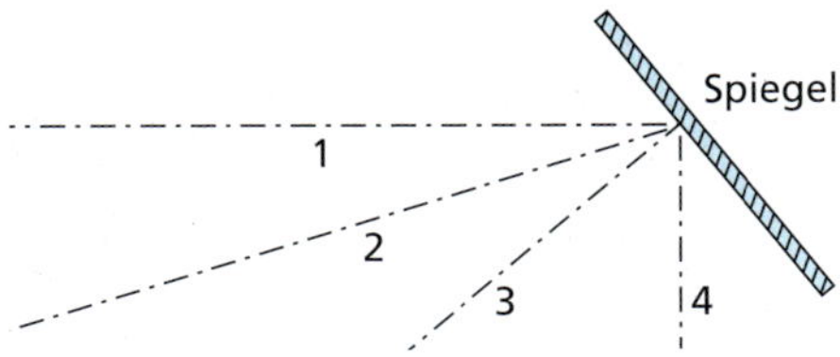

c) Licht fällt unter einem Winkel von 40° auf einen ebenen Spiegel. Zeichne einfallenden Strahl, Einfallslot und reflektierten Strahl.

2. Ein merkwürdiger Unterschied

Ein vor einem Spiegel stehender Gegenstand erscheint dem Beobachter grün, das Spiegelbild dagegen rot. Wie kann man das erklären?

3. Experimente gefragt

Max behauptet, dass in einem Spiegelbild vorn und hinten sowie links und rechts eines Gegenstands vertauscht werden. Welche Ideen hast du, um diese Behauptungen zu prüfen?

4. Ein Gegenstand und sein Bild

Vor einem ebenen Spiegel befindet sich ein Gegenstand.

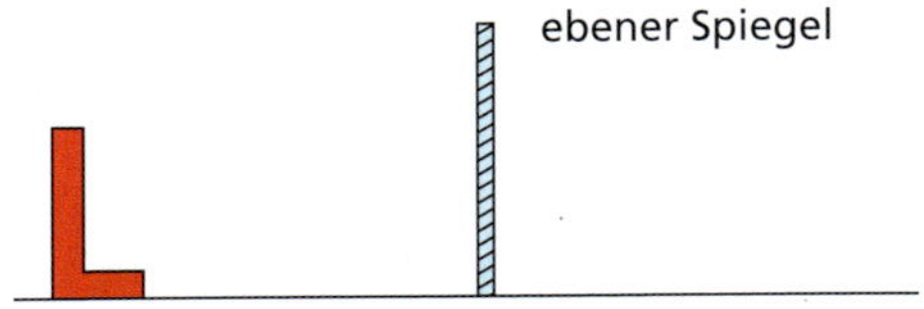

Konstruiere im Heft das Spiegelbild dieses Gegenstands.

5. Kennzeichen eines Spiegelbilds

Betrachte das Spiegelbild der Schrift.

a) Beschreibe dieses Bild.

b) Konstruiere das Spiegelbild.

6. Ein Löffel als Spiegel

Ein blank geputzter Esslöffel wirkt wie ein Spiegel.

a) Betrachte dein Spiegelbild in einem Esslöffel. Halte dabei den Löffel einmal senkrecht und einmal waagerecht.

b) Beschreibe und vergleiche die Spiegelbilder.

7. Wer sieht wen?

Claudia und Wenzel sind in einem Spiegelkabinett. Von einer Stelle aus sieht Claudia den Kopf von Wenzel. Kann in diesem Moment Wenzel auch Claudia sehen? Begründe.

8. Fakten gefragt
Welchen Weg nimmt das Licht in der Abbildung? Begründe.

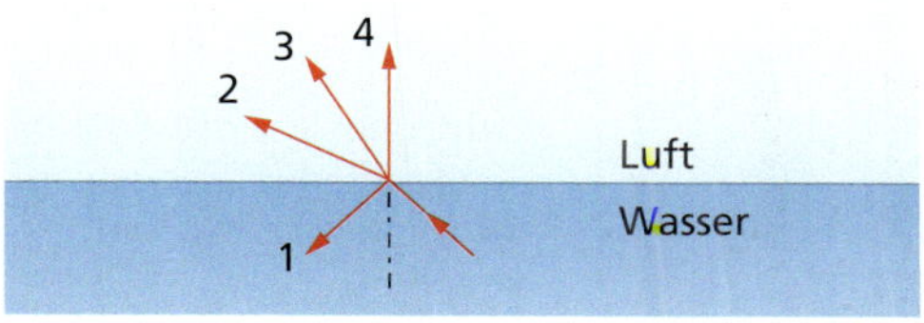

9. Glasplatten „verschieben" Gegenstände
Legt man eine planparallele Platte aus Glas auf einen Bleistift, so scheint es, als ob ein Stück des Bleistifts verschoben wird. Probiere es aus. Erkläre.

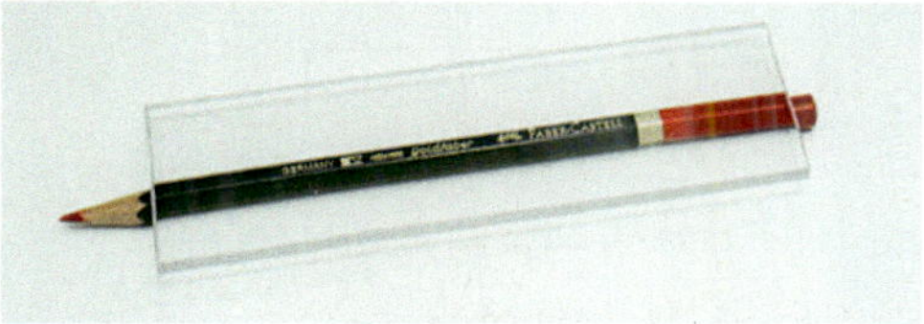

10. Eine gestauchte Flasche
Eine Flasche wird zur Kühlung in eine Schüssel gestellt. Dabei zeigt sich: Ohne Wasser in der Schüssel hat die Flasche ihre normale Größe (↗ Abb.), im Wasser nicht.

a) Probiere es selbst aus.
b) Wie kommt diese scheinbare Stauchung der Flasche zustande?

11. Ein Stein unter Wasser
Ein klarer Teich erscheint uns meist nicht sehr tief. Wenn wir z. B. einen Stein aus dem Wasser holen wollen, täuschen wir uns oft. Der Stein liegt tiefer, als wir ihn sehen. Erkläre diese Erscheinung.

12. Fische fangen
Im klaren Wasser eines Teichs siehst du einen Fisch schwimmen. Schwimmt der Fisch höher, tiefer oder dort, wo du ihn siehst? Begründe deine Aussage.

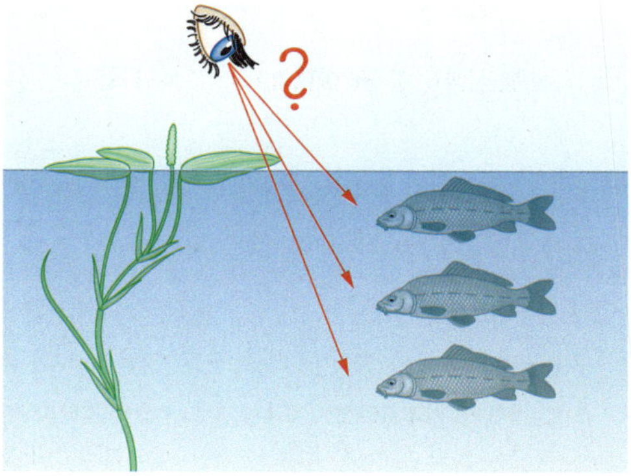

13. Ein Taucher beobachtet
Ein Taucher befindet sich unter Wasser. Wenn er in Richtung Wasseroberfläche schaut, dann sieht er einen kreisrunden hellen Fleck. Erkläre, wie ein solcher heller Fleck zustande kommt.

14. Übergang Wasser–Luft
Licht trifft auf eine Grenzfläche Wasser–Luft.
a) Wie groß ist der Brechungswinkel, wenn der Einfallswinkel $\alpha = 48°$ beträgt?
b) Zeichne von einer punktförmigen Lichtquelle, die sich 5 cm unter einer Wasseroberfläche befindet, den Verlauf der Lichtstrahlen für Einfallswinkel von 0°, 10°, 20°, 30° und 40° ein.

15. Übergang Luft–Wasser
Eine punktförmige Lichtquelle befindet sich 4 cm über einer glatten Wasseroberfläche.
a) Konstruiere den Verlauf der Lichtstrahlen mit den Einfallswinkeln 0°, 15°, 30°, 60°.
b) Kann Totalreflexion auftreten? Begründe.

Das Wichtigste im Überblick

Reflexion und Brechung von Licht

Beim Auftreffen auf eine Fläche kann Licht seine Richtung ändern.

Reflexion tritt auf, wenn Licht auf die Oberfläche eines Körpers trifft.

Licht kann in eine bestimmte Richtung oder in verschiedene Richtungen reflektiert werden.

Brechung tritt auf, wenn Licht schräg auf eine Grenzfläche zwischen zwei verschiedenen lichtdurchlässigen Körpern trifft.

- An glatten Flächen wird Licht in eine bestimmte Richtung reflektiert.
- An rauen Flächen wird Licht in unterschiedliche Richtungen reflektiert.

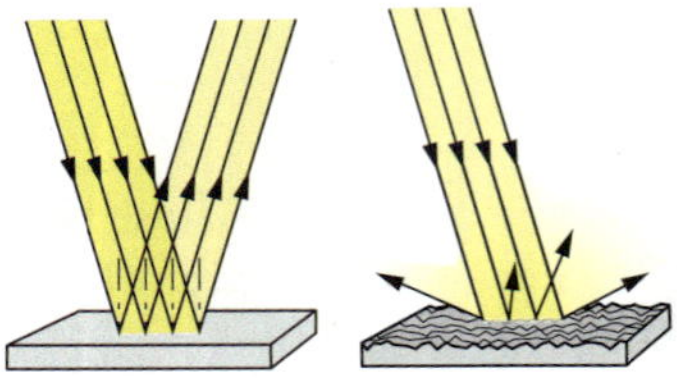

Reflexion von Licht	Brechung von Licht
Wird Licht an einer Fläche reflektiert, so ist der Einfallswinkel α gleich dem Reflexionswinkel α'. Dabei liegen einfallender Strahl, Lot und reflektierter Strahl in einer Ebene.	Trifft Licht unter einem Winkel $\alpha \neq 0°$ auf die Grenzfläche zweier Stoffe, so wird es gebrochen. Dabei liegen einfallender Strahl, Lot und gebrochener Strahl in einer Ebene.
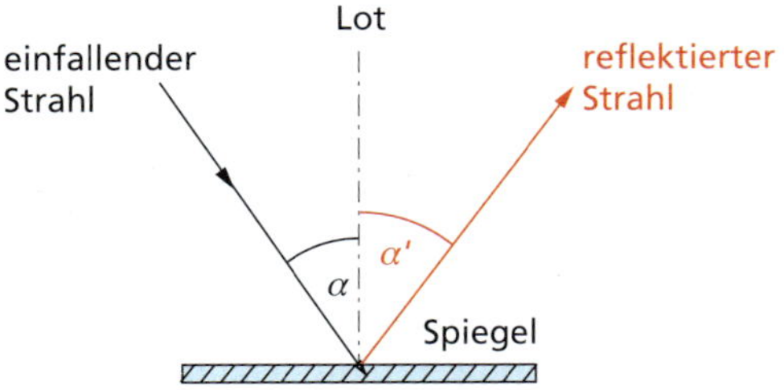	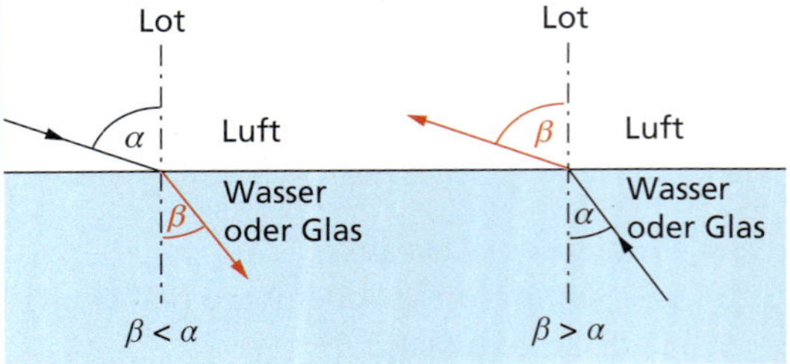
Die Reflexion wird bei Spiegeln genutzt. Alle Körper in unserer Umgebung reflektieren Licht. Deshalb können wir sie sehen.	Die Brechung wird bei Prismen genutzt. Gut beobachten lässt sich die Brechung an Seen und Teichen sowie in Bädern.

1.3 Bilder an Sammellinsen

1 Überall Linsen

In fast allen optischen Geräten und Hilfsmitteln wie Brillen, Lupen, Ferngläsern oder Fotoapparaten findet man ein Bauelement immer wieder – die Linse.
Welche Arten von Linsen gibt es? Wie entsteht ein Bild an einer Linse?

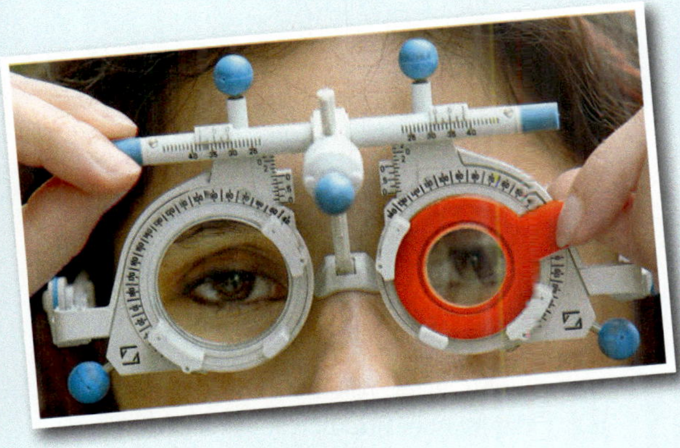

2 Brillen gegen Sehfehler

Angeborene oder erworbene Sehfehler können mit Brillen, Kontaktlinsen und teilweise auch durch Operationen korrigiert werden. Brillen und Kontaktlinsen müssen genau an die Augen angepasst werden.
Erkundet: Welche typischen Sehfehler gibt es? Wie kann man sie mit Brillen oder Kontaktlinsen korrigieren?

3 Verschiedene Bilder

An Linsen können Bilder entstehen, die kleiner oder größer als die abgebildeten Gegenstände sind. Auch ein Wassertropfen oder eine Glaskugel wirken wie eine Linse. Probiere es selbst aus. Beschreibe die Bilder.

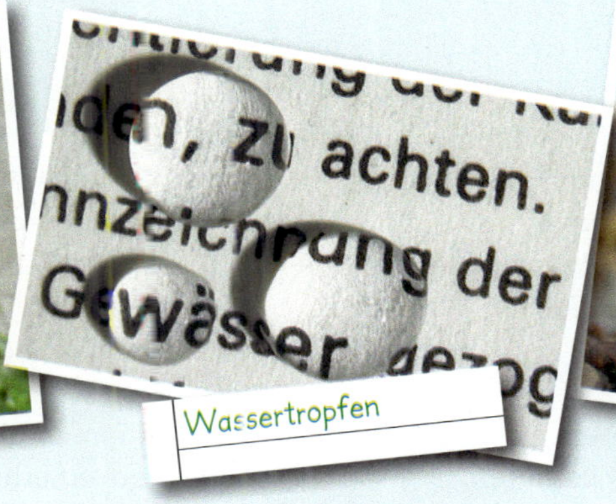

Untersuchungen mit Linsen

Experiment 1
Beobachte den Lichtfleck, den das Sonnenlicht auf einem Stück Papier erzeugt, wenn du den Abstand Sammellinse - Papier änderst. Finde heraus, welche Stelle am günstigsten ist, um ein Streichholz zu entzünden.
Vorsicht! Es besteht Brandgefahr! Nutze nur ein kleines Stück Papier.

Experiment 2
Stelle eine Wasserlinse her und probiere aus, mit welcher Linse du kleine Schrift besonders gut lesen kannst.
Vorbereitung:
Wasserlinsen kannst du so herstellen:

a) Das Ende einer Büroklammer wird zu einem kleinen Ring von etwa 6 mm Durchmesser gebogen.
b) Der kreisrunde Ausschnitt der Lasche eines Schnellhefterstegs wird genutzt.
c) Manche Lineale haben an einem Ende ein kleines Loch, das sich eignet.

Durchführung und Beobachtung:
Tauche die Gegenstände ins Wasser und ziehe sie vorsichtig heraus, damit ein kleiner Wassertropfen hängen bleibt.
Auswertung:
Beschreibe deine Beobachtungen. Begründe die Verzerrungen, die zustande kommen.

Experiment 3
Fülle eine durchsichtige Plastikflasche mit ebener Oberfläche voll Wasser, sodass keine Luftblasen entstehen. Verschraube die Flasche gut und lege sie auf einen Text, z. B. auf:

ICH HEISSE ALLE WILLKOMMEN

Verändere die Entfernung. Was kannst du feststellen?

Experiment 4
Betrachte Münzen mit einer selbst gebauten Linse.
Durchführung:
a) Entferne von einer Dose den Deckel und den Boden. Du kannst auch von einer Plastikflasche den Boden herausschneiden.
b) Spanne über eine Öffnung locker eine dehnbare, weiche und durchsichtige Frischhaltefolie. Befestige sie mit Gummiringen.
c) Lege einige Gegenstände, z. B. Münzen, in eine gläserne Schüssel. Tauche die Dose mit der bespannten, wasserdichten Öffnung nach unten in das Wasser und betrachte die Münzen.

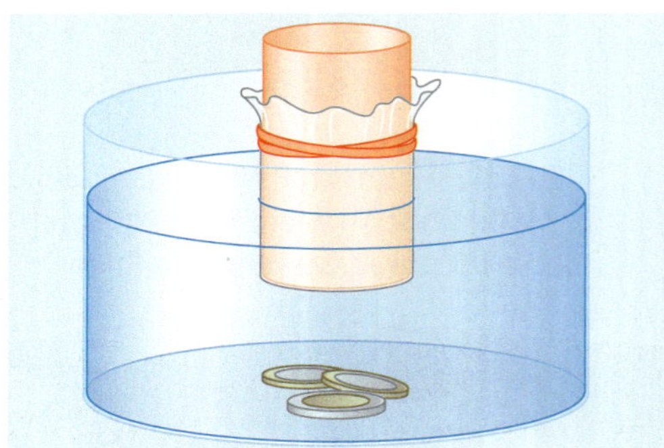

d) Verändere systematisch den Abstand von Linse und Münzen.

Auswertung:
a) Beschreibe deine Beobachtungen. Was für eine Linsenart hast du hergestellt (↗ S. 43)?
b) Funktioniert deine Linse auch bei Beobachtungen außerhalb des Wassers?

Strahlenverlauf durch Linsen

Linsen sind lichtdurchlässige Körper, die meistens aus Glas oder Kunststoff bestehen. Sie können sehr unterschiedliche Formen haben.

Wenn Licht auf sie trifft, wird es gebrochen. Je nach dem Strahlenverlauf unterscheidet man **Sammellinsen** und **Zerstreuungslinsen.**

Fällt Licht auf eine Linse, so wird es an der Grenzfläche von Luft zu Glas und an der Grenzfläche von Glas zu Luft gebrochen. Zur Vereinfachung ersetzt man bei **dünnen Linsen** diese zweifache Brechung durch **eine** Brechung an der Linsenebene (↗Übersicht unten).

Parallele Lichtstrahlen werden an einer **Sammellinse** so gebrochen, dass sie nach der Brechung alle durch einen Punkt gehen. Bei intensivem Licht kann sich an diesem Punkt, in dem das Licht gebündelt wird, ein Gegenstand entzünden. Man nennt ihn deshalb **Brennpunkt** F (lat.: *focus*). Jede Linse hat zwei Brennpunkte. Der Abstand eines Brennpunkts von der Linsenebene wird als **Brennweite** *f* bezeichnet.

Linsen werden in Lupen, Brillen oder Ferngläsern genutzt. Auch in unserem Auge ist eine Linse vorhanden. Ebenso können Wassertropfen, mit Wasser gefüllte Gläser oder Scherben von Glasflaschen wie Linsen wirken.

Sammellinsen

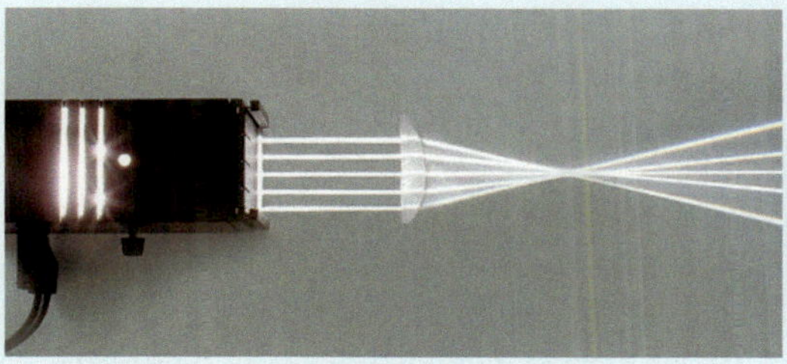

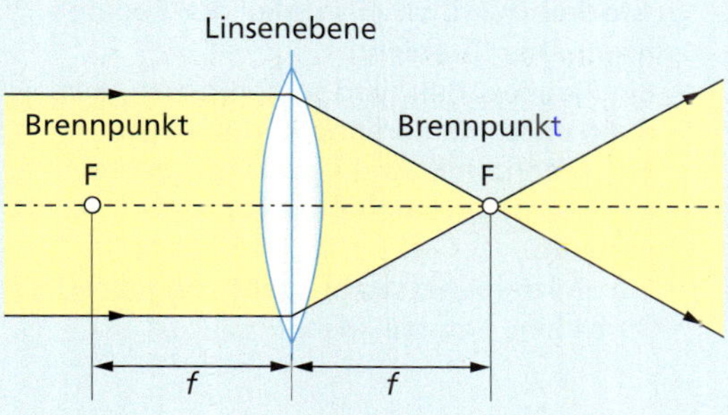

Linsen, die paralleles Licht nach der Brechung zunächst in einem Punkt sammeln, bevor es wieder auseinandergeht, nennt man Sammellinsen. Sammellinsen aus Glas oder Kunststoff sind in der Mitte dicker als am Rand.

Zerstreuungslinsen

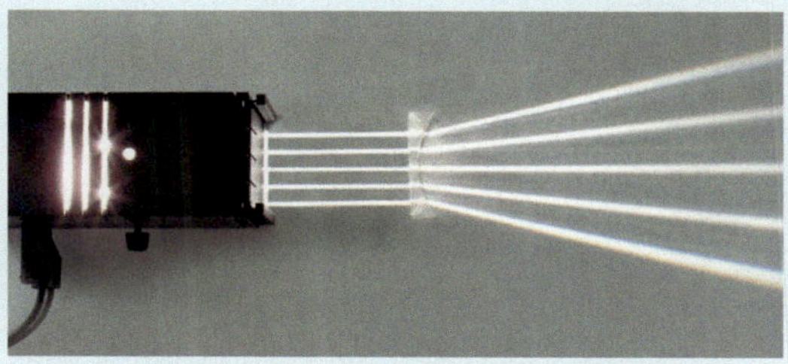

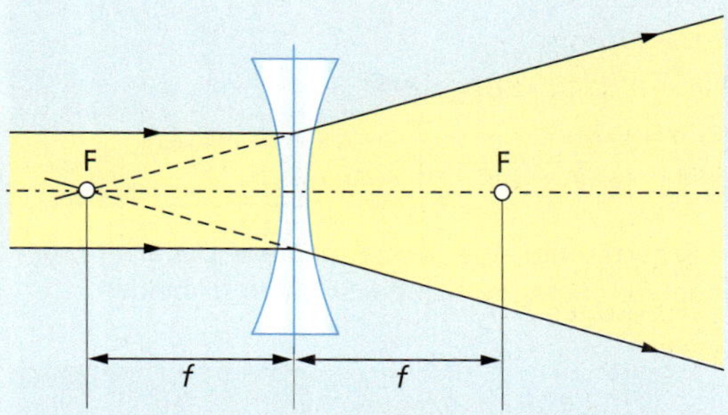

Linsen, die paralleles Licht nach der Brechung in verschiedene auseinanderlaufende Richtungen lenken, nennt man Zerstreuungslinsen. Zerstreuungslinsen aus Glas oder Kunststoff sind in der Mitte dünner als am Rand.

Bilder an Sammellinsen

Experimente mit Linsen zeigen, dass durch Linsen Bilder erzeugt werden können (↗ S. 42). Das kannst du auch beobachten, wenn du mit einer Lupe arbeitest oder einen Fotoapparat nutzt. Wie aber kommen diese Bilder zustande?

Licht, das von einem Gegenstandspunkt P kommt, trifft auf die Linse. Es wird dort gebrochen und läuft in einem Bildpunkt P' zusammen (Abb. 3). Das gilt für jeden Punkt des Gegenstands. Die Gesamtheit der Bildpunkte ergibt das Bild des Gegenstands (Abb. 1, 2).

Licht, das von einem Gegenstandspunkt P ausgeht und durch eine Sammellinse fällt, trifft hinter der Linse in einem Bildpunkt P' zusammen.

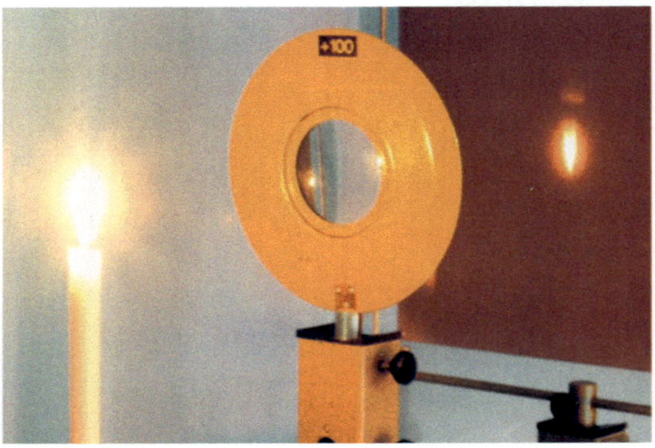

1 Scharfes Bild einer Kerzenflamme: Der Schirm befindet sich dort, wo sich die Strahlen schneiden.

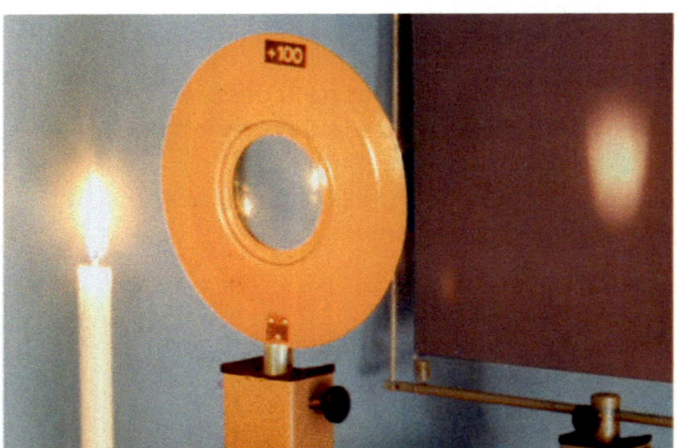

2 Unscharfes Bild einer Flamme: Der Schirm befindet sich nicht dort, wo sich die Strahlen schneiden.

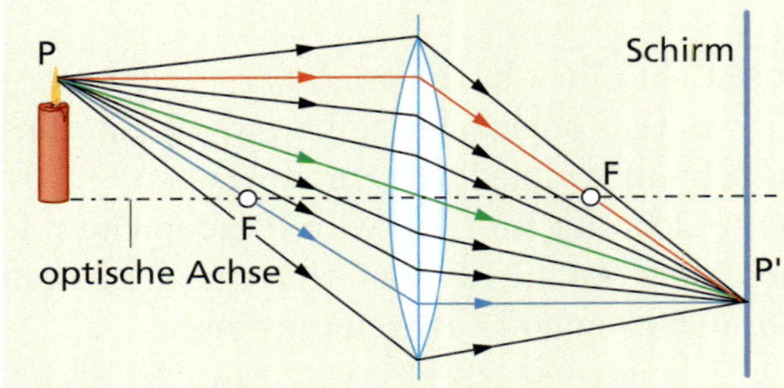

3 Gegenstandspunkt P und Bildpunkt P'

Zur zeichnerischen Konstruktion von Bildpunkten an Linsen reicht es aus, den Verlauf einiger charakteristischer Strahlen zu kennen.

Parallelstrahlen verlaufen parallel zur optischen Achse der Linse.

Brennpunktstrahlen verlaufen durch einen Brennpunkt F der Linse.

Mittelpunktstrahlen verlaufen durch den Mittelpunkt M der Linse.

Eine genauere Untersuchung des Verlaufs dieser drei Strahlen ergibt:

Wenn das Licht an einer dünnen Sammellinse gebrochen wird, so gilt unter der Bedingung achsennaher Strahlen:

- **Ein Parallelstrahl wird so gebrochen, dass er dann durch den Brennpunkt verläuft.**
- **Ein Brennpunktstrahl wird so gebrochen, dass er dann parallel zur optischen Achse verläuft.**
- **Ein Mittelpunktstrahl geht ungebrochen durch eine Sammellinse.**

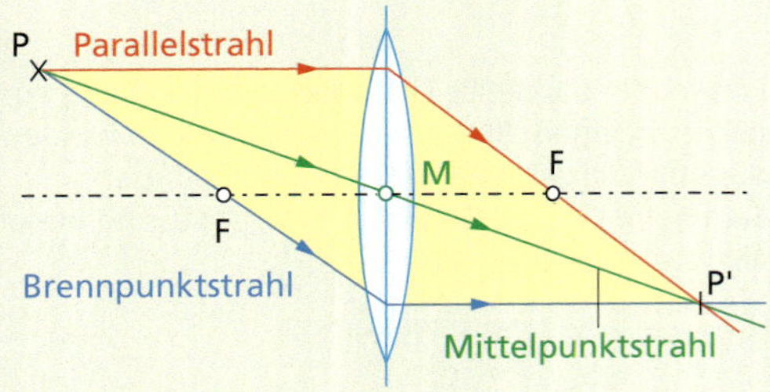

Um von einem Gegenstandspunkt einen Bildpunkt zu konstruieren, zeichnet man mindestens zwei charakteristische Strahlen (↗ S. 45, Abb. 1). Der Mittelpunktstrahl kann der Kontrolle dienen.

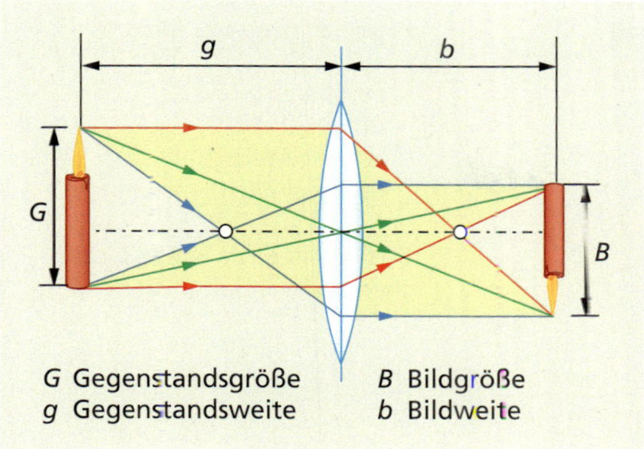

1 Bildkonstruktion an einer Sammellinse

Die Abb. 1 zeigt, dass zur Konstruktion eines Bildpunktes jeweils zwei charakteristische Strahlen ausreichend sind.

Mit Linsen kann man unterschiedlich scharfe und helle Bilder erhalten. In Abhängigkeit von der Gegenstandsweite und der Brennweite der Sammellinse gibt es zu jedem Gegenstandspunkt genau eine Bildweite, bei der ein **scharfes Bild** entsteht. Bei dieser Bildweite schneiden sich die gebrochenen Lichtstrahlen in einem Punkt. Vor und hinter der Bildweite für ein scharfes Bild entstehen unscharfe Bilder. Die Größe des Bilds ist abhängig von der Größe des Gegenstands und von der Gegenstandsweite (Abb. 2 und Übersicht auf S. 46). Das Verhältnis von Bildgröße *B* zu Gegenstandsgröße *G* nennt man Abbildungsmaßstab. Für den **Abbildungsmaßstab** gilt:

$$A = \frac{B}{G} = \frac{b}{g}$$

Für eine Sammellinse mit einer bestimmten Brennweite ist der Abbildungsmaßstab von der Gegenstandsweite abhängig. Es gilt:
- Ist die Gegenstandsweite größer als die doppelte Brennweite, dann ist das Bild kleiner als der Gegenstand und damit $\frac{B}{G} < 1$.
- Ist die Gegenstandsweite gleich der doppelten Brennweite, dann ist das Bild genauso groß wie der Gegenstand und damit $\frac{B}{G} = 1$.
- Liegt die Gegenstandsweite zwischen einfacher und doppelter Brennweite, dann ist das Bild größer als der Gegenstand und damit $\frac{B}{G} > 1$.

Bei den Bildern, die bei Linsen und auch bei Spiegeln entstehen, unterscheidet man zwei verschiedene Arten.

Bilder von Gegenständen, die man auf einem Schirm auffangen kann, werden als **wirkliche** oder **reelle Bilder** bezeichnet. Solche reellen Bilder entstehen z. B. auf der Netzhaut des Auges, auf dem Film eines Fotoapparates oder bei einem Tageslichtprojektor auf einer Projektionswand. Sie entstehen bei Sammellinsen, wenn die Gegenstandsweite größer als die einfache Brennweite ist.

Bei Spiegeln oder Lupen sehen wir Bilder, die man zwar fotografieren, aber nicht auf einem Schirm auffangen kann. Solche Bilder werden in der Optik als **scheinbare** oder **virtuelle Bilder** bezeichnet.
Ein Überblick über Bilder an Sammellinsen ist auf S. 46 gegeben.

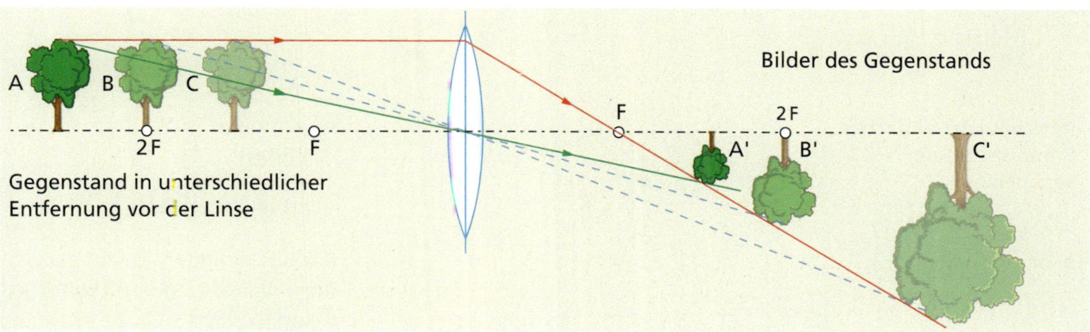

2 Bildkonstruktionen mit Strahlenverläufen für einige Bilder an Sammellinsen: Bei einer bestimmten Gegenstandsgröße hängt die Bildgröße von der Gegenstandsweite ab.

Ort des Gegenstands	Bild und Bildkonstruktion	Eigenschaften des Bilds
außerhalb der doppelten Brennweite einer Sammellinse $g > 2f$	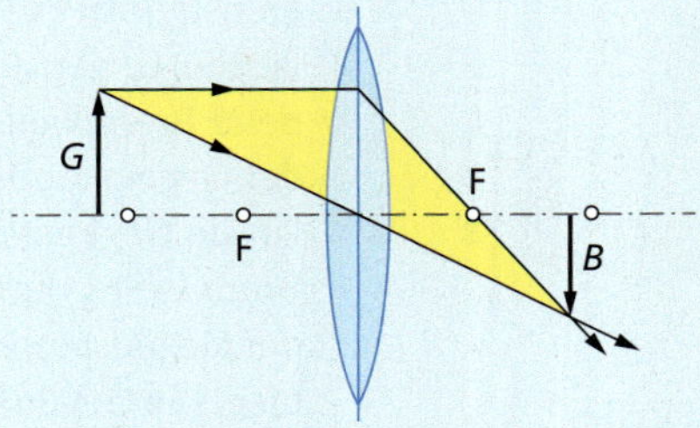	- verkleinert - umgekehrt - seitenvertauscht - reell (wirklich) Das Bild liegt zwischen einfacher und doppelter Brennweite.
in der doppelten Brennweite einer Sammellinse $g = 2f$	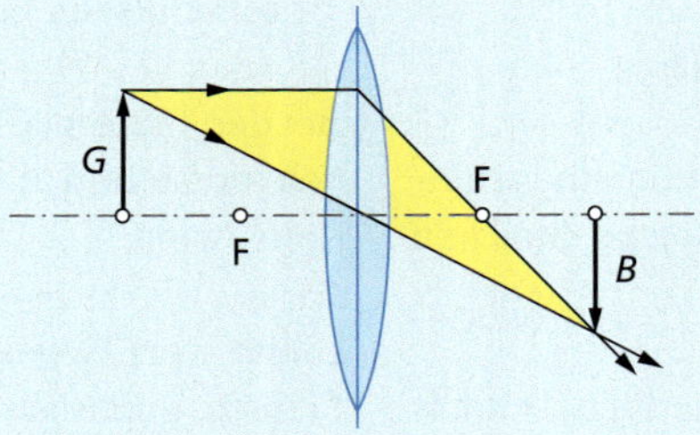	- gleich groß - umgekehrt - seitenvertauscht - reell (wirklich) Das Bild liegt in der doppelten Brennweite.
zwischen einfacher und doppelter Brennweite einer Sammellinse $2f > g > f$	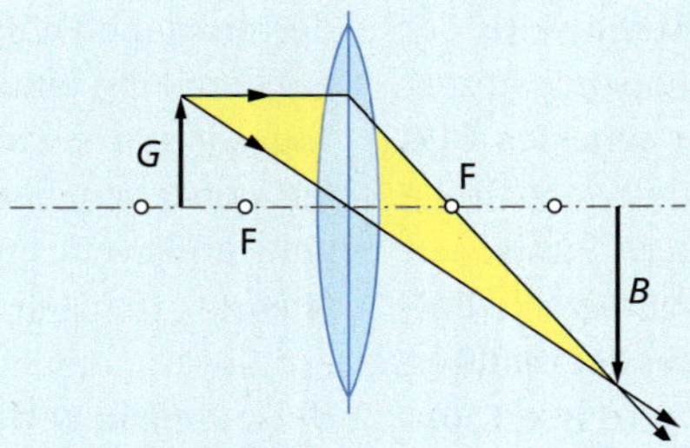	- vergrößert - umgekehrt - seitenvertauscht - reell (wirklich) Das Bild liegt außerhalb der doppelten Brennweite.
in der einfachen Brennweite einer Sammellinse $g = f$	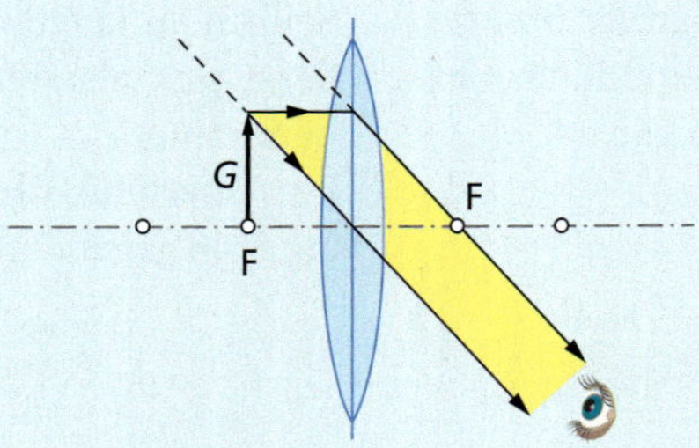	- Gebrochene Strahlen verlaufen parallel.
innerhalb der einfachen Brennweite einer Sammellinse $g < f$	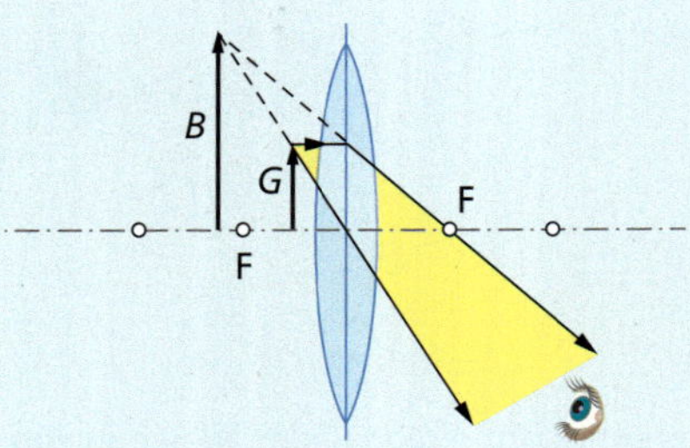	- vergrößert - aufrecht - seitenrichtig - virtuell (scheinbar) Das Bild befindet sich auf der gleichen Seite der Linse wie der Gegenstand.

Bilder auf der Netzhaut des Auges

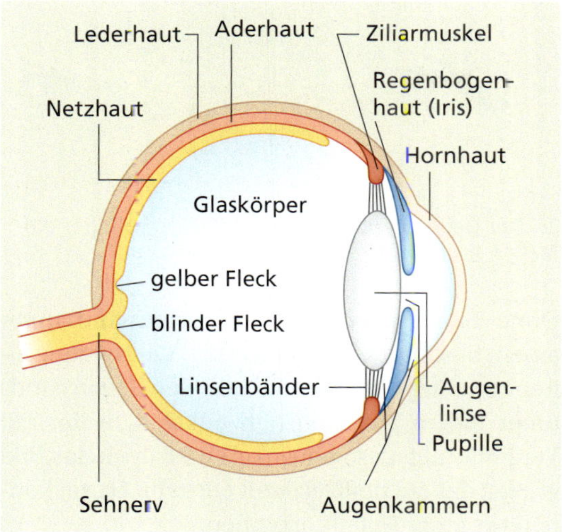

1 Aufbau des menschlichen Auges (vereinfacht)

Den größten Teil aller Informationen aus unserer Umwelt nehmen wir über unsere Augen wahr.
Das menschliche Auge ist ein kompliziertes Organ, das aus Muskeln, Fasern, Häuten, Nerven und Blutgefäßen besteht (Abb. 1). Hornhaut, Augenflüssigkeit, Augenlinse und Glaskörper bilden ein Linsensystem, das wie eine Sammellinse wirkt. In Skizzen ersetzt man deshalb das komplizierte optische System des Auges durch eine Sammellinse (Abb. 2). Die Brennweite dieses optischen Systems beträgt etwa 20 mm.
Das bedeutet: Gegenstände, die wir betrachten, befinden sich in der Regel weit außerhalb der doppelten Brennweite. Demzufolge gilt: Fällt von einem Gegenstand Licht auf das Auge, so wird es so gebrochen, dass auf der Netzhaut ein verkleinertes, reelles, umgekehrtes und seitenvertauschtes Bild entsteht (Abb. 2).

Damit von unterschiedlich weit entfernten Gegenständen jeweils ein scharfes Bild auf der Netzhaut entsteht, wird durch ein Muskelsystem die Krümmung der Linse und damit ihre Brennweite stufenlos verändert. Das geschieht unwillkürlich. Bei der Betrachtung naher Gegenstände ist die Augenlinse stärker gekrümmt als bei der Betrachtung entfernter Gegenstände.
Die Fähigkeit der Augen, sich unwillkürlich unterschiedlichen Entfernungen anzupassen, nimmt allerdings mit zunehmendem Alter allmählich ab.

Verringert man die Entfernung eines Gegenstands von den Augen immer mehr, so kommt man schließlich bis zu einem Punkt, bei dem man gerade noch ein scharfes Bild sehen kann. Dieser Punkt heißt **Nahpunkt.** Seine Entfernung vom Auge beträgt bei einem normalsichtigen jungen Menschen etwa 10 cm. Mit zunehmendem Alter verschiebt sich dieser Punkt vom Auge weg.

Um die Intensität des einfallenden Lichts zu steuern, besitzt das menschliche Auge eine Blende – die Iris mit der Pupille als Öffnung. Das menschliche Sehen funktioniert nur im Zusammenspiel der Augen mit dem Nervensystem. Die von den lichtempfindlichen Zellen der Netzhaut ausgehenden Reize werden an das Gehirn weitergeleitet und dort zu optischen Eindrücken verarbeitet. Wir nehmen aufrechte, seitenrichtige Bilder wahr, obwohl das Bild auf der Netzhaut umgekehrt und seitenvertauscht ist.

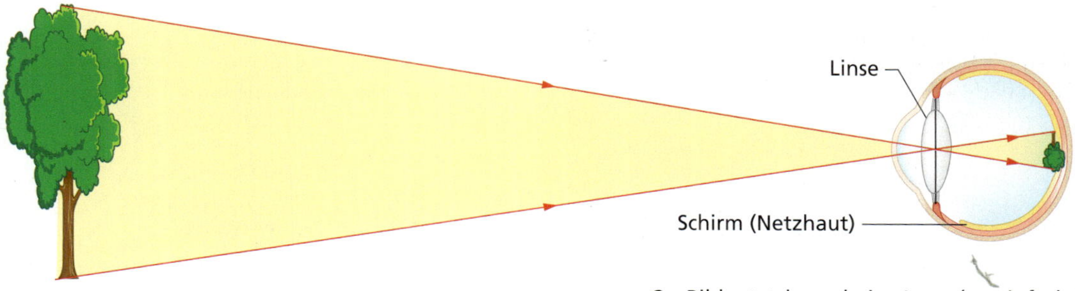

2 Bildentstehung beim Auge (vereinfacht)

Die Lupe als Sehhilfe

Sehr kleine Objekte oder feine Einzelheiten können wir mit bloßem Auge häufig nicht sehen oder nicht klar erkennen. Das hängt damit zusammen, dass der **Sehwinkel,** unter dem wir einen Gegenstand wahrnehmen, zu klein ist. Je größer der Sehwinkel ist, desto größer ist das Bild auf der Netzhaut des Auges. Der Sehwinkel lässt sich mit einer **Lupe** vergrößern.

Das hast du bereits in den Experimenten auf der Seite 42 erfahren, wenn du mit Wasserlinsen experimentiert hast. Praktischerweise bestehen Lupen meistens aus Glas. Eine Sammellinse ist in einer Halterung befestigt. Wenn wir Schrift oder Gegenstände durch eine Lupe hindurch betrachten, sehen wir bei zweckmäßigen Abständen ein aufrechtes, seitenrichtiges und vergrößertes Bild (Abb. 1, 2). Ein solches Bild entsteht dann, wenn sich der Gegenstand innerhalb der Brennweite der Sammellinse befindet. Entscheidend dabei ist:

Eine Lupe vergrößert den Sehwinkel und damit die Größe des Bilds, das auf der Netzhaut entsteht.

Dieser Sachverhalt ist in der Abb. 3 in einem Vergleich dargestellt.

1 Ammonit unter einer Lupe: Wir nehmen ein vergrößertes Bild wahr.

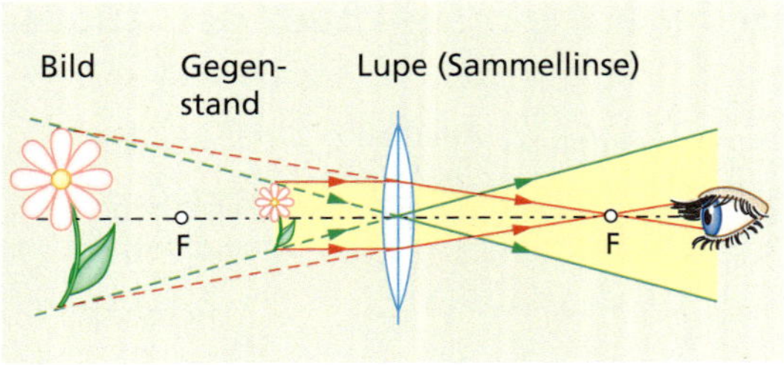

2 Der Gegenstand befindet sich innerhalb der einfachen Brennweite der Lupe.

Ohne Lupe sehen wir den Gegenstand unter einem bestimmten Sehwinkel α_1. Bei Nutzung einer Lupe nehmen wir das Bild des Gegenstands unter einem größeren Sehwinkel α_2 wahr. Mit Vergrößerung des Sehwinkels wird auch das Bild größer, das auf der Netzhaut entsteht. Damit können wir mehr Details erkennen.
Die Vergrößerung liegt bei Lupen meist zwischen 2 und 10. Eine zweifache Vergrößerung bedeutet: Der Sehwinkel mit Lupe ist etwa doppelt so groß wie ohne Lupe.

Gewusst · Gekonnt

Begründe, warum du mit Wasserlinsen nur dann aufrechte Bilder siehst, wenn sich die Gegenstände innerhalb der einfachen Brennweite der Linse befinden.

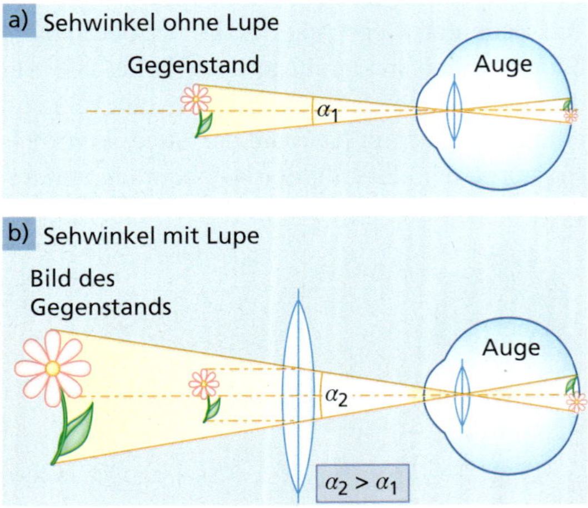

3 Sehwinkel ohne und mit Lupe: Mit dem Sehwinkel ändert sich die Größe des Netzhautbilds.

Fotoapparat und Diaprojektor

Mit Fotoapparaten, Diaprojektoren oder Tageslichtprojektoren werden Bilder auf CCD-Chips, Filmen oder Schirmen erzeugt. Dabei werden Spiegel, Prismen und Linsen genutzt, bei denen das Reflexionsgesetz und das Brechungsgesetz gelten.

Nach ihrem Aufbau und der Anordnung der optischen Bauelemente kann man zwischen zwei Gruppen unterscheiden:

Bei Fotoapparaten oder Diaprojektoren wird mit **einem** Linsensystem **(Objektiv)** ein Bild des Gegenstands erzeugt. Das kann ein vergrößertes (Diaprojektor) oder ein verkleinertes (Fotoapparat) Bild sein.

Um ein möglichst scharfes und farbrichtiges Bild zu erhalten, verwendet man als Objektive meist komplizierte Linsensysteme. Sie wirken wie eine Sammellinse. Deshalb sind in den Abb. 1 und 3 vereinfacht Sammellinsen gezeichnet. Bei Fotoapparaten werden häufig Objektive mit veränderbarer Brennweite (Zoomobjektive) genutzt (Abb. 2). Dadurch ist es möglich, von einem Gegenstand, der sich in einer bestimmten Entfernung befindet, unterschiedlich große Bilder zu erhalten.

Andere optische Geräte, z. B. Mikroskope oder Fernrohre, bestehen aus **zwei** Linsensystemen, dem **Objektiv** und dem **Okular**.

Gewusst · Gekonnt

1. Wie verändert sich bei einem Diaprojektor die Bildweite, wenn das Objektiv um wenige Millimeter an das Dia herangeführt wird? Begründe.

2. Worin besteht der Vorteil eines Fotoapparats mit Zoomobjektiv gegenüber einem Apparat ohne ein solches Objektiv?

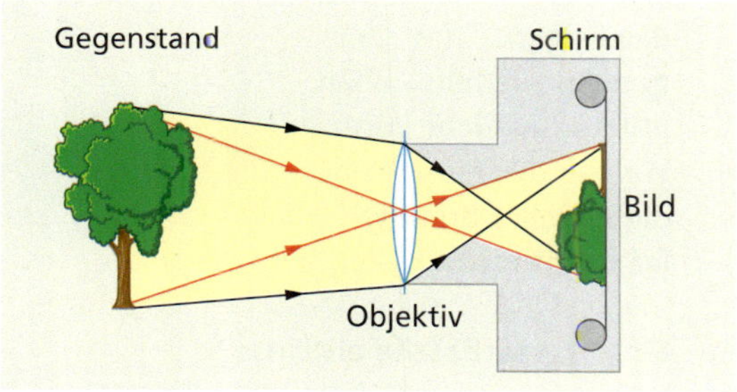

1 Strahlenverlauf beim Fotoapparat: Es entsteht ein verkleinertes Bild.

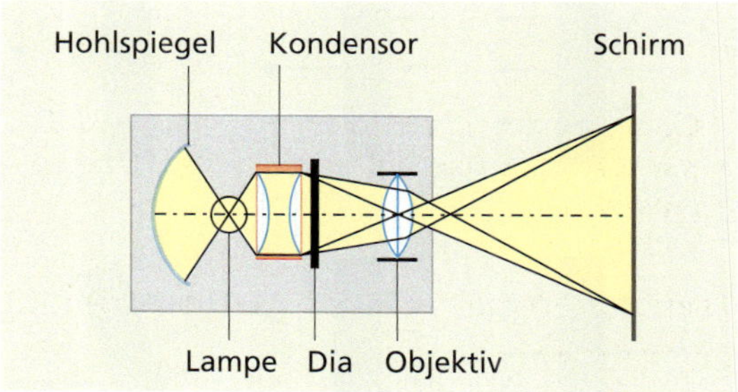

3 Strahlenverlauf beim Diaprojektor: Es entsteht ein vergrößertes Bild.

2 Eine Spiegelreflexkamera mit Zoomobjektiv gehört zur Ausrüstung eines Naturfotografen.

Gewusst · Gekonnt

1. Verschiedene Linsen

In den Abbildungen sind Glaslinsen verschiedener Formen dargestellt.

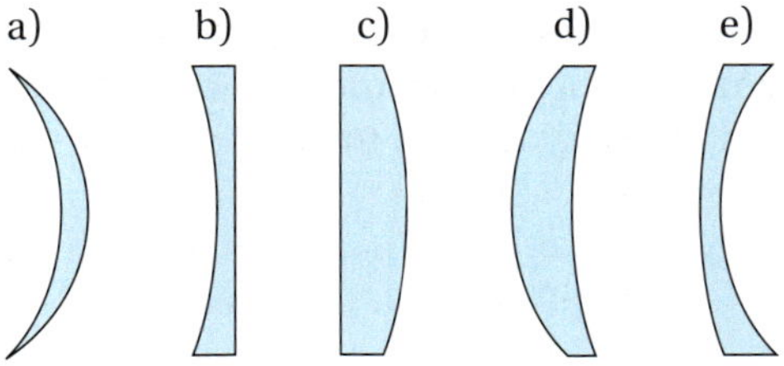

Welche der Linsen wirken als Sammellinsen, welche als Zerstreuungslinsen?

2. Eine Blackbox

Es ist der Verlauf des Lichts durch nicht sichtbare Linsen dargestellt.

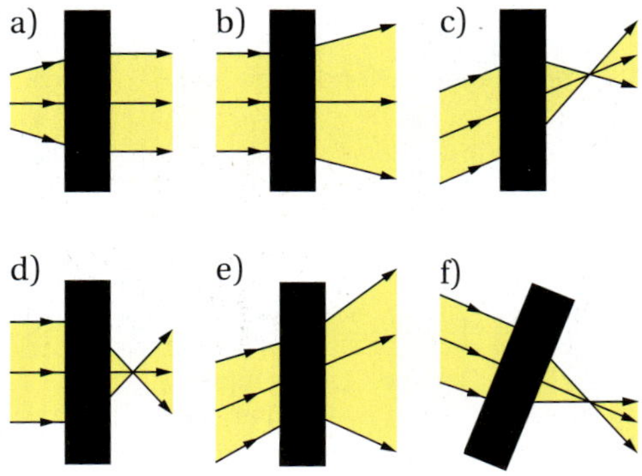

Welche der Linsen sind Sammellinsen, welche Zerstreuungslinsen? Begründe.

3. Wechselnde Bilder

Suche dir einen Partner. Haltet ein möglichst kugelförmiges Gefäß aus dem Haushalt zwischen eine Kerze und einen Schirm.

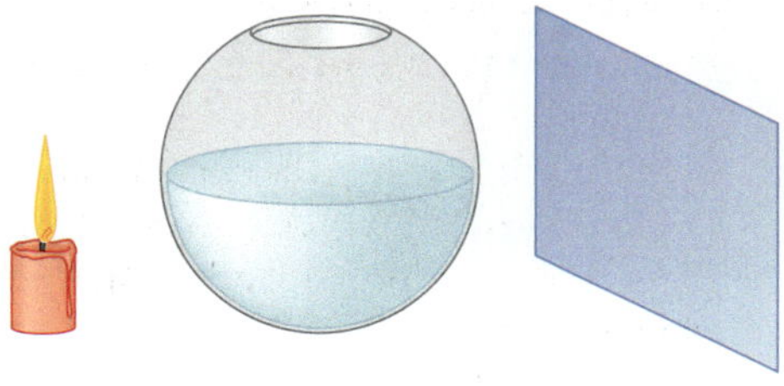

Geeignet ist auch eine Weihnachtsbaumkugel aus Glas oder eine Vase, die dein Partner in der Hand halten muss.

a) Was passiert, wenn du das Gefäß langsam mit Wasser füllst? Wechselt euch ab und tauscht eure Beobachtungen aus.

b) Wiederholt diesen Versuch mit einer quaderförmigen, durchsichtigen Plastikdose.

Beschreibt und erklärt eure Beobachtungen.

4. Brennweite einer Sammellinse

Beschreibe eine Möglichkeit, wie man die Brennweite einer Sammellinse experimentell bestimmen kann. Bestimme die Brennweite einer Lupe mithilfe von Sonnenlicht. Vorsicht: Im Brennpunkt kann eine hohe Temperatur auftreten!

5. Dünne und dicke Linsen

Zwei Linsen sind aus demselben Glas hergestellt, haben aber unterschiedliche Form. Welche der Linsen hat die kleinere Brennweite? Begründe.

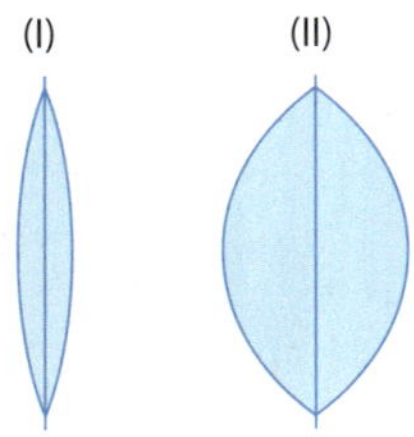

6. Eine Wasserflasche als Linse?

Fülle eine durchsichtige Plastikflasche voll Wasser, sodass keine Luftblasen in der Flasche sind.

Verschraube die Flasche gut. Lege sie auf ein Buch mit Schrift. Verändere die Entfernung. Was kannst du feststellen?

7. Linse beschädigt – und die Bilder?

Eine Linse wird wie in der Abbildung abgedeckt. Wie ändert sich dadurch das Bild, das mit dieser Linse erzeugt wird?

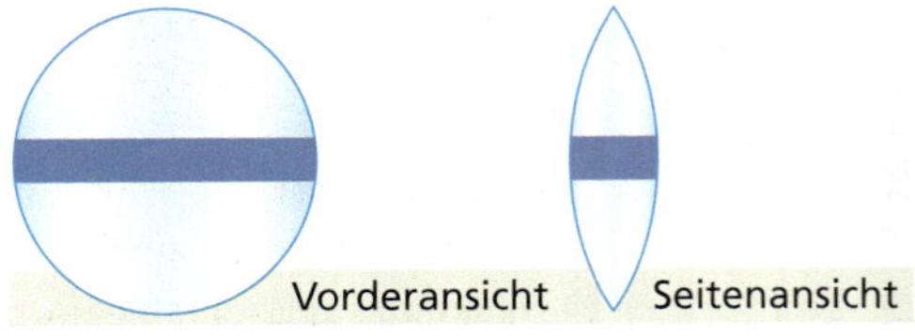

8. Gefährliche Wassertropfen

Fritz behauptet: „Wassertropfen können wie kleine Linsen wirken. Deshalb sollte man die Blätter von Gartenpflanzen möglichst nicht bei intensiver Sonnenstrahlung wässern."

a) Hat Fritz recht? Begründe.
b) Probiere es aus, indem du Wassertropfen auf eine durchsichtige Folie bringst, die auf Schrift liegt.

9. Bildpunkt und Gegenstandspunkt

Eine Sammellinse hat eine Brennweite von 40 mm. Ein leuchtender Punkt (Glühlampe) befindet sich 3 cm über der optischen Achse und 9 cm vor der Linsenebene. Konstruiere das Bild des Punkts.

10. Bilder durch eine Linse

Vor einer Sammellinse mit einer Brennweite von 4,0 cm steht in 6,0 cm Entfernung von der Linsenebene ein 2,0 cm großer Gegenstand, so wie es in der Abbildung skizziert ist.

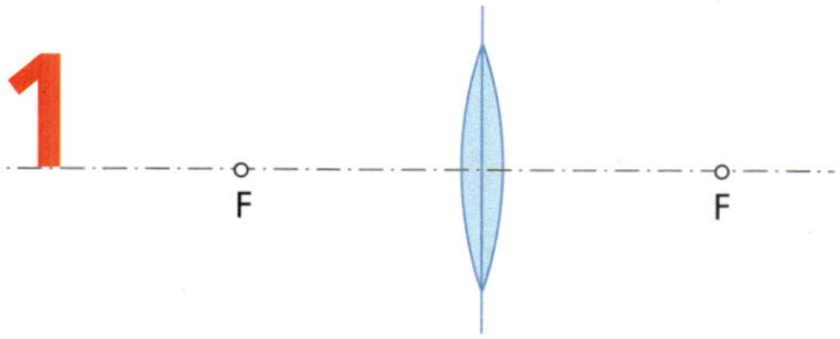

a) Konstruiere das Bild des Gegenstands.
b) Bestimme die Größe des Bilds und die Bildweite.
c) Würde der gesamte Gegenstand auf einem Schirm scharf erscheinen? Begründe deine Aussage.

11. Brennweite unserer Augen

Unser Auge hat eine Brennweite von etwa 20 Millimetern, wenn die Linse auf sehr weit entfernte Gegenstände eingestellt ist. Wie groß ist in diesem Fall die Bildweite?

12. Wie nah ist der Nahpunkt?

Bestimme für jedes deiner Augen den Nahpunkt (↗ S. 47). Beschreibe dein Vorgehen.

13. Bilder am Auge

Beschreibe den Aufbau eines menschlichen Auges und erkläre die Bildentstehung.

14. Lichtempfindliche Sinneszellen

Die Netzhaut des menschlichen Auges besitzt zwei Arten lichtempfindlicher Zellen: Stäbchen und Zapfen.

a) Erläutere die unterschiedlichen Aufgaben von Stäbchen und Zapfen im menschlichen Auge.
b) Worin besteht der Sinn des Sprichwortes „Nachts sind alle Katzen grau"?

15. Untersuchungen mit Sammellinse

Nimm eine Sammellinse, z. B. eine Lupe, und einen Gegenstand und blicke durch die Linse zum Gegenstand (↗ Abb.).

a) Beschreibe die Eigenschaften des Bilds, das du siehst.
b) Verändere systematisch den Abstand zwischen Gegenstand und Linse und beobachte die Bilder.
c) Beschreibe die Eigenschaften der Bilder und gib an, wo sich der Gegenstand in Bezug auf die Brennweite befinden muss. Fertige dazu eine Tabelle an.

16. Unter die Lupe genommen

Untersuche verschiedene Gegenstände mit einer Lupe.
Ermittle zunächst die Brennweite der Lupe. Was für Bilder siehst du, wenn sich der Gegenstand innerhalb der Brennweite befindet?

Bildentstehung an optischen Linsen

- Licht wird an Linsen in der Regel zweimal gebrochen. Bei dünnen Linsen kann diese doppelte Brechung durch eine Brechung an der Linsenebene ersetzt werden.

- Nach dem Strahlenverlauf unterscheidet man zwischen **Sammellinsen** und **Zerstreuungslinsen.**

Sammellinse

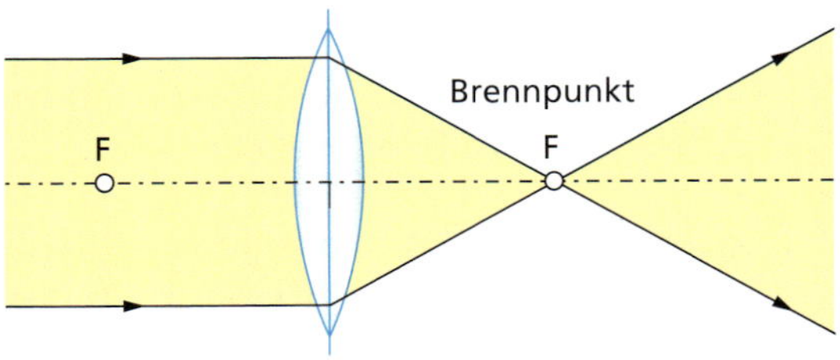

Zerstreuungslinse

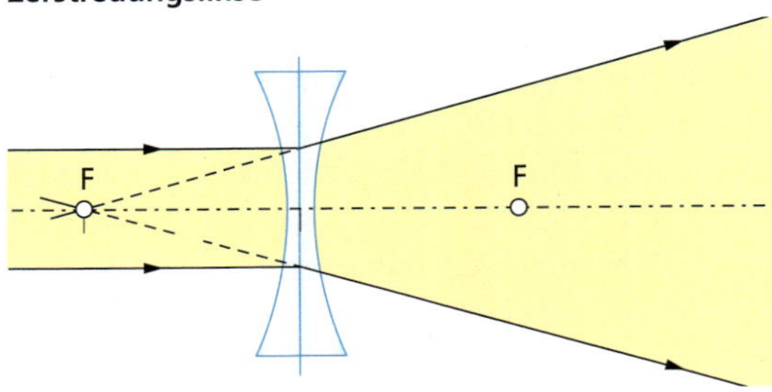

- Zur Konstruktion des Bilds eines Gegenstands an einer dünnen Sammellinse können **Parallelstrahlen, Mittelpunktstrahlen** und **Brennpunktstrahlen** genutzt werden.

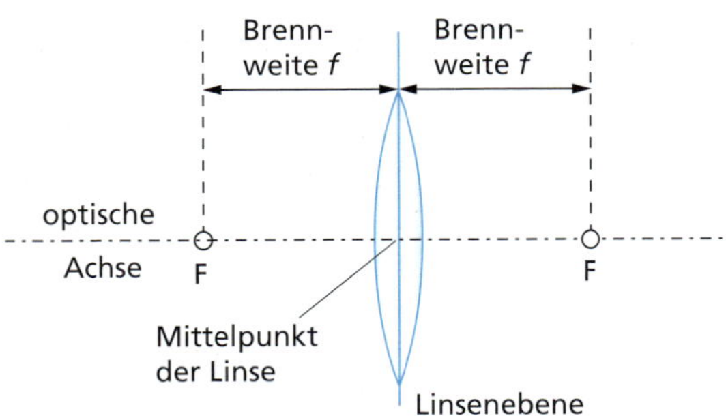

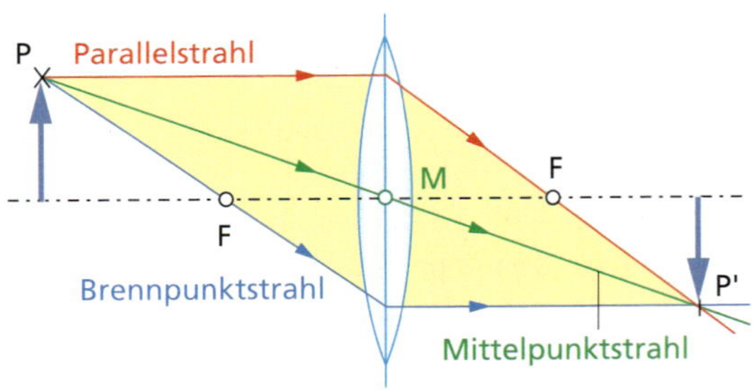

- Sammellinsen werden zur Erzeugung von Bildern bei Auge, Fotoapparat, Lupe, Diaprojektor und Tageslichtprojektor genutzt. Die Bilder können kleiner oder größer als der Gegenstand sein oder die gleiche Größe haben.

- Befindet sich ein Gegenstand außerhalb der Brennweite, entsteht ein **reelles Bild** (auf einem Schirm auffangbar). Befindet sich der Gegenstand innerhalb der Brennweite, entsteht ein **virtuelles Bild.**

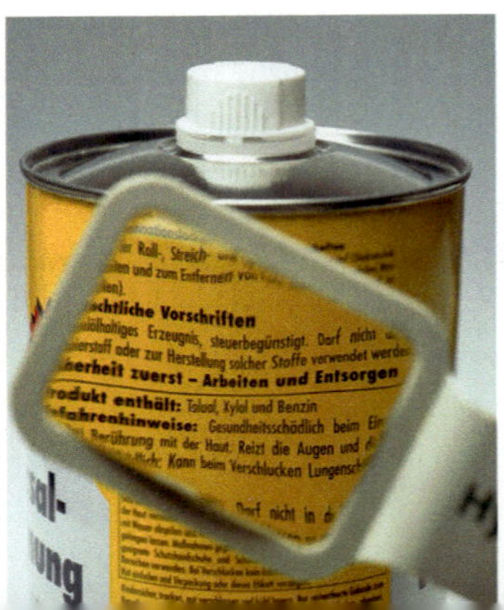

Wahlpflicht: Sehen und Fotografieren

Der Sehvorgang beim Menschen

Mit unseren Augen nehmen wir wahr, ob es hell oder dunkel ist, ob Gegenstände groß oder klein sind, wie weit Personen von uns entfernt sind, welche Farben ihre Kleidung hat.
Auf Seite 47 ist beschrieben, wie das menschliche Auge aufgebaut ist und wie das Bild auf der lichtempfindlichen Netzhaut entsteht. Den Aufbau des Auges und die Bildentstehung bei ihm kann man gut an einem Augenmodell untersuchen (Abb. 2).

1. *Untersucht am Modell den Aufbau des menschlichen Auges. Vergleicht das Modell mit der Abb. 1 auf Seite 47.*

2. *Erforscht am Modell die Bildentstehung. Unter welchen Bedingungen entsteht ein scharfes Bild auf der Netzhaut?*

Sehen ist mehr als die Abbildung von Gegenständen oder Personen auf der Netzhaut. Unsere optische Wahrnehmung weist einige Besonderheiten auf.

So registriert unser Auge einfallendes Licht stets so, als ob es von einem Ausgangspunkt aus geradlinig ins Auge fällt. Das gilt auch für Licht, das auf seinem Weg zum Auge reflektiert oder gebrochen wurde. Deshalb sehen wir auch Bilder oder Gegenstände an Stellen, an denen sie gar nicht sind (Abb. 1). Ein typisches Beispiel dafür sind Spiegelbilder.

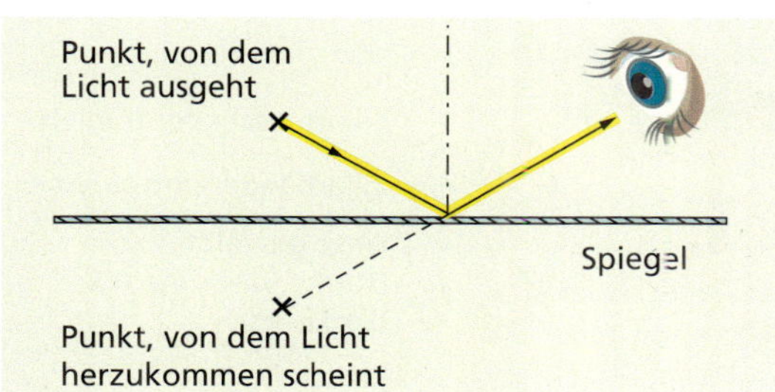

1 Licht wird vom Auge dort wahrgenommen, von wo es herzukommen scheint.

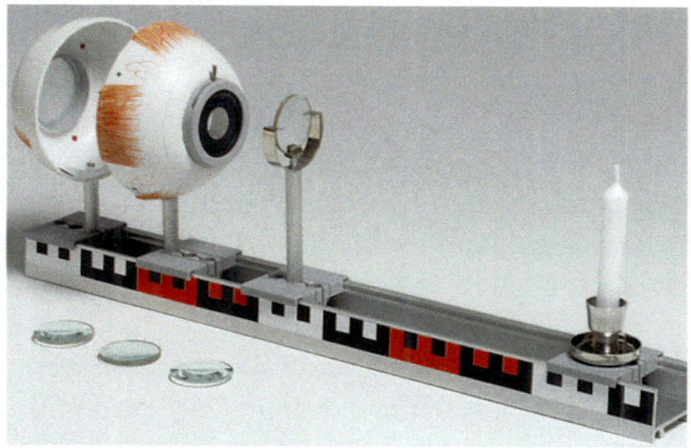

2 Modell des menschlichen Auges

3. *Beobachte Gegenstände oder Personen über einen Taschenspiegel. Wo siehst du die Objekte, wo befinden sie sich? Was kann man daraus ableiten?*

4. *Du schaust schräg auf einen Stein, der in einem Teich unter Wasser liegt. Skizziere den Sachverhalt. Liegt der Stein dort, wo du ihn siehst? Begründe.*

Die optische Wahrnehmung erfolgt über die Augen. Die Informationen werden aber über den Sehnerv zum Gehirn geleitet und dort verarbeitet. Deshalb spielen beim Sehvorgang auch Erfahrungen und Stimmungen eine Rolle. Das bedeutet: Verschiedene Personen, die dieselben Gegenstände betrachten, können unterschiedliche Wahrnehmungen haben.
Diese Besonderheit des menschlichen Sehens lässt sich leicht zeigen. Macht dazu ein einfaches Experiment. Dieses Experiment ist nachfolgend beschrieben.

5. *Über einen Tageslichtprojektor oder mit einem Beamer wird kurzzeitig ein Bild gezeigt. Anschließend schreibt jeder für sich in Stichpunkten auf, was er gesehen hat. Vergleicht eure Notizen untereinander. Anschließend wird das Bild noch einmal längere Zeit gezeigt. Vergleicht nun eure Notizen mit dem, was auf dem Bild zu sehen ist. Welche Folgerungen kann man daraus ziehen?*

Wahlpflicht: Sehen und Fotografieren

Fern und nah – hell und dunkel

Gegenstände sind unterschiedlich weit von uns entfernt. Und trotzdem können wir alle diese Gegenstände scharf sehen. Wie reagiert das menschliche Auge auf unterschiedlich weit entfernte Gegenstände?

Wir sehen einen Gegenstand dann scharf, wenn sein Bild genau auf der Netzhaut liegt. Da der Abstand zwischen Augenlinse und Netzhaut nicht verändert werden kann, geschieht die Scharfeinstellung beim menschlichen Auge durch eine Veränderung der Linsenkrümmung und damit der Brennweite der Augenlinse (↗ Abb. 1).
Bei einem **normalsichtigen Auge** geschieht diese Anpassung unwillkürlich und ohne Anstrengung. Wir merken nichts davon.
Ist diese Anpassung gestört, so muss eine Korrektur durch eine Brille oder durch Kontaktlinsen erfolgen (↗ S. 55).

6. *Die Stärke von Brillengläsern wird in Dioptrien (Abkürzung: dpt) angegeben. Findet heraus, was z. B. +2,0 dpt oder –1,8 dpt bedeuten.*

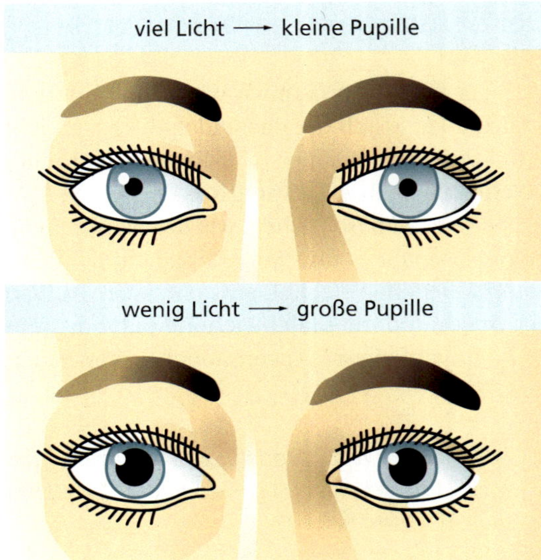

2 Anpassung der Augen an unterschiedliche Helligkeiten

Die Anpassung an unterschiedliche Helligkeiten erfolgt durch die Pupillen (Abb. 2). Bei großer Helligkeit sind sie klein. Es fällt wenig Licht in die Augen. Bei geringer Helligkeit sind sie groß. Damit gelangt mehr Licht in die Augen.

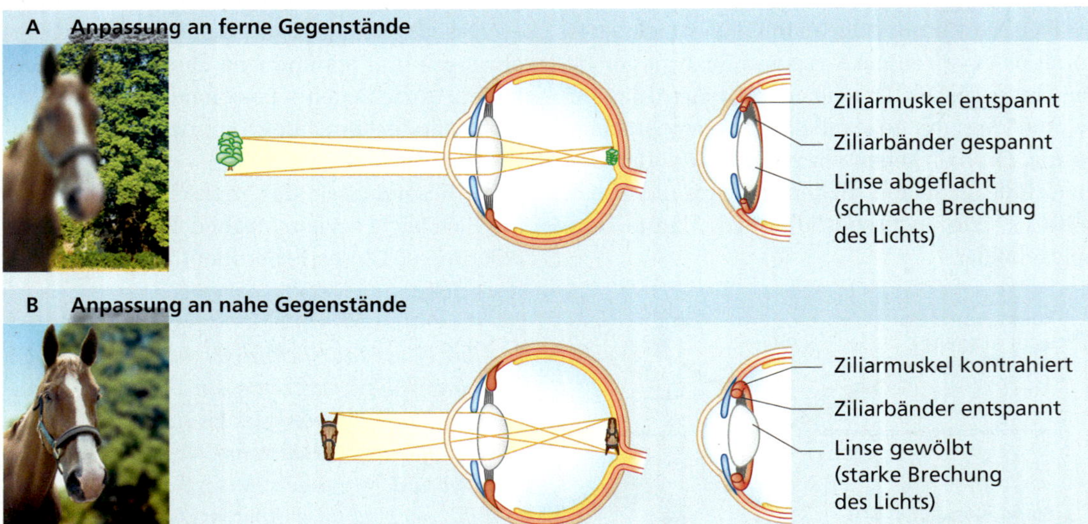

1 Anpassung des Auges an unterschiedliche Gegenstandsweiten: Im Fall A wird ein weit entferntes Objekt scharf auf der Netzhaut abgebildet, im Fall B ein nahes Objekt.

Brillen für scharfe Bilder

Ob du gut sehen kannst, lässt sich überprüfen, wenn du die folgende Aufgabe erfüllst.

7. *Überprüfe deine Sehschärfe für jedes Auge ohne Brille. Betrachte dazu aus einer Entfernung von zwei Metern die dargestellten Buchstaben und Zahlen.*

A X 3 Z 2

K D 7 F O 2 C

W G 4 Y Z 2 H K 7

S R V 7 9 O U 3 Z E

Was kannst du gerade noch erkennen? Bei welcher Größe treten Probleme auf? Ziehe Folgerungen: Solltest du deine Augen von einem Fachmann untersuchen lassen?

Bei manchen Menschen ist die Anpassung der Augen an unterschiedliche Entfernungen gestört. Dieser Sehfehler kann angeboren sein oder erst mit zunehmendem Alter auftreten. Um ihn zu beheben, gibt es Brillen oder Kontaktlinsen.

Kurzsichtige Menschen können zwar nahe Gegenstände mühelos sehen, ferne Gegenstände sehen sie aber verschwommen. Das kurzsichtige Auge ist länger als gewöhnlich. Das ist meist angeboren. Von fernen Gegenständen entsteht das scharfe Bild bereits vor der Netzhaut. Auf der Netzhaut ist das Bild damit unscharf (Abb. 1a).
Mit einer Zerstreuungslinse wird das scharfe Bild, so wie in der Abbildung 1b gezeigt, auf die Netzhaut gerückt.

Weitsichtige Menschen können zwar ferne Gegenstände mühelos scharf sehen, nahe Gegenstände (z. B. beim Lesen) nur mit Mühe oder nur unscharf. Bei der angeborenen Weitsichtigkeit ist der Augapfel kürzer als bei normalsichtigen Menschen. Das scharfe Bild von nahen Gegenständen entsteht hinter der Netzhaut (Abb. 2a). Mit einer Sammellinse als Brille wird das scharfe Bild nach vorn auf die Netzhaut gerückt (Abb. 2b). Bei fernen Gegenständen hilft die Sammellinse beim entspannten Sehen. Die mit zunehmendem Alter auftretende **Altersweitsichtigkeit** kann ebenfalls so korrigiert werden.

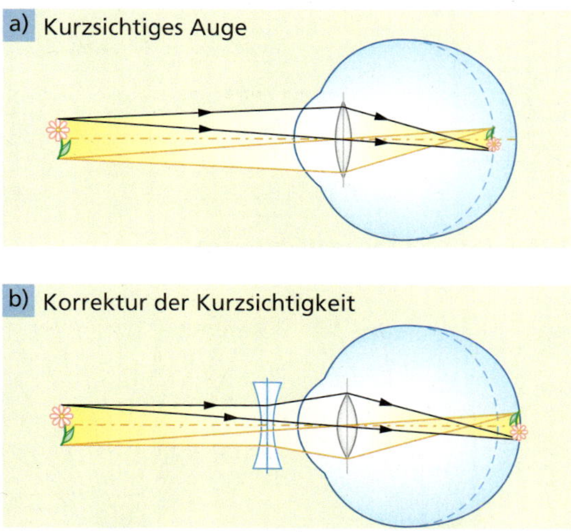

1 Die Korrektur der Kurzsichtigkeit erfolgt mit einer Zerstreuungslinse.

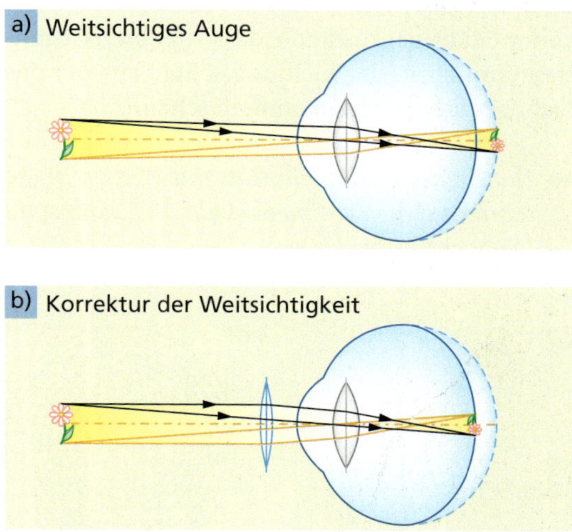

2 Die Korrektur der Weitsichtigkeit erfolgt mit einer Sammellinse.

Wahlpflicht: Sehen und Fotografieren

Optische Täuschungen

Wenn jemand behauptet, er habe etwas genau gesehen, sollte man vorsichtig sein. Manchmal glauben wir etwas zu sehen, was in Wirklichkeit anders ist, als wir es wahrnehmen. Solche „falschen“ optischen Eindrücke bezeichnet man als **optische Täuschungen.** Es gibt sie in relativ großer Anzahl.

Eine Art optischer Täuschungen sind Richtungstäuschungen. Sie führen dazu, dass wir meinen,
- parallele oder gerade Linien seien nicht parallel oder gerade (Abb. 1a, b),
- regelmäßig geformte Figuren (Kreis, Quadrat) seien nicht regelmäßig (Abb. 1c, d).

Die Ursache für solche Richtungstäuschungen sind meist weitere Linien, die in ihrer Gesamtheit einen falschen Eindruck bewirken.

8. *Prüfe am Beispiel der Abbildungen 1a–d nach, dass der optische Eindruck falsch ist.*

9. *Suche weitere Beispiele für Richtungstäuschungen. Stelle sie deinen Mitschülern vor. Diskutiert über die Ursachen der Täuschungen.*

Eine spezielle Art von Richtungstäuschung kommt dadurch zustande, dass wir einen Gegenstand immer in der Richtung sehen, aus der das Licht geradlinig herzukommen scheint.

10. *Halte ein Lineal in ein Glas mit Wasser. Blicke schräg auf die Zentimeterskala. Was kannst du beobachten? Erkläre.*

Nicht selten täuschen wir uns auch über die Größe von Personen und Gegenständen oder über die Länge von Strecken.

2 Sind die Personen gleich groß oder nicht?

11. *Vergleiche die Größe der Personen in Abb. 2. Miss nach. Was ist die Ursache für unsere Wahrnehmung?*

12. *Versuche, nach dem Muster von Abb. 2 selbst ein Bild zu zeichnen, auf dem Personen oder Gegenstände gleich groß sind, aber unterschiedlich groß zu sein scheinen.*

13. *Wenn man die Sonne und den Mond am Himmel beobachtet, dann stellt man fest: Sonne und Mond scheinen etwa gleich groß zu sein. In Wirklichkeit ist aber der Durchmesser der Sonne 370-mal größer als der Monddurchmesser. Wie ist das zu erklären?*

Auch über die Länge von Strecken kann man sich leicht täuschen, wie die folgenden Abbildungen zeigen. Vergleiche $\overline{AB}$ und $\overline{BC}$.

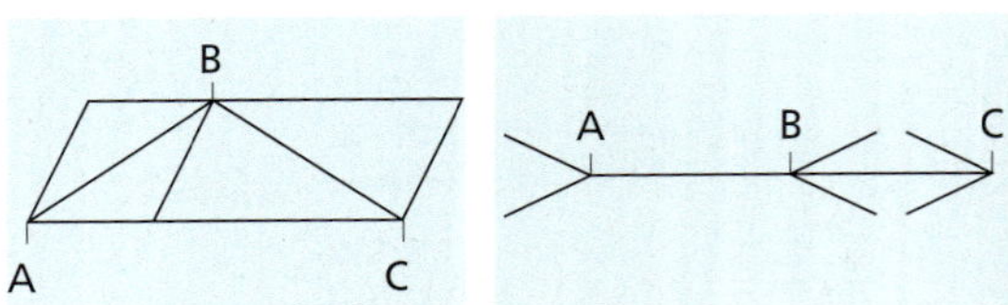

3 Beispiele für Längentäuschungen

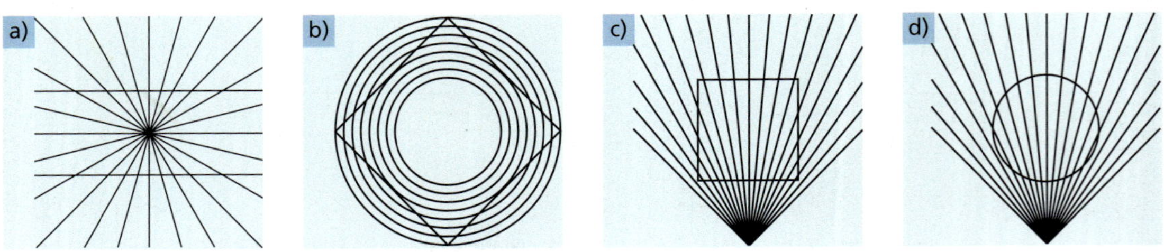

1 Beispiele für Richtungstäuschungen

Wahlpflicht: Sehen und Fotografieren

Wie Tiere sehen

Die optische Wahrnehmung ist bei Tieren sehr unterschiedlich. Die meisten Tiere sehen ihre Umwelt nicht so, wie sie von uns wahrgenommen wird.
Niedere Tiere wie Würmer können teilweise nur hell und dunkel unterscheiden. Manche Tiere sehen nur Schwarz-Weiß-Bilder. Tiefseefische wie der Beilfisch (Abb. 1c) nehmen nur blaues Licht wahr. Die unterschiedliche optische Wahrnehmung hängt mit dem Bau des Auges und der Anpassung der Tiere an ihre Lebensbedingungen zusammen.

14. *Katzen und Füchse haben die Augen an der Stirnseite des Schädels, Kaninchen und Mäuse hingegen seitlich versetzt (Abb. 1a, d). Überlege, welchen Vorteil jeweils die unterschiedliche Anordnung der Augen haben könnte.*

15. *Erkundet, welche Augenformen es im Tierreich gibt. Nutzt das Internet und erstellt eine Übersicht dazu.*

Insekten wie Bienen oder Fliegen verfügen über **Netzaugen** (Facettenaugen). Auch das Krainer Widderchen (Abb. 1b) hat Netzaugen.

1 Die Augen der Tiere sind an ihre Lebensbedingungen und an ihre Lebensräume angepasst.

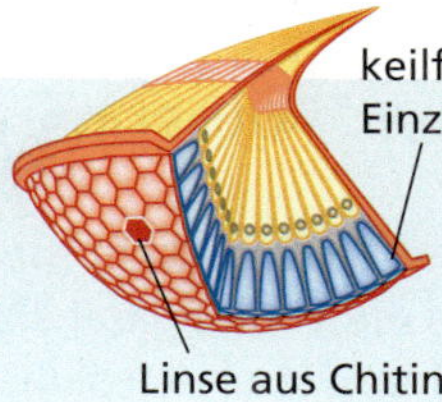

2 Aufbau eines Netzauges

Netzaugen bestehen aus keilförmigen Einzelaugen, die halbkugelförmig angeordnet sind (Abb. 2). Eine Stubenfliege hat ca. 4 000 Augen. Die maximale Anzahl der Einzelaugen von Insekten liegt bei etwa 28 000.

16. *Beschreibt den Aufbau eines Netzauges anhand der Abbildung 2. Erkundet seine Wirkungsweise.*

17. *Empfindlichkeit und Sehschärfe des Auges hängen z. B. von der Anzahl der Sehzellen ab, die sich im Auge befinden (↗ Tabelle). Wenn jemand besonders gut sieht, sagt man auch, er habe Adleraugen. Was ist das Besondere an Adleraugen?*

Anzahl der Sehzellen auf 1 mm²

Spinne	16 000	Katze	395 000
Frosch	95 000	Mensch	400 000
Huhn	260 000	Waldkauz	680 000

3 Eine Honigbiene kann in jeder Sekunde bis zu 250 Bilder wahrnehmen, Menschen weniger als 20.

Wahlpflicht: Sehen und Fotografieren

Auge und Fotoapparat

Aus physikalischer Sicht sind das menschliche Auge und ein Fotoapparat ähnlich aufgebaut. Ihre Funktionsweise ist ebenfalls vergleichbar. Es gibt aber auch deutliche Unterschiede.

Der Aufbau des Auges ist auf Seite 47 dargestellt. Die Besonderheiten des Sehvorgangs sind auf den Seiten 53–56 ausführlich beschrieben.

Bei einem Fotoapparat geht es darum, Personen, andere Lebewesen, Landschaften oder Naturerscheinungen festzuhalten. In seinem Aufbau ist ein Fotoapparat mit dem Auge vergleichbar (Abb. 2, 4). Durch eine Sammellinse, dem Objektiv, wird im Innern des lichtdichten Gehäuses ein Bild erzeugt. Dort, wo das scharfe Bild entsteht, befindet sich ein Film, bei Digitalkameras ein CCD-Chip. Das ist ein lichtempfindliches Bauelement, vergleichbar mit der lichtempfindlichen Netzhaut des Auges.

Die Begrenzung des einfallenden Lichts erfolgt durch eine Blende, deren Größe verändert werden kann. Licht fällt nur auf den CCD-Chip, wenn beim Fotografieren ein Verschluss kurzzeitig geöffnet wird. Das ist vergleichbar mit dem Öffnen der Augenlider. Bei modernen Fotoapparaten werden Blende und Belichtungszeit automatisch eingestellt. Das gilt auch für die Entfernungseinstellung. Diese Scharfeinstellung erfolgt durch Verschieben des Objektivs.

Ein wesentlicher Unterschied zwischen Auge und Fotoapparat besteht darin, dass im Fotoapparat Bilder gespeichert werden können, beim Auge nicht.

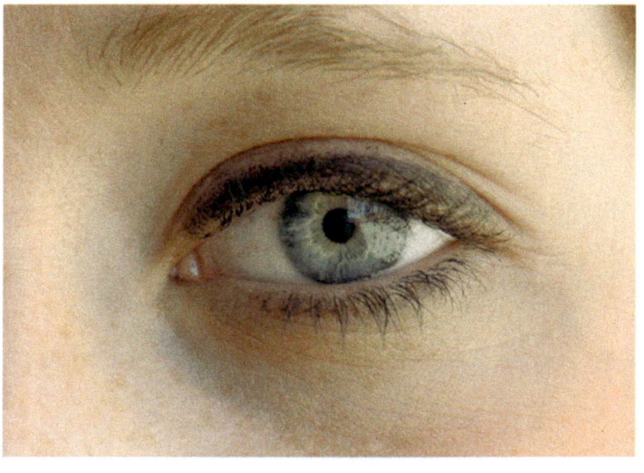

1 Menschliches Auge: Gut erkennbar sind Iris und Pupille.

3 Digitalkamera: Durch das Objektiv fällt Licht ins Innere der Kamera.

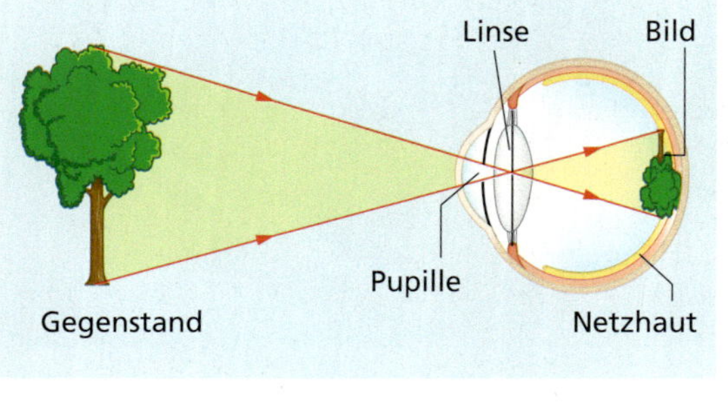

2 Strahlenverlauf beim Auge

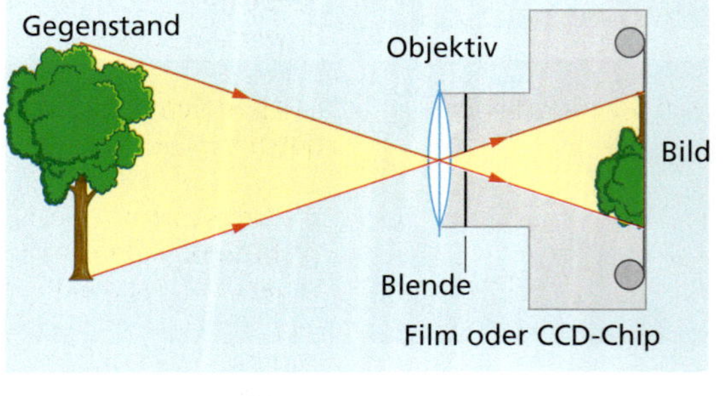

4 Strahlenverlauf beim Fotoapparat

Vergleichen

Beim **Vergleichen** werden zwei oder mehrere Objekte oder Vorgänge betrachtet, um Gemeinsamkeiten und Unterschiede herauszufinden.

Das Ergebnis eines Vergleichs wird z. B. als Text oder in Form einer Tabelle dargestellt. Ein Vergleich wird immer zu einem bestimmten Zweck durchgeführt.

Wie bei anderen Tätigkeiten sollte man beim Vergleichen schrittweise vorgehen.

Schritt 1

Festlegen der Objekte, die verglichen werden sollen

Vergleiche das menschliche Auge mit einem Fotoapparat.

Schritt 2

Auswählen der Merkmale, die miteinander verglichen werden sollen

Verglichen werden können der Aufbau von Auge und Fotoapparat sowie die Bildentstehung.

Schritt 3

Durchführen des Vergleichs
Es sind Gemeinsamkeiten und Unterschiede der zu vergleichenden Objekte zu ermitteln. Die Ergebnisse sind in geeigneter Form darzustellen.

Geeignet ist z. B eine Tabelle, in der Gemeinsamkeiten und Unterschiede dargestellt sind (↗ Übersicht unten). Vergleichbare Sachverhalte werden gegenübergestellt.

Vergleich von Auge und Fotoapparat

	Auge	**Fotoapparat**
Wichtige Gemeinsamkeiten	Durch die Linse wird ein Bild erzeugt.	Durch das Objektiv wird ein Bild erzeugt.
	Das Bild entsteht auf der lichtempfindlichen Netzhaut.	Das Bild entsteht auf dem lichtempfindlichen Film oder dem CCD-Chip.
	Durch die Pupille wird die Lichtmenge bestimmt, die ins Innere des Auges fällt.	Durch die Blende und den Verschluss wird die Lichtmenge bestimmt, die ins Innere des Fotoapparats gelangt.
	Da sich die Gegenstände weit außerhalb der doppelten Brennweite befinden, entsteht auf der Netzhaut ein verkleinertes, umgekehrtes und seitenvertauschtes Bild.	Da sich die Gegenstände weit außerhalb der doppelten Brennweite befinden, entsteht auf dem Film bzw. dem CCD-Chip ein verkleinertes, umgekehrtes und seitenvertauschtes Bild.
Einige Unterschiede	Die Scharfeinstellung des Bilds erfolgt durch Veränderung der Linsenform.	Die Scharfeinstellung des Bilds erfolgt durch Verschieben des Objektivs.
	Die Verarbeitung der optischen Wahrnehmungen erfolgt im Gehirn. Sehen ist ein subjektiver Vorgang.	Festgehalten wird das Bild, das auf Film oder CCD-Chip entsteht. Fotografieren ist ein objektiver Vorgang.
	Bilder können nicht gespeichert werden.	Bilder können gespeichert werden.

Wahlpflicht: Sehen und Fotografieren

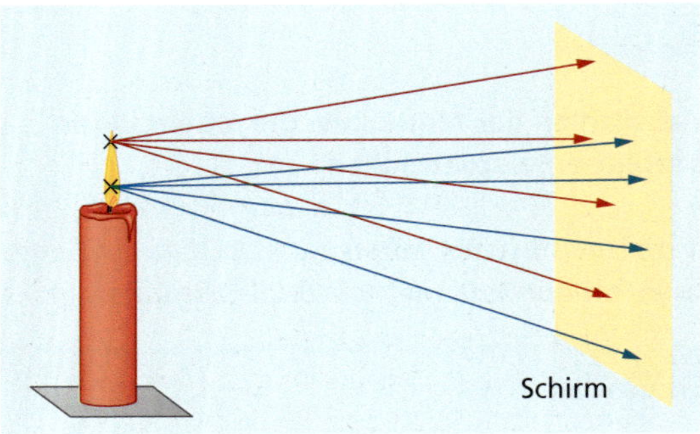

1 Die Lichtstrahlen von einem Punkt der Kerzenflamme treffen auf ganz unterschiedliche Punkte des Schirms. Der Schirm wird nur aufgehellt.

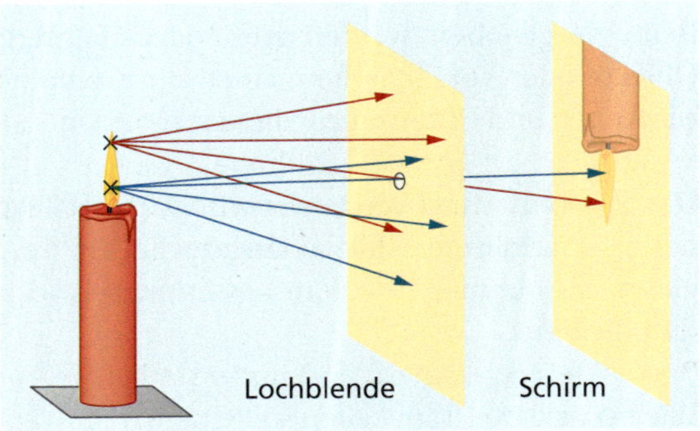

3 Bei Verwendung einer Lochblende kann jedem Punkt der Kerzenflamme ein Bildpunkt zugeordnet werden.

Bilder durch Öffnungen

Handys, Smartphones oder Tablet-PCs verfügen über eine Digitalkamera. Mit dieser lassen sich Fotos oder Videos aufnehmen. Es gibt aber eine technisch viel einfachere Möglichkeit, Bilder zu erzeugen. Das physikalische Prinzip ist in den Abb. 1 und 3 dargestellt.

Betrachtest du einen Gegenstand, so siehst du ein scharfes Bild. Bringt man dagegen einen Schirm vor eine Kerzenflamme (Abb. 1), so erhält man kein Bild, sondern nur eine Aufhellung des Schirms.

Bringt man nun zwischen Kerzenflamme und Schirm eine **Lochblende** (Abb. 3), so kann man auf dem Schirm ein Bild auffangen. Wie kommt ein solches Bild zustande?

Entscheidend ist: Das Licht breitet sich von jedem Punkt der Kerze geradlinig in verschiedene Richtungen aus. Aber nur ein kleiner Teil gelangt durch das Loch und erzeugt einen kleinen Lichtfleck auf dem Schirm, also einen Bildpunkt. Alle Lichtflecke (Bildpunkte) zusammen ergeben das Bild des Gegenstands, hier der Kerze.

Der untere Teil der Flamme in Abb. 3 wird auf dem oberen Teil des Schirms abgebildet, der obere Teil unten. So entsteht ein umgekehrtes Bild. Es ist seitenvertauscht, den Licht von linken Punkten wird auf dem Schirm rechts abgebildet und umgekehrt. Die Bildgröße hängt ab von der Gegenstandsgröße, der Gegenstandsweite und der Bildweite (Abb. 2). Eine Anordnung aus Lochblende und Schirm mit einem lichtundurchlässigen Gehäuse wird als **Lochkamera** bezeichnet.

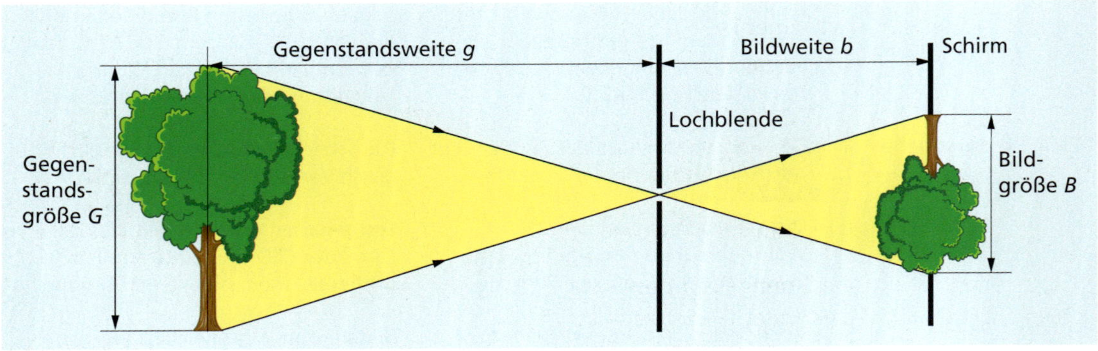

2 Das Bild eines Gegenstands kann mit Randstrahlen konstruiert werden.

Wahlpflicht: Sehen und Fotografieren

Experimente mit einer Lochkamera

Eine Lochkamera kannst du dir selbst bauen und Experimente damit durchführen. Insbesondere kannst du herausfinden, wovon die Helligkeit und die Schärfe des Bilds abhängen.

Experiment 1

Baue eine Lochkamera und nutze sie bei Untersuchungen.

Vorbereitung:

Du benötigst eine Dose mit lichtdurchlässigem Plastikdeckel, Nagel und Kerze.

Durchführung:

a) Schlage mit einem Nagel in die Mitte des Bodens der Dose ein möglichst kleines Loch. Verschließe die Dose mit dem lichtdurchlässigen Plastikdeckel.

b) Richte die Dose mit dem kleinen Loch auf eine Kerzenflamme. Blicke auf den Schirm (Plastikdeckel).

c) Verändere den Abstand Kerze - Lochkamera.

d) Richte die Dose auf bewegte Gegenstände, z.B. Fußgänger oder Autos. Beobachte sehr genau, denn das, was du siehst, ist nicht sehr hell.

Auswertung:

a) Beschreibe deine Beobachtungen.

b) Die Abbildung zeigt das Bild einer Kerzenflamme auf dem Schirm einer Lochkamera.

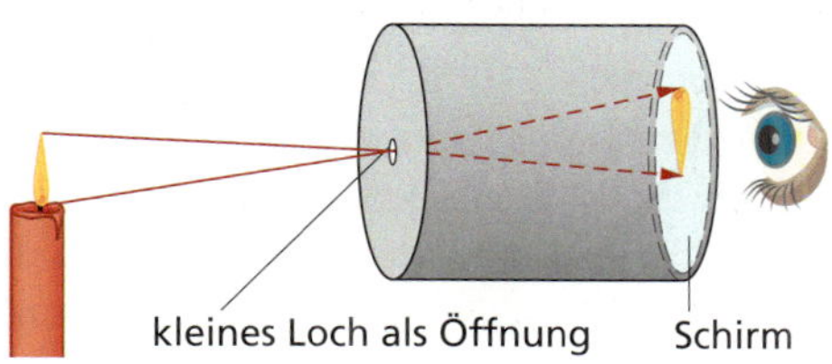

Sage anhand von Zeichnungen voraus, wie sich die Größe des Bilds ändern wird, wenn du dich mit der Lochkamera von der Kerze entfernst.

Experiment 2

Vergrößere die Öffnung im Boden der Lochkamera von Experiment 1.

a) Beobachte erneut die Kerzenflamme. Wie verändert sich die Helligkeit des Bilds mit der Vergrößerung des Lochs?

b) Wie verändert sich mit der Vergrößerung des Lochs die Schärfe des Bilds?

c) Versuche, eine Begründung für deine Beobachtung unter b zu finden. Nutze dazu die folgende Abbildung:

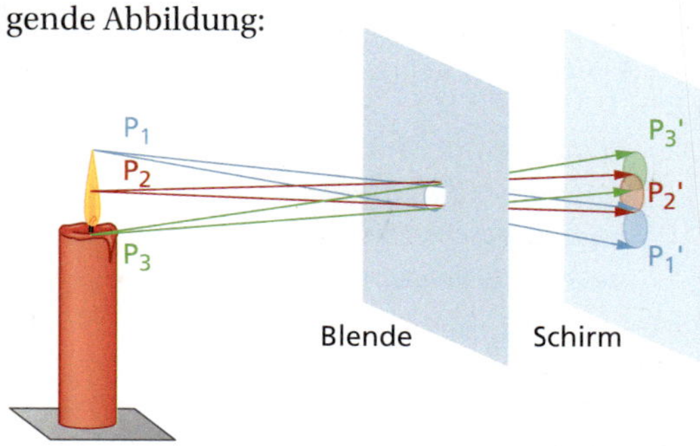

d) Pascal ist enttäuscht. Er kann auf dem Schirm seiner Lochkamera kein Bild sehen. Woran könnte das liegen?

Experiment 3

Entwickelt Ideen, wie ihr aus einem Zimmer eine Riesenlochkamera bauen könnt.

a) Probiert diese Ideen auch aus. Worauf müsst ihr besonders achten?

b) Die Abbildung zeigt eine große, begehbare Kammer, die als „Camera obscura" bezeichnet wird. In einer solchen Kammer konnte man Bilder von Gegenständen beobachten. Welcher Fehler hat sich eingeschlichen?

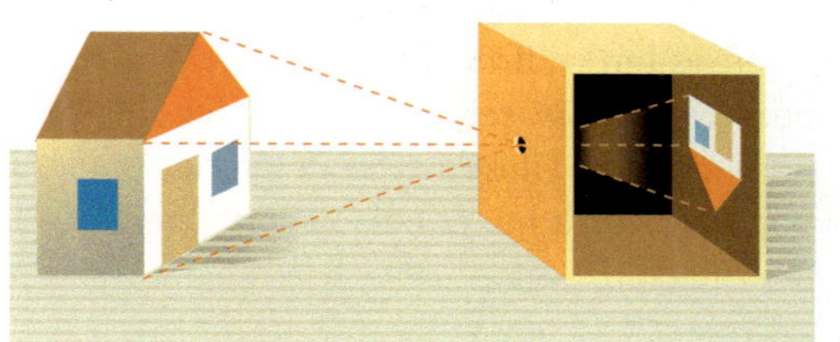

c) Recherchiert im Internet, was der Begriff „Camera obscura" bedeutet.

Wahlpflicht: Farben

Zerlegung von weißem Licht

Die Sonne oder Halogenlampen senden weißes Licht aus. Wenn ein schmales Bündel von diesem Licht auf ein Prisma gelenkt wird, dann entsteht hinter dem Prisma ein Farbband mit einer Reihe prächtiger Farben (Abb. 1).

1. *Probiere das selbst aus. Lasse dazu weißes Licht auf unterschiedliche Weise auf ein Prisma fallen. Beobachte und beschreibe deine Beobachtungen.*

2. *Betrachte durch ein Prisma eine einige Meter entfernte Glühlampe und eine Leuchtstofflampe. Beschreibe deine Beobachtungen und stelle Vergleiche an.*

Die Experimente zeigen:

Weißes Licht besteht aus Licht unterschiedlicher Farben.

Die Ursache für die **Auffächerung** des weißen Lichts durch ein Prisma besteht in Folgendem: Licht unterschiedlicher Farbe wird beim Übergang von einem Stoff in einen anderen Stoff, z. B. beim Übergang von Luft in Glas, unterschiedlich stark gebrochen. Blaues Licht wird stärker gebrochen als rotes Licht. Dadurch kommt es zu einer Auffächerung des weißen Lichts in seine farbigen Bestandteile.

Das Farbband, das bei der Auffächerung des Lichts entsteht, wird als **Spektrum** bezeichnet. Es ist üblich, die entstehenden Farben, die wir am intensivsten wahrnehmen, als **Spektralfarben** zu bezeichnen. Sie treten immer in der gleichen Reihenfolge auf. Diese Reihenfolge der Spektralfarben kannst du bei einem Regenbogen beobachten (↗ S. 63).

Spektralfarben sind die Farben Rot, Orange, Gelb, Grün, Blau und Violett.

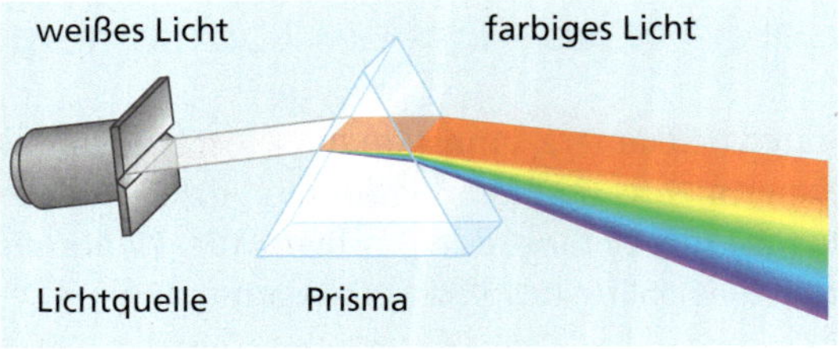

1 Weißes Licht wird durch ein Prisma in farbiges Licht zerlegt.

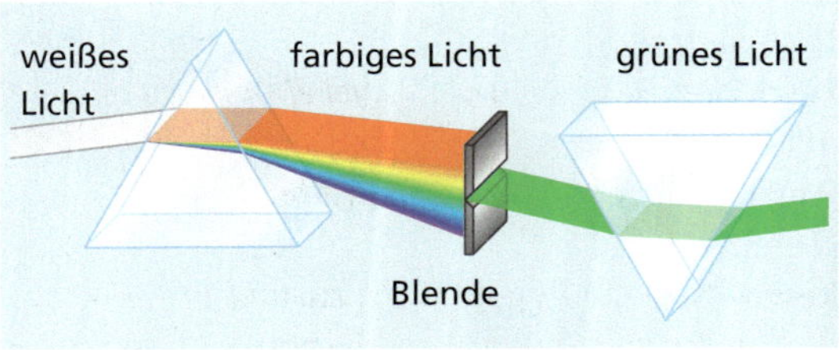

2 Einfarbiges Licht kann nicht weiter zerlegt werden.

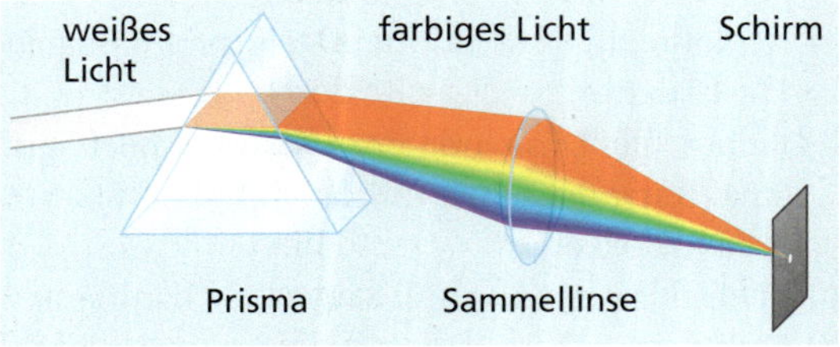

3 Die Vereinigung aller Spektralfarben ergibt Weiß.

Beachte: Die Einteilung in die sechs Spektralfarben ist eine willkürliche, aber sinnvolle Festlegung. Wenn man eine Spektralfarbe ausblendet und diese durch ein Prisma lenkt, dann erfolgt keine weitere Auffächerung des Lichts (Abb. 2). Eine einzelne Spektralfarbe kann nicht weiter zerlegt werden.
Vereinigt man das Licht aller Spektralfarben wieder, z. B. mithilfe einer Sammellinse, dann entsteht weißes Licht (Abb. 3). Das bestätigt die Erkenntnis, dass weißes Licht eine Mischung aus Licht unterschiedlicher Farben ist.

3. *Untersuche, ob das Licht einer Taschenlampe und eines Laserpointers aus unterschiedlichen Spektralfarben besteht.*

Der Regenbogen

Betrachtet man bei tief stehender Sonne eine Regenwand, wobei man die Sonne im Rücken hat, ist man immer von Neuem fasziniert, wenn ein Regenbogen erscheint. Er hat immer dieselbe Farbfolge. Häufig sieht man nur einen Teil des Regenbogens. Die gleiche Erscheinung kann man auch bei Springbrunnen und Wasserfällen beobachten.

4. *Vergleiche die Farbfolge bei einem Regenbogen mit der bei der Zerlegung von weißem Licht durch ein Prisma (↗ S. 62, Abb. 1).*

Wie kommt ein Regenbogen zustande?
Wie ist die Reihenfolge der Farben zu erklären?

Tritt Sonnenlicht in einen kugelförmigen Wassertropfen ein, dann wird das blaue Licht stärker gebrochen als das rote Licht. Der größte Teil des Lichts tritt an der Rückseite des Tropfens wieder aus. Ein kleinerer Teil wird reflektiert und verlässt den Regenbogen, wobei noch einmal Brechung auftritt. Für rotes, grünes und blaues Licht ist der Strahlenverlauf in Abb. 1 dargestellt. Das weiße Sonnenlicht wird aber durch die Brechung nicht nur in die drei dargestellten Farben, sondern in alle Farben des Spektrums aufgefächert.

2 Ein Regenbogen ist Teil eines Kreisbogens.

Aus den Abb. 1 und 3 ist erkennbar: Zwischen dem in einen Wassertropfen eintretenden Licht und dem austretenden Licht existiert für jede Farbe ein unterschiedlicher Winkel. Dieser Winkel beträgt für rotes Licht 42°, für blaues Licht 41°. Bei diesen Winkeln findet man besonders viel zurückgestrahltes Licht. Schaut man in Richtung Tröpfchenwand, dann sieht man unter einem Winkel von ca. 42° den oberen roten Rand des Regenbogens. Darunter liegen die anderen Spektralfarben.
Weit oben befindliche Tröpfchen strahlen kein Licht in Richtung des Beobachters zurück. Deshalb ist es oberhalb des Regenbogens relativ dunkel. Im Innern des Regenbogens gibt es eine schwache Zurückstrahlung aller Farben. Deshalb ist der Himmel dort relativ hell.

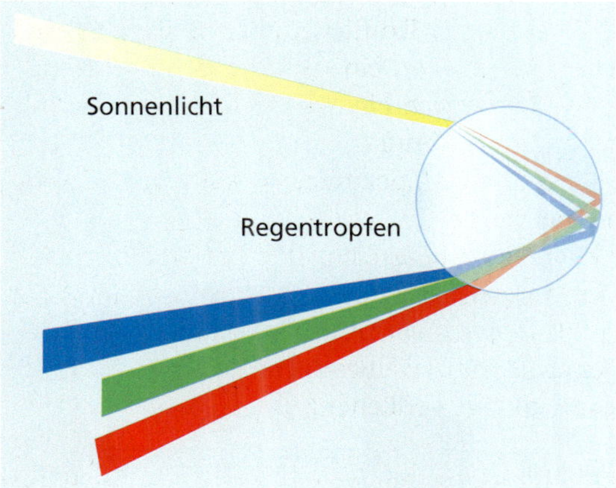

1 Brechung und Reflexion von verschiedenfarbigem Licht an einem Regentropfen

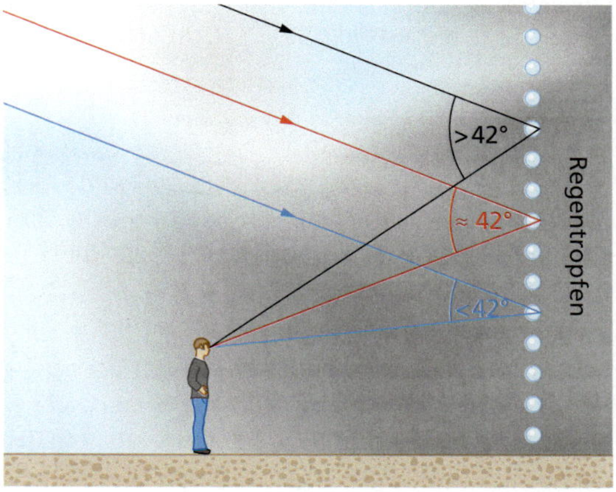

3 Ein Regenbogen ist immer nur unter bestimmten Bedingungen zu beobachten.

Wahlpflicht: Farben

Die Farbe von gemischtem Licht

Die Mischung von verschiedenfarbigem Licht finden wir an vielen Stellen: In der Disco leuchten verschiedenfarbige Lampen. Straßenlampen senden weißes oder gelbes Licht aus. Malerfarben lassen sich auf vielfältige Weise kombinieren.
Wenn man Licht verschiedener Farben mischt, nimmt man unterschiedliche Farben wahr. Die Abbildung 1 zeigt Bereiche mit verschiedenen **Mischfarben.**

1 Verschiedenfarbiges Licht ergibt eine Mischfarbe.

5. *Betrachte die Abbildung 1. Das Licht der Glühlampe wird dort durch drei farbige Gläser gelenkt.*
   a) *Welches sind die drei Farben?*
   b) *Durch welche Mischung entsteht Purpur (Magenta)?*
   c) *Durch welche Mischung entsteht Blaugrün (Cyan)?*

6. *Betrachte das folgende Bild aus immer größerer Entfernung. Beschreibe und erkläre.*

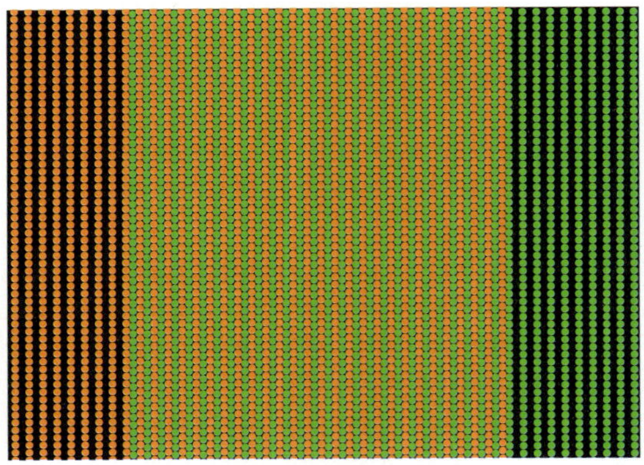

2 Dargestellt ist ein vergrößertes Fernsehbild.

Die Wahrnehmung von Weiß kann unterschiedlich zustande kommen.		
Eine Lichtquelle oder ein Gegenstandspunkt sendet gleichzeitig Licht mehrerer Farben aus, die auf die gleiche Stelle der Netzhaut fallen.	Beispiel: Das Licht einer Energiesparlampe sendet gleichzeitig rotes, grünes und blaues Licht aus.	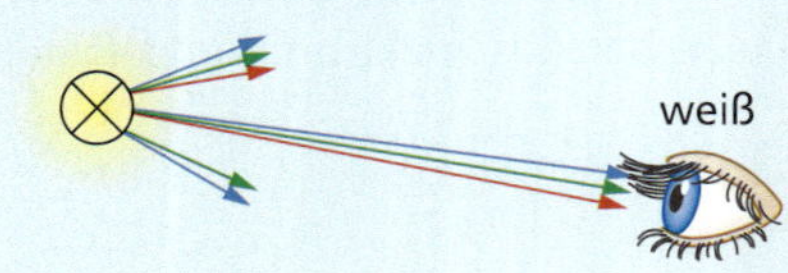
Das Licht von drei verschiedenfarbigen Lichtquellen wird vom gleichen Gegenstandspunkt ins Auge gelenkt.	Beispiel: Von drei Lampen wird blaues, grünes und rotes Licht an die gleiche Stelle einer weißen Wand gelenkt.	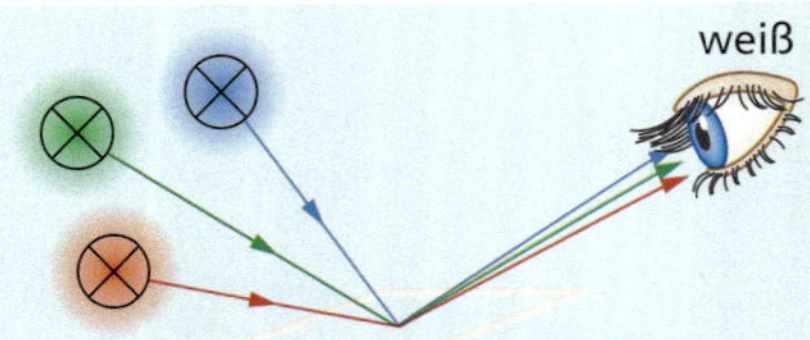
Drei Lichtquellen liegen so dicht beisammen, dass sie vom Auge nicht getrennt werden können. Ihr Licht gelangt auf dieselbe Stelle der Netzhaut.	Beispiel: Ein Bildschirm besteht aus kleinen, sehr eng liegenden Bereichen, die rot, grün oder blau leuchten können. Wenn alle drei Sorten gleich hell leuchten, sieht man Weiß.	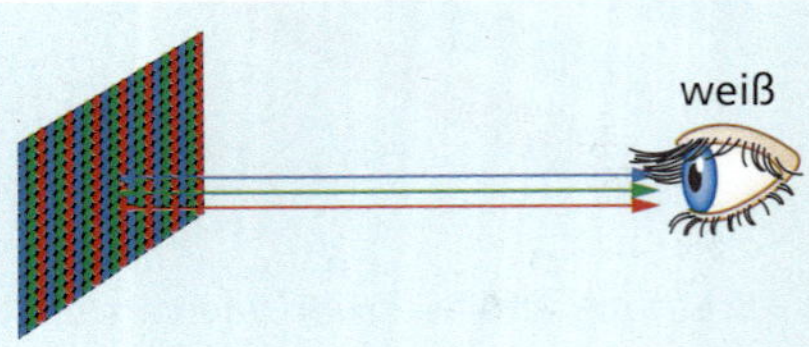

Wahlpflicht: Farben

Additive Farbmischung

Bei der **additiven Farbmischung** wird Licht verschiedener Farben auf dieselbe Stelle gelenkt und überlagert (addiert) sich. Ein Beispiel für eine solche Farbmischung zeigt Abb. 1 auf S. 64. Welche Farbe wir dann wahrnehmen, hängt nicht nur von den Farben des Lichts ab, sondern z. B. auch von der Intensität des Lichts. Die Mischfarbe, die wir sehen, kann man mithilfe einer **Farbtafel** vorhersagen (Abb. 1).

Eine solche Farbtafel enthält auf dem Rand die Spektralfarben in einer bestimmten Anordnung. Dazwischen befinden sich **Mischfarben.** Zur Mitte der Farbtafel hin werden die Mischfarben immer blasser. In der Mitte ist Weiß (Punkt S in der Abbildung 1).

> **Wenn man Licht verschiedener Farben additiv mischt, kann man den Farbeindruck, der dann entsteht, mithilfe einer solchen Farbtafel vorhersagen.**

Die Farbtafel ist so konstruiert, dass sich die Mischfarbe als Schwerpunkt der zu mischenden Farben in der Farbtafel ergibt.

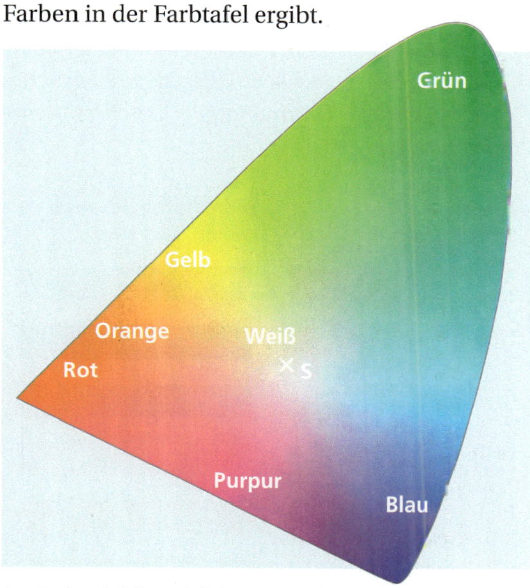

1 Farbtafel für additive Farbmischung

2 Der Schwerpunkt des Dreiecks RGB liegt im weißen Bereich der Farbtafel.

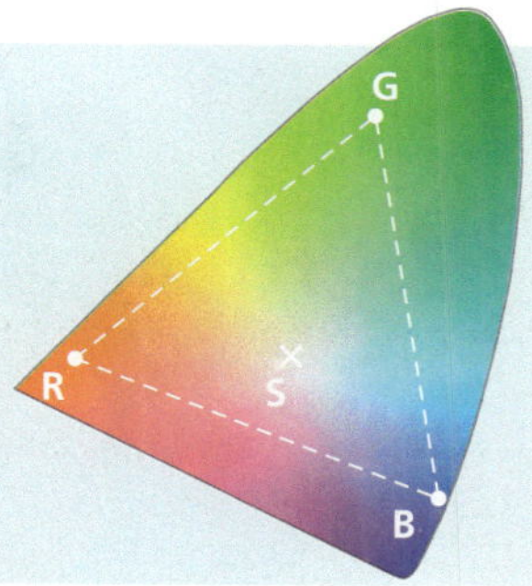

Mischt man beispielsweise rotes, grünes und blaues Licht gleicher Intensität, so ergibt sich Weiß (Abb. 2). Das kann man experimentell prüfen, indem man rotes, grünes und blaues Licht in gleicher Intensität auf eine Stelle einer weißen Wand projiziert.

7. *Lenkt Licht verschiedener Farben auf ein weißes Blatt Papier oder auf eine Stelle einer weißen Wand.*
   Verändert die Intensität einzelner Farben. Formuliert die Ergebnisse eurer Untersuchungen als Merksätze.

8. *Am Computer kann man z. B. mithilfe eines Zeichenprogramms selbst Farben erzeugen, wobei man den Anteil der einzelnen Farben variieren kann.*

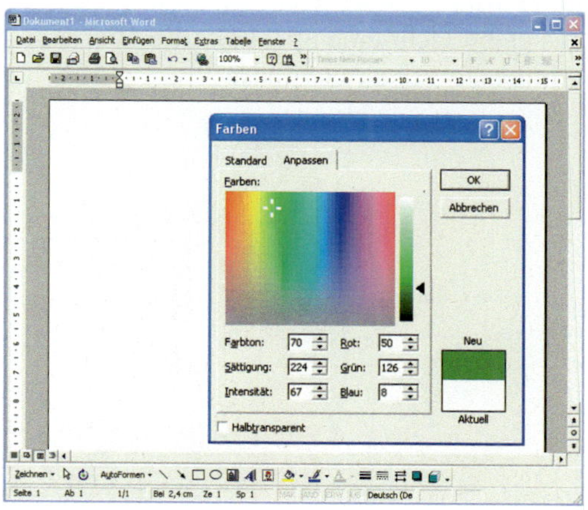

Probiere es aus. Mische auch die Grundfarben mit gleichen und unterschiedlichen Anteilen.

Wahlpflicht: Farben

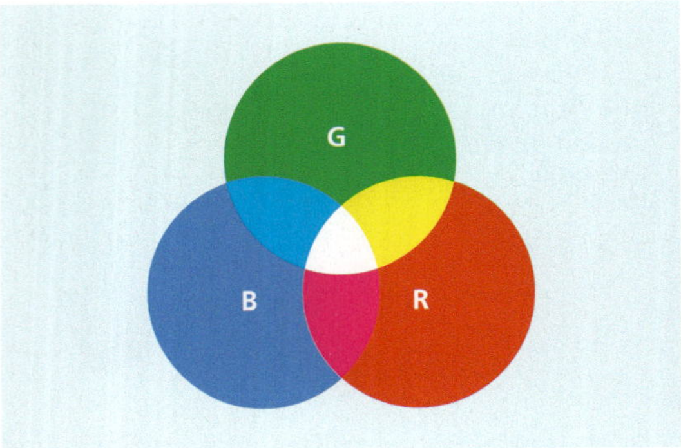

1 Die Grundfarben der additiven Farbmischung sind Rot, Grün und Blau.

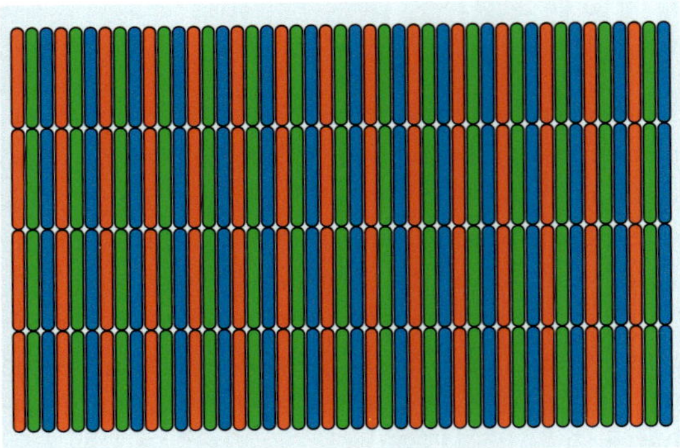

3 Aufbau eines Bildschirms aus rot, grün und blau leuchtenden Farbpunkten

Aus den Farben Rot, Grün und Blau kann man durch Mischung und Veränderung der Intensität alle Farben erhalten, die innerhalb des Dreiecks RGB (↗ S. 65, Abb. 2) liegen. Deshalb nennt man diese drei Farben die **Grundfarben der additiven Farbmischung** (Abb. 1). Als Mischfarben ergeben sich:

G + R = Gelb
B + G = Cyan (Blaugrün)
B + R = Magenta (Purpur)
R + G + B = Weiß

Bei der Mischung von Farben kommt es nicht darauf an, ob diese selbst schon gemischt sind. Gelb und Purpur ergeben Weiß, unabhängig davon, ob das gelbe Licht eine Spektralfarbe oder eine Mischung aus Rot und Grün ist.

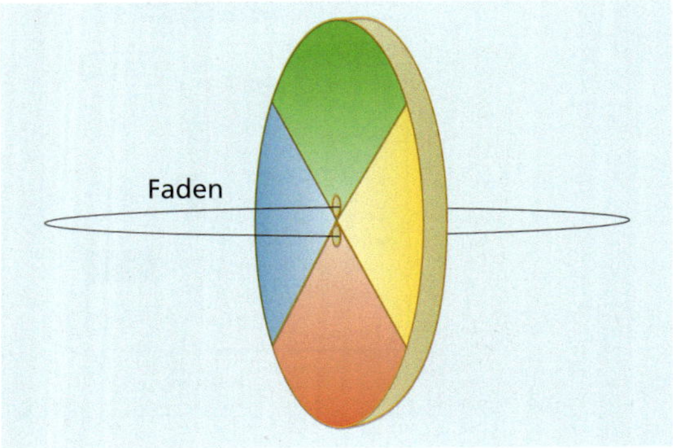

2 Mit Farbkreiseln lassen sich unterschiedliche Farben „erzeugen".

Die Grundfarben der additiven Farbmischung werden genutzt, um farbige Bilder bei Fernsehapparaten und Computerbildschirmen zu erzeugen. Bildschirme haben nur rot, grün und blau leuchtende Farbpunkte, die meist linienförmig angeordnet sind (Abb. 3). Damit kann man alle anderen Farben erzeugen.

9. *Betrachte mit einer Lupe den Bildschirm eines Fernsehapparats. Beschreibe deine Beobachtungen.*

10. *Baut Farbkreisel. Beklebt sie mit Papier unterschiedlicher Farben. In der Abbildung 2 ist eine Möglichkeit angegeben. Versetzt eure Farbkreisel in schnelle Umdrehungen. Beschreibt eure Beobachtungen.*

Ausgeblendete Spektralfarbe	Mischfarbe des restlichen Spektrums
Rot	
Orange	
Gelb	
Grün	
Blau	
Violett	

Wahlpflicht: Farben

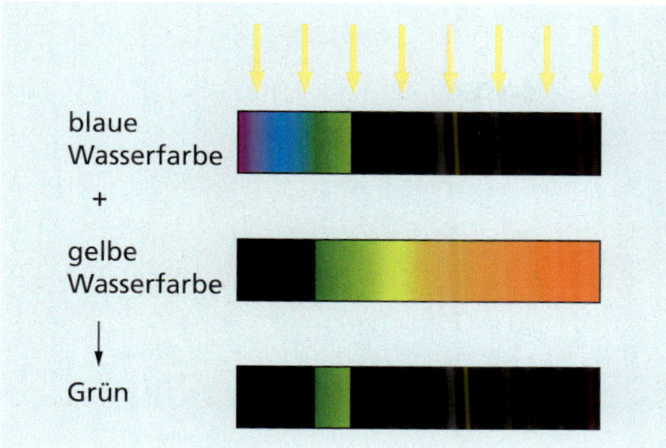

1 Blaue und gelbe Wasserfarbe absorbieren unterschiedliche Teile des Spektrums.

3 Blaue und gelbe Wasserfarben ergeben gemischt ein Grün.

Subtraktive Farbmischung

Die Mischung von Wasserfarben ergibt teils ähnliche, teils ganz andere Ergebnisse als die Mischung von Licht der gleichen Farbe (↗ Tabelle). Wenn man zwei Wasserfarben mischt, dann absorbiert jeder Farbstoff das für ihn charakteristische farbige Licht. Man muss also das absorbierte farbige Licht beider Farbstoffe aussortieren (subtrahieren). Deshalb heißt diese **Farbmischung subtraktive Farbmischung.**

> **Bei der subtraktiven Farbmischung wird Licht verschiedener Farben ausgeblendet (subtrahiert). Das restliche Licht bildet eine Mischfarbe.**

So absorbiert z. B. blaue Wasserfarbe bei Beleuchtung mit weißem Licht gelbes bis rotes Licht (Abb. 1). Gelbe Wasserfarbe absorbiert den linken Teil des Spektrums. Nicht absorbiert wird von beiden Wasserfarben Grün. Folglich ergibt eine Mischung aus blauer und gelber Farbe grün (Abb. 3).

11. *Mische gelben und blauen Kreidestaub. Welche Farbe erhältst du?*

Die Vielfalt von Farben, die mit subtraktiver Farbmischung hervorgerufen werden können, wird vor allem in der Malerei und bei Farbfiltern genutzt.

Farbe 1	Farbe 2	Mischfarbe bei additiver Farbmischung	Mischfarbe bei subtraktiver Farbmischung
Rot	Grün	Gelb	Braun
Rot	Gelb	Orange	Orange
Blau	Gelb	Grün	Grün
Rot	Blau	Purpur (Magenta)	Purpur bis Violett
Grün	Violett	Türkis	Braungrau
Rot	Türkis	Weiß	Schwarz

Wahlpflicht: Farben

Körperfarben

Die Farbe, in der wir einen Körper wahrnehmen, hängt davon ab,
- welche Farbe das Licht hat, das auf ihn fällt (Abb. 2),
- welche Farben er reflektiert, absorbiert bzw. durchlässt.

Durchsichtige Körper haben die Farbe, die sich aus der Mischung des farbigen Lichts ergibt, das von ihnen durchgelassen wird (Abb. 1).
Ein undurchsichtiger Körper hat die Farbe, die sich aus der Mischung des von ihm reflektiertem farbigen Lichts ergibt. Der Farbeindruck wird nach den Regeln der additiven Farbmischung bestimmt. Fällt z. B. Sonnenlicht (weißes Licht) auf Blätter, so werden Violett und Blau sowie Orange und Rot vom Blatt absorbiert. Grün und das benachbarte Gelb bzw. Türkis werden reflektiert. Wir nehmen die Mischfarbe Grün wahr.
Ein Körper, der sämtliches Licht absorbiert, das auf ihn fällt, erscheint uns schwarz. Ein Körper, der mit weißem Licht beleuchtet wird und alle Spektralfarben näherungsweise gleich stark reflektiert, erscheint uns weiß.

Die Farbwahrnehmung ist nicht nur ein physikalischer Prozess. Da unsere Sinneseindrücke im Gehirn verarbeitet werden, spielen für die Farbwahrnehmung auch Stimmungen, Erfahrungen und subjektive Empfindungen eine Rolle. Unterschiedliche Personen können denselben Gegenstand verschieden wahrnehmen.

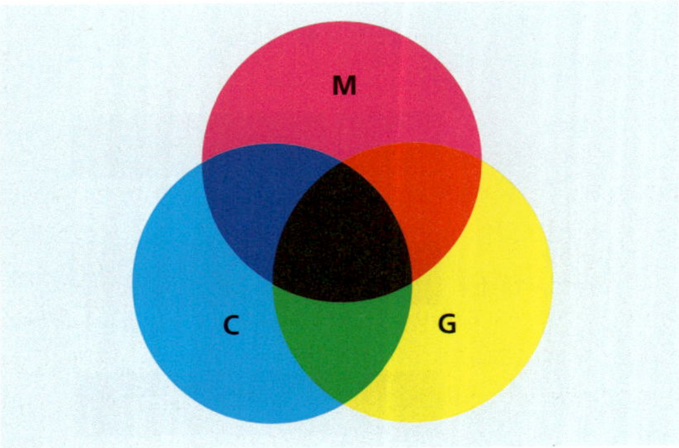

2 Grundfarben der subtraktiven Farbmischung

Für die Körperfarbe spielt die subtraktive Farbmischung eine wichtige Rolle. Die Grundfarben der subtraktiven Farbmischung sind Gelb, Magenta (Purpur) und Cyan (Blaugrün). Die Mischung aller drei Farben ergibt Schwarz (Abb. 2).

12. *Welche verschiedenen Mischfarben ergeben sich in der Abb. 1?*

13. *Wann erscheinen uns undurchsichtige Körper, die mit weißem Licht beleuchtet werden, schwarz, wann weiß bzw. gelb? Begründe.*

14. *Die Beleuchtung von Objekten mit verschiedenfarbigem Licht wird im Handel genutzt, um z. B. Fleisch, Wurst oder Obst besonders frisch aussehen zu lassen. Prüfe das.*

1 Mischfarben, die sich aus der Beleuchtung durchsichtiger Körper mit weißem Licht ergeben

3 Die Beleuchtung mit verschiedenfarbigem Licht ergibt verschiedene Körperfarben.

Farbtäuschungen und farbige Schatten

Auf Seite 56 sind einige optische Täuschungen dargestellt. Optische Täuschungen gibt es auch beim farbigen Sehen. Sie werden als Farbtäuschungen bezeichnet. Solche Farbtäuschungen kommen vorrangig dadurch zustande, weil unser Farbeindruck von einem Gegenstand wesentlich durch die Umgebungsfarbe beeinflusst wird. Die nachfolgenden zwei Abbildungen zeigen ein Beispiel für eine Farbtäuschung.

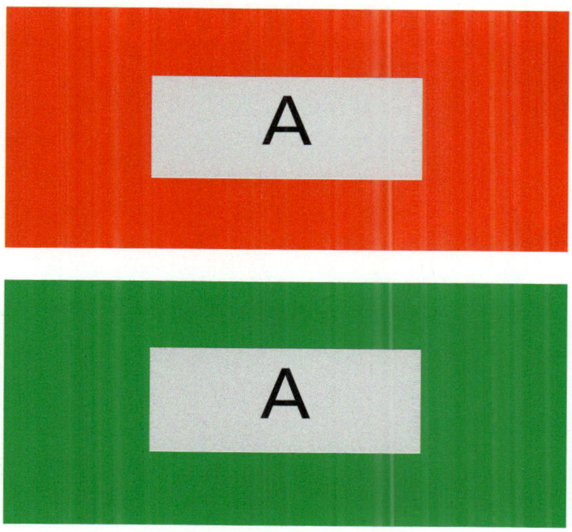

15. *Betrachte die Farbe des hellgrauen Streifens bei verschiedenfarbigem Hintergrund. Beschreibe deine Beobachtung.*

16. *Betrachte den linken Kasten (↗ Abb. unten) intensiv 30 Sekunden lang. Fixiere danach sofort den schwarzen Punkt im rechten Kasten. Tauscht eure Beobachtungen aus.*

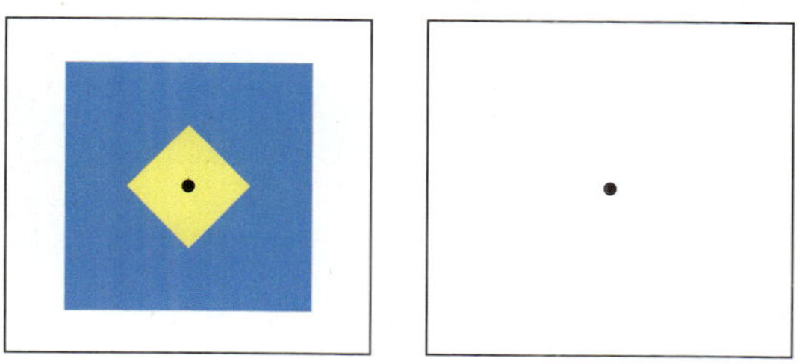

1 Farbige Schatten entstehen bei Beleuchtung von Körpern mit verschiedenfarbigem Licht.

17. *Beleuchtet verschiedene Körper, die sich vor einem weißen Hintergrund befinden,*
    a) *mit weißem Licht,*
    b) *mit verschiedenfarbigem Licht.*
    Beobachtet und beschreibt die entstehenden Schatten.

Die Abbildung unten zeigt die farbigen Schatten einer Vase. Diese Vase wurde von links mit rotem Licht beleuchtet, der entsprechende Schatten erscheint grün. Von rechts wurde sie gleichzeitig mit grünem Licht beleuchtet. Der entsprechende Schatten ist rot.

18. *Erkläre, warum der Schatten einer farbigen Lampe eine andere Farbe hat als das Licht, das von der Lampe ausgesendet wird.*

2 Eigenschaften und Bewegung von Körpern

Körper unterscheiden sich
Jeder Körper hat eine bestimmte Masse und nimmt einen bestimmten Raum ein. Wie aber unterscheiden sich Körper voneinander? Gibt es auch Gemeinsamkeiten?

Vielfältige Bewegungen
In Natur, Technik und Alltag kannst du viele unterschiedliche Bewegungen beobachten. Auch du selbst führst ständig verschiedene Bewegungen aus.
Wie kann man eine Bewegung physikalisch beschreiben? Wie schnell können sich Körper bewegen?

2.1 Körper und Stoffe

1

Groß = schwer und klein = leicht?

Das scheint nicht immer zu stimmen. Der Stein ist viel kleiner als der Pappkarton, aber offensichtlich wesentlich schwerer. Wovon hängt es ab, wie schwer ein Körper ist?

2

Unsichtbare Teilchen

Wenn du Zucker in Tee gibst, dann ist der Tee süß. Der Zucker ist nicht mehr sichtbar.
Wie ist das zu erklären? Suche und beschreibe weitere Beispiele.

3

So leicht bzw. so schwer sind ...

Ordne den Körpern, die auf den Fotos unten zu sehen sind, die richtige Masse zu: 10 g, 50 g, 100–200 g, bis 500 g, 3 kg, 1400 kg.
Erkunde: Wie groß ist deine Masse? Welches ist das schwerste Tier, das auf der Erde lebt?

Körper und Stoffe

Wir alle haben es täglich mit unterschiedlichen Gegenständen, technischen Geräten, Fahrzeugen, Lebewesen oder Nahrungsmitteln zu tun. In der Physik bezeichnen wir diese verschiedenen Dinge als Körper. Ein Handy ist also ebenso ein Körper wie ein Stück Zucker eine Flasche Limonade oder ein luftgefüllter Reifen.
Die verschiedenen Körper haben einige gemeinsame Eigenschaften, die du bereits kennst:

- Jeder Körper nimmt einen bestimmten Raum ein, hat also ein Volumen.
- Jeder Körper hat eine bestimmte Masse. In der Umgangssprache und in der Technik spricht man auch vom Gewicht.

Wenn du den Aufbau von Körpern untersuchst, dann stellst du fest:

Jeder Körper besteht aus einem oder mehreren Stoffen.

So besteht z. B. ein luftgefüllter Reifen aus Luft, Gummi und einem Ventil aus Stahl. Ein Smartphone besteht aus verschiedenen Kunststoffen und Metallen, die Klinge eines Messers aus Stahl.

1 Benenne die Körper und beschreibe, aus welchen Stoffen sie bestehen.

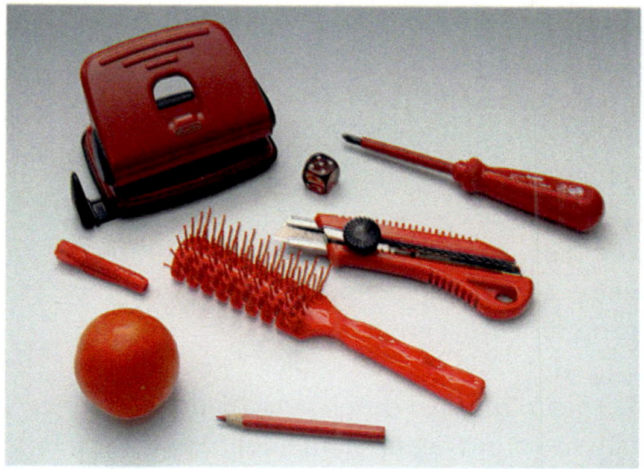

2 Viele Stoffe, aus denen die Körper bestehen, sind rot. Sie unterscheiden sich aber z. B. in ihrer Härte, ihrer Elastizität und ihrer elektrischen Leitfähigkeit.

Jeder dieser verschiedenen Stoffe hat bestimmte Eigenschaften. Solche Eigenschaften von Stoffen sind z. B. die Farbe, der Geruch, die Härte des Stoffs oder der Aggregatzustand bei Zimmertemperatur. Stoffe können auch dadurch unterschieden werden, ob sie Wärme oder elektrischen Strom gut leiten oder nicht.

Jeder Stoff hat eine für ihn typische Kombination von Eigenschaften.

Gewusst · Gekonnt

1. Auf dieser Lehrbuchseite sind einige Eigenschaften von Stoffen genannt. Überlegt euch, welche weiteren Eigenschaften Stoffe noch haben können.
   Fertigt dazu eine Übersicht an und nennt Beispiele für die jeweilige Eigenschaft.
2. Stoffe kann man nach ihren Eigenschaften einteilen. Macht Vorschläge für solche Einteilungen und diskutiert sie.
3. Charakterisiere drei verschiedene Stoffe durch ihre Eigenschaften. Versuche, die Eigenschaften so genau zu beschreiben, dass deine Mitschüler den betreffenden Stoff erkennen können.

Aufbau der Stoffe aus Teilchen

Du weißt bereits: Jeder Körper besteht aus einem oder mehreren Stoffen. Woraus aber bestehen Stoffe? Und wie sind sie aufgebaut?

Um diese Fragen zu beantworten, kannst du auf deine Erfahrungen und auf experimentelle Ergebnisse zurückgreifen.

Körper kann man durch verschiedene Trennverfahren (z.B. Sägen, Schneiden, Feilen) in Teile zerlegen. Bei einem Stück Kreide geht das sehr leicht schon mithilfe der Finger. Dabei erhält man immer kleinere Teilchen. Bei sehr feinem Kreidestaub sind die einzelnen Teilchen mit bloßem Auge nicht mehr zu erkennen.
Wenn wir Zucker in Tee lösen, dann schmecken wir zwar den Zucker in diesem Tee, sehen können wir ihn aber nicht mehr. Der Zucker hat sich im Tee in sehr kleine Teilchen zerteilt, die aber untereinander gleich sind.
Luft ist überall vorhanden. Bei Wind spüren wir sie auch. Luft ist aber nicht sichtbar. Sie besteht ebenso aus sehr kleinen Teilchen, die wiederum untereinander gleich, aber verschieden von denen anderer Stoffe sind. Allgemein gilt:

Alle Stoffe bestehen aus Teilchen.

In der Physik und Chemie werden diese Teilchen als Atome bzw. Moleküle bezeichnet.

Eine wichtige Eigenschaft dieser Teilchen zeigt sich bei einfachen Versuchen:
- Gibt man Zucker in heißen Tee und wartet dann einige Zeit, dann schmeckt der Tee süß, obwohl man ihn nicht umgerührt hat.
- Gibt man einige Tropfen Tinte in ein Glas mit kaltem bzw. warmem Wasser, so verteilt sich die Tinte jeweils im gesamten Wasser. Im warmen Wasser erfolgt die Durchmischung jedoch wesentlich schneller als im kalten Wasser (Abb. 2).
- Bringt man einige Tropfen Parfüm auf die Haut, kann man nach kurzer Zeit den Duft auch in der Umgebung wahrnehmen.

Die Schlussfolgerung, die man aus den genannten Erscheinungen ziehen kann, lautet: Offensichtlich bewegen sich die Teilchen, aus denen ein Stoff besteht. Durch diese Bewegung vermischten sich die Zucker- und Wasserteilchen oder die Luft- und Parfümteilchen.
Allgemein gilt für die Teilchen eines jeden Stoffs:

Die Teilchen eines Stoffs befinden sich in ständiger Bewegung.

Das gilt für die Teilchen fester Stoffe ebenso wie für die von Flüssigkeiten und Gasen.
Sind in einem Bereich Teilchen verschiedener Stoffe vorhanden, so können sich die Teilchen vermischen. Diese Erscheinung wird als die **Diffusion** bezeichnet.

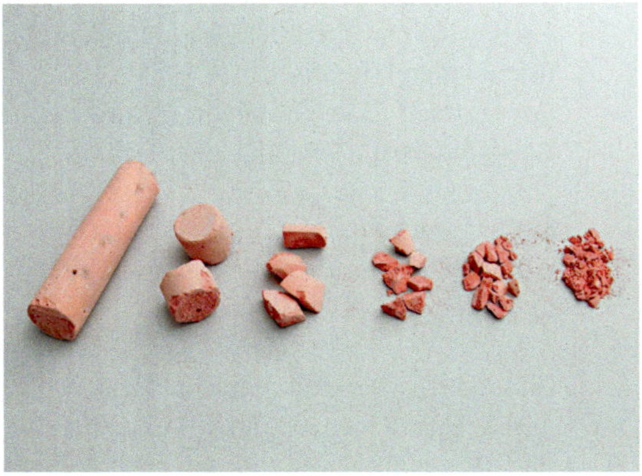

1 Kreide kann man immer weiter zerteilen. Letztendlich entsteht Kreidestaub.

2 Tinte verteilt sich in Wasser, weil die Teilchen von Wasser und Tinte in ständiger Bewegung sind.

Die Diffusion ist das selbstständige Durchmischen von Teilchen verschiedener Stoffe.

Die Beweglichkeit der Teilchen ist bei festen Stoffen, Flüssigkeiten und Gasen unterschiedlich und ändert sich auch mit der Temperatur. Bei einer bestimmten Temperatur gilt: Die Teilchen von Gasen bewegen sich schneller als die von Flüssigkeiten und diese wiederum schneller als die von festen Stoffen.

Aus deinen Erfahrungen kannst du eine weitere Eigenschaft von Teilchen eines Stoffs ableiten.

Beim Biegen eines Lineals oder beim Zerreißen von Papier spürst du, dass die Teilchen eines Stoffs zusammenhalten. Zwischen ihnen wirken anziehende Kräfte. Das gilt auch für unterschiedliche Stoffe. Das merkst du, wenn du mit Klebstoff arbeitest. Diese anziehenden Kräfte zwischen den Teilchen bewirken zum Beispiel, dass ein fester Körper seine Form beibehält.
Willst du aber einen festen Körper, z. B. einen Stein, zusammendrücken, dann stellst du fest: Es wirken auch abstoßende Kräfte.
Allgemein gilt:

Zwischen den Teilchen eines Stoffs wirken anziehende bzw. abstoßende Kräfte.

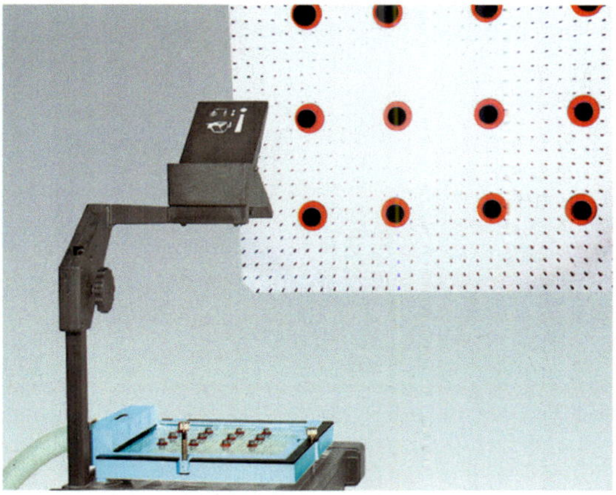

1 Mit einem Luftkissentisch lässt sich die Bewegung von Teilchen veranschaulichen.

Das Wissen über den Aufbau der Stoffe können wir zu einer anschaulichen, vereinfachten Vorstellung zusammenfassen. Eine solche vereinfachte Vorstellung bezeichnet der Physiker als **Modell.** Die Teilchen eines Stoffs können wir uns vereinfacht als kleine Kugeln vorstellen, zwischen denen Kräfte wirken.

Das Teilchenmodell:

1. **Alle Stoffe bestehen aus Teilchen.**
2. **Die Teilchen befinden sich in ständiger Bewegung.**
3. **Zwischen den Teilchen wirken Kräfte.**

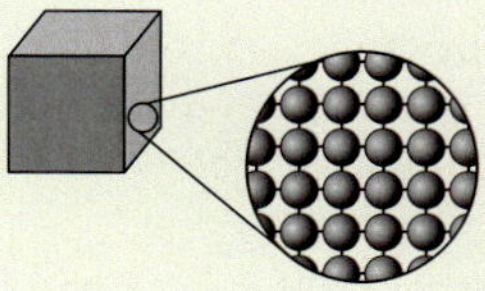

Mit diesem einfachen Teilchenmodell kann man den Aufbau von Stoffen beschreiben (↗ S. 76), Eigenschaften von Körpern erklären und Voraussagen treffen.

Gewusst · Gekonnt

Erbsen und Reis kann man als Teilchen verschiedener Stoffe auffassen. Mischt man 50 ml Erbsen mit 50 ml Reis, dann erhält man 90 ml (↗ Foto). Probiere es selbst aus.

Erkläre diesen merkwürdigen Effekt mit dem Teilchenmodell.

Feste Körper, Flüssigkeiten und Gase

Feste Körper, z. B. ein dicker Metalldraht oder eine Zange, haben eine bestimmte Form und ein unveränderliches Volumen. Nur mit großen Kräften ist es möglich, den Draht mithilfe der Zange zu verbiegen oder ein Stück abzukneifen.
Die Teilchen in festen Körpern nehmen bestimmte Plätze ein und liegen dicht beieinander. Zwischen ihnen wirken große Kräfte.
Deshalb haben feste Körper ein bestimmtes Volumen und eine bestimmte Form, solange keine Kräfte auf sie wirken. Sie lassen sich nicht zusammendrücken.

Bei **Flüssigkeiten** ist der Abstand zwischen den Teilchen ebenfalls gering. Die Kräfte sind aber kleiner als bei festen Körpern. Die Teilchen können sich gegeneinander verschieben. Deshalb nimmt eine Flüssigkeit immer die Form des Gefäßes an, in dem sie sich befindet.

Von **Gasen** wissen wir, dass sie sich in ihrer Form und ihrem Volumen jeweils dem Gefäß anpassen, in dem sie sich gerade befinden. Da die Teilchen keinen festen Platz haben und der Abstand zwischen ihnen relativ groß ist, kann ein gasförmiger Körper, zum Beispiel die Luft in einer Luftpumpe oder in einem Reifen, zusammengedrückt werden.

	Feste Körper	Flüssigkeiten	Gase
Aufbau und Eigenschaften	Die Teilchen haben einen bestimmten Platz. 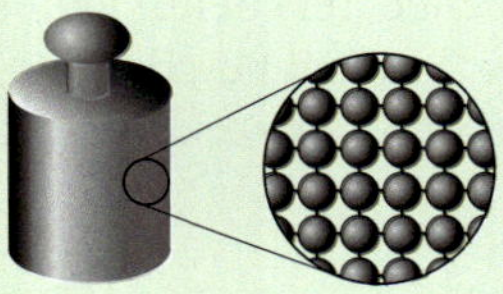 Die Teilchen schwingen um ihren Platz hin und her. Zwischen ihnen wirken starke anziehende bzw. abstoßende Kräfte.	Die Teilchen sind gegeneinander verschiebbar. 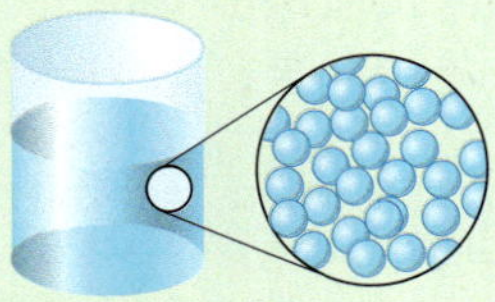 Die Teilchen führen unregelmäßige Bewegungen aus. Zwischen den Teilchen wirken Kräfte, die kleiner als bei festen Körpern sind.	Die Teilchen bewegen sich beliebig im Raum. 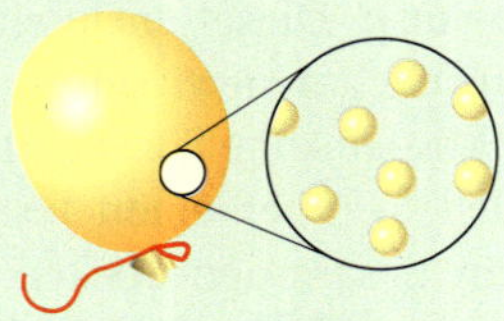 Die Teilchen bewegen sich frei im vorhandenen Raum. Zwischen den Teilchen wirken nur geringe Kräfte.
Form	Feste Körper haben eine bestimmte Form. 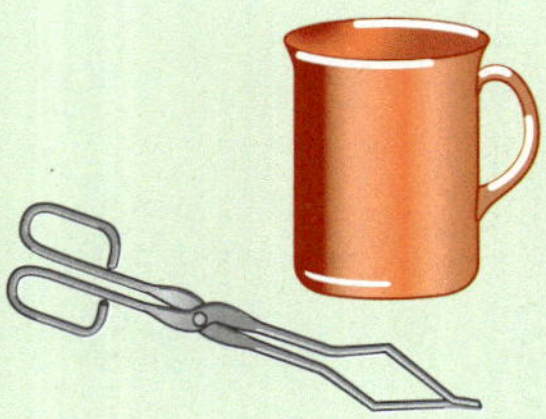	Flüssigkeiten passen sich der Form des Gefäßes an, in dem sie sich befinden. 	Gase passen sich der Form des Gefäßes an, in dem sie sich befinden. 
Volumen	Feste Körper haben ein bestimmtes Volumen. Sie lassen sich nicht zusammendrücken.	Flüssigkeiten haben ein bestimmtes Volumen. Sie lassen sich nicht zusammendrücken.	Gase nehmen den gesamten Raum ein, der ihnen zur Verfügung steht. Sie lassen sich zusammendrücken und haben ein veränderliches Volumen.

Kohäsion und Adhäsion

Einen dicken Nagel kann man mit den Händen auch mit großem Kraftaufwand nicht verbiegen. Bei einer Fuchsschwanzsäge gelingt es (Abb. 1). Ein Stück Kreide lässt sich durchbrechen. Aber dazu ist Kraft erforderlich. Die Luft in einem Luftballon lässt sich verformen und zusammendrücken, allerdings nicht beliebig weit. Das bedeutet: Zwischen den Teilchen des Nagels, der Säge, der Kreide und der Luft wirken Kräfte, die den Zusammenhalt des jeweiligen Stoffs bewirken. Das Zusammenhalten der Teilchen eines Stoffs nennt man **Kohäsion.**

Kohäsionskräfte sind die anziehenden Kräfte, die zwischen den Teilchen ein und desselben Stoffs wirken.

Die Kohäsionskräfte bewirken, dass feste Körper aus einem Stoff ihre Form beibehalten. Die Kräfte sind bei festen Körpern größer als bei Flüssigkeiten und bei Flüssigkeiten wiederum größer als bei Gasen. Kohäsionskräfte bewirken auch die Stabilität und Festigkeit von Körpern, die hohe Belastungen aushalten müssen, wie Tragseile oder Maschinenteile.

Teilchen, die fest zusammenhalten, können aber auch unterschiedlichen Stoffen angehören, wie z. B. die Lackschicht auf einem Fahrradrahmen oder die Goldschicht auf einem Schmuckstück. Die Lackteilchen und die Teilchen des Rahmens sind eine feste Verbindung eingegangen. Ähnliches gilt auch für ein vergoldetes Schmuckstück oder für einen verchromten Auspuff. Das Zusammenhalten der Teilchen von **verschiedenen Stoffen** nennt man in der Physik **Adhäsion.**

1 Kohäsionskräfte zwischen Stahlteilchen einer Säge bewirken, dass die Säge auch nach dem Verbiegen ihre ursprüngliche Form annimmt.

2 Elektrische Bauelemente werden auf eine Leiterplatte gelötet.

Adhäsionskräfte sind die anziehenden Kräfte, die zwischen den Teilchen verschiedener Stoffe wirken.

Die Adhäsionskräfte bewirken z. B. auch, dass Kreide an der Wandtafel haftet, Körper zusammenkleben, Leimfarbe sich mit einer Wand verbindet oder Leiter durch Löten miteinander verbunden werden können (Abb. 2).

Gewusst · Gekonnt

1. Fülle eine Tasse randvoll mit Wasser. Versuche dann vorsichtig, weiter Wasser nachzufüllen.
   a) Beschreibe deine Beobachtungen.
   b) Erkläre die beobachtete Erscheinung.

2. In zwei kleine Messzylinder wird etwas Wasser bzw. Quecksilber eingefüllt (↗ Skizze).

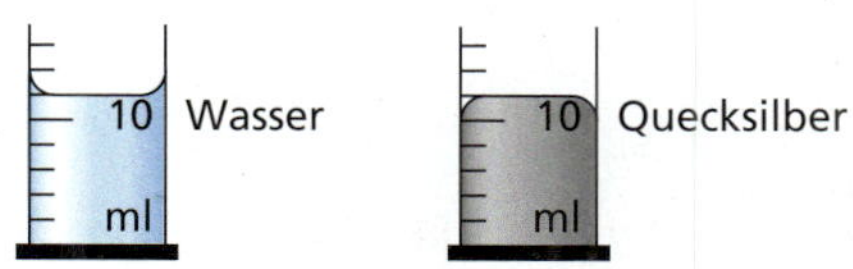

   a) Beschreibe den Unterschied, der festzustellen ist.
   b) Erkläre das unterschiedliche Verhalten von Wasser und Quecksilber mit den wirkenden Kohäsions- und Adhäsionskräften.

Die Kapillarität

Bei einem Tintenklecks hilft Löschpapier. Würfelzucker saugt Tee auf. Pflegecreme dringt in die Haut ein. Ein Schwamm nimmt überschüssiges Wasser auf. Die Ursache der Vorgänge kann in folgendem Versuch verdeutlicht werden:
Ein Glasgefäß mit Röhren unterschiedlichen Durchmessers wird mit Wasser gefüllt. Das Wasser steigt von selbst umso höher, je geringer der Durchmesser der Röhre ist (Abb. 1).
Wie ist das Versuchsergebnis zu erklären? Zwischen den Teilchen der Glaswand und des Wassers wirken Adhäsionskräfte. Dadurch steigt das Wasser etwas nach oben. Weil aber zwischen den Wasserteilchen Kohäsionskräfte wirken, wird weitere Flüssigkeit „nachgesaugt".
In sehr dünnen Röhrchen, Hohlräumen bzw. Poren, auch **Kapillaren** genannt, tritt dieser Effekt besonders deutlich auf.

Kapillarität ist das selbstständige Aufsteigen von Flüssigkeiten in engen Röhrchen.

Auf diesem Prinzip basiert auch der Wasser- und Nährstofftransport in Pflanzen. Das Grundwasser steigt bis zu den Wurzeln auf. Je nach Pflanzenart haben sich bei den Wurzeln vielfältige Formen herausgebildet. So kann eine einzeln stehende Roggenpflanze Seitenwurzeln mit einer Gesamtlänge von mehreren Kilometern Länge entwickeln. Auch das Aufsteigen von Feuchtigkeit in Wänden kommt durch die Kapillarität zustande.

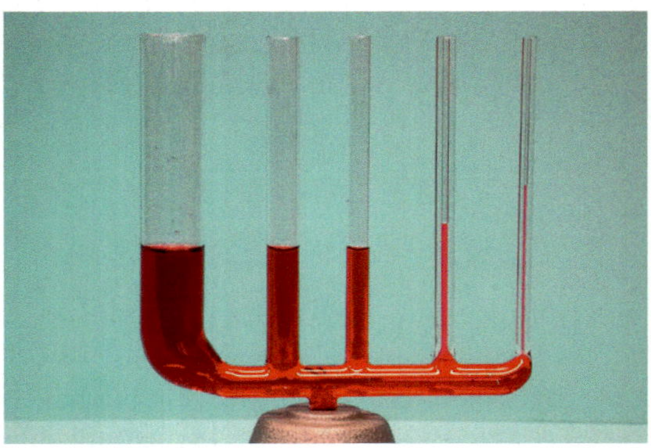

1 In engen Röhren steigt das Wasser höher als in weiten Röhren.

Interessantes aus der Geschichte

Die brownsche Bewegung

Der schottische Mediziner und Biologe ROBERT BROWN (1773–1858) untersuchte im Jahre 1827 Blütenstaub unter einem Mikroskop. Er hatte dem Blütenstaub einen Tropfen Wasser beigemischt. Dabei fiel ihm eine unruhige Bewegung der Staubkörnchen auf.
BROWN nahm zunächst an, dass die Körnchen lebendige Körper seien, die sich von selbst im Wasser bewegen. Aber bei weiteren Versuchen beobachtete er, dass sich „tote" Staub- und Rußteilchen ebenso verhielten wie die Blütenstaubkörnchen. Sie bewegten sich unaufhaltsam zickzackförmig, wie in der Abbildung dargestellt.

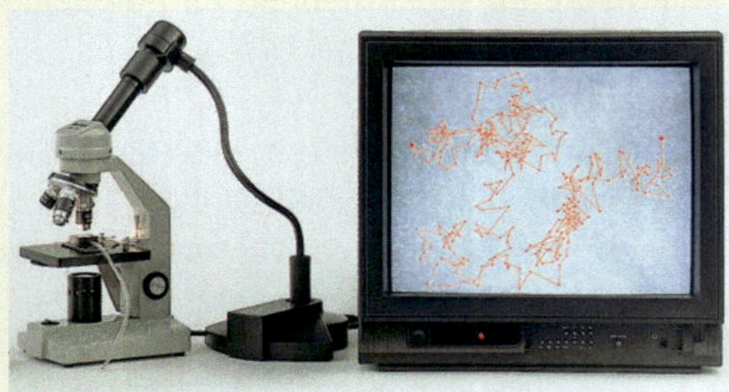

Erst 1905 konnte der berühmte deutsche Physiker ALBERT EINSTEIN (1879–1955) eine Begründung dafür geben: Die winzig kleinen, nicht sichtbaren Teilchen der Flüssigkeit, die Moleküle, befinden sich in ständiger Bewegung. Sie stoßen dabei an die viel größeren, im Mikroskop sichtbaren Blütenstaubkörnchen und schieben diese unregelmäßig hin und her.
Nach ihrem Entdecker wird diese unregelmäßige Bewegung sichtbarer Staubkörnchen als **brownsche Bewegung** bezeichnet. Die brownsche Bewegung ist ein Beleg für die Existenz kleinster, nicht sichtbarer Teilchen.
Bereits im Altertum nahmen einige Gelehrte an, dass alle Stoffe aus kleinsten Teilchen bestehen, die nicht mehr zerteilt werden können. Diese Teilchen nannten sie **Atome** (vom griechischen Wort atomos: das Unteilbare). Diese Idee geriet später in Vergessenheit. Die Untersuchung solcher Erscheinungen wie der Diffusion und der brownschen Bewegung bestätigten später die Richtigkeit der Teilchenvorstellung. Dass Atome und Moleküle tatsächlich existieren, konnte erst Anfang des 20. Jahrhunderts durch verschiedene Experimente nachgewiesen werden.

Eine merkwürdige Erscheinung

Auf einem Teich sieht man manchmal Insekten, die auf der Wasseroberfläche laufen (Abb. 1).
Warum sinken die Insekten nicht in das Wasser ein?

Um eine Antwort zu finden, hilft der folgende Versuch, bei dem wir die Erscheinung an Beispielen erforschen: In ein Gefäß wird Wasser gefüllt. Probiert man, einen schweren Gegenstand, z. B. ein Geldstück, auf die Wasseroberfläche zu legen, so gelingt das nicht. Das Geldstück geht unter. Nimmt man aber einen leichten Körper wie eine Rasierklinge und legt ihn vorsichtig auf das Wasser, so geht er nicht unter, sondern schwimmt auf der Wasseroberfläche, obwohl die Rasierklinge aus Stahl eine größere Dichte als Wasser hat. Probiere das selbst aus.
Wie sind diese Erscheinungen zu erklären?

Zwischen den Wasserteilchen wirken Kohäsionskräfte. Im Innern des Wassers ist jedes Teilchen von vielen anderen umgeben. Es wird von allen gleichmäßig in alle Richtungen angezogen. Bei den Teilchen an der Oberfläche ist das anders. Sie werden nur von den Teilchen neben und unter ihnen angezogen. Die nach oben gerichteten Kräfte entfallen, da sich über ihnen nur Luftteilchen befinden. Dadurch bilden die Wasserteilchen eine Schicht, die wie ein sehr dünnes, aber elastisches Häutchen wirkt. Dieses Häutchen kann sogar leichte Gegenstände tragen, beispielsweise Wasserläufer (Abb. 1) oder eine Rasierklinge.

1 Ein Wasserläufer bewegt sich auf dem Wasser.

2 Triebwerke für ein Flugzeug in einer Montagehalle: Auch dabei wird Klebetechnik genutzt.

Kleben macht leichter und belastbar

Einzelteile von Flugzeugen oder Schiffen wurden noch vor einigen Jahren genietet, geschraubt oder geschweißt. Heute klebt man bei vielen dieser Arbeiten (Abb. 2).
Die Auswirkungen in Bezug auf die Masse der Produkte sind enorm. So wird z. B. ein Jumbojet vom Typ Boeing 747 um bis zu 10 000 kg leichter. Dadurch können außerdem große Mengen an Treibstoff eingespart werden.
Worauf beruht die Wirkung von Klebstoffen?

Man trägt den Klebstoff in flüssiger Form auf die Teile auf, die verbunden werden sollen. Dann werden die Teile aufeinandergepresst.
Beim Kleben wird die Adhäsion genutzt. Der Klebstoff dringt in die Oberflächen der Teile ein. Dadurch kommen viele Teilchen beider Teile miteinander in Berührung. Wenn der Klebstoff trocknet, gehen die Teilchen der Körper und des Klebstoffs eine enge Verbindung ein. Sie kann nicht mehr oder nur sehr schwer rückgängig gemacht werden. Klebestellen halten großen Belastungen stand. Ein Beispiel dafür sind die Rotorblätter von Hubschraubern.

Das Volumen von Körpern

Verschiedene Körper nehmen einen unterschiedlich großen Raum ein. Eine Erbse nimmt einen kleinen Raum, ein Apfel einen größeren Raum ein. Auch Flüssigkeiten und Gase nehmen einen Raum ein. Diese Eigenschaft wird durch die physikalische Größe **Volumen** beschrieben.

> **Das Volumen gibt an, wie viel Raum ein Körper einnimmt.**
>
> **Formelzeichen:** V
> **Einheiten:** **ein Kubikmeter** **(1 m³)**
> **ein Liter** **(1 l)**

Teile der Volumeneinheit 1 m³ sind ein Kubikdezimeter (1 dm³), ein Kubikzentimeter (1 cm³) und ein Kubikmillimeter (1 mm³).
Es gilt:

$$1\,\text{m}^3 = 1\,000\,\text{dm}^3 = 1\,000\,000\,\text{cm}^3$$
$$1\,\text{dm}^3 = 1\,000\,\text{cm}^3 = 1\,000\,000\,\text{mm}^3$$
$$1\,\text{cm}^3 = 1\,000\,\text{mm}^3$$

Vielfache und Teile der Einheit 1 l sind ein Hektoliter (1 hl) und ein Milliliter (1 ml):

$$1\,\text{hl} = 100\,\text{l}$$
$$1\,\text{l} = 1\,000\,\text{ml}$$

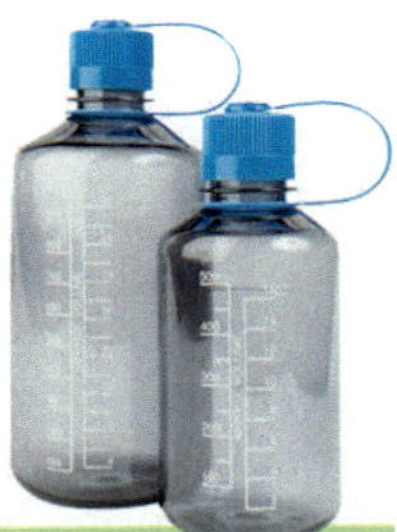

Dabei gilt:

$$1\,\text{dm}^3 = 1\,\text{l}$$
$$1\,\text{cm}^3 = 1\,\text{ml}$$

Volumen von Körpern in Natur und Technik	
Tischtennisball	25 cm³
Streichholzschachtel	28 cm³
Mauerziegel	2,2 dm³
Klassenzimmer	250 m³
große Tasse	0,25 l
Limonadenflasche	0,75 l
Tank eines Pkw	45 l ... 65 l
Tankwagen	20 000 l

1 Mit Messbechern oder Messzylindern kann man das Volumen von Flüssigkeiten bestimmen.

Das Volumen von Flüssigkeiten sowie von pulverförmigen festen Körpern (Zucker, Salz, Mehl) kann mit Messzylindern oder Messbechern gemessen werden (Abb. 1). Das Volumen von strömenden Flüssigkeiten und Gasen lässt sich mit Wasser- oder Gasuhren bestimmen (Abb. 2).
Wenn ein Körper eine regelmäßige geometrische Form besitzt, z. B. die eines Würfels oder eines Quaders, kann man das Volumen dieses Körpers aus seinen Abmessungen berechnen.

> **Unter der Bedingung, dass ein Körper die Form eines Quaders besitzt, gilt für das Volumen des Körpers:**
>
> $V = a \cdot b \cdot c$
>
> ***a*** **Länge**
> ***b*** **Breite**
> ***c*** **Höhe**

2 Der Wasserverbrauch wird mit einem Durchflusszähler (Wasseruhr) gemessen.

a) Differenzmethode b) Überlaufmethode

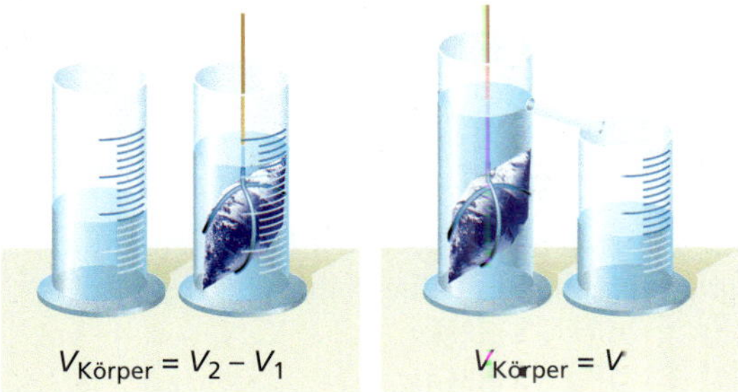

1 Bestimmung des Volumens unregelmäßig geformter fester Körper

Messzylinder benutzt man auch dann, wenn feste Körper eine so unregelmäßige Form haben, dass man ihr Volumen nicht berechnen kann. Abb. 1 zeigt zwei mögliche Methoden zur Bestimmung des Volumens fester Körper.

So kannst du vorgehen

Messfehler vermeiden

1. Schätze zunächst das Volumen und wähle keinen zu großen oder zu kleinen Messzylinder aus.
2. Blicke beim Ablesen stets in Höhe der Flüssigkeitsoberfläche auf den Messzylinder. Lies in der Mitte der Flüssigkeitsoberfläche ab.

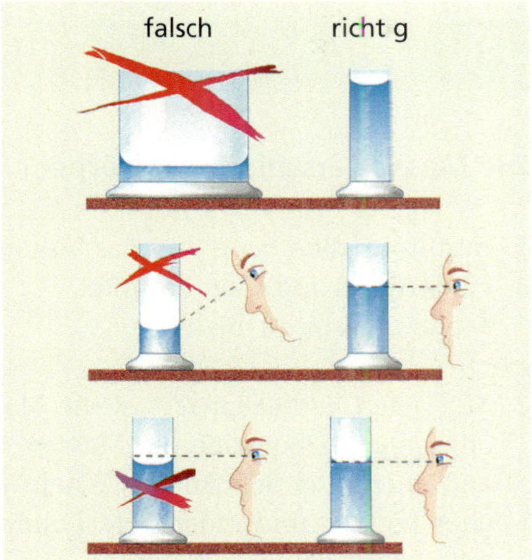

Selbst erforscht

Volumen gesucht

1. Als Maß für das Volumen wird im Alltag häufig ein Teelöffel oder ein Esslöffel genutzt.
   Überlege dir, wie du möglichst genau das Fassungsvermögen eines Löffels bestimmen kannst. Bestimme das Fassungsvermögen eines Teelöffels und eines Esslöffels.
   Vergleicht eure Ergebnisse. Diskutiert Ursachen für die Unterschiede.

2. Ein tropfender Wasserhahn ist ein Ärgernis. Aber wie viel Wasser geht dadurch an einem Tag verloren? Um das herauszufinden, muss man das Volumen eines Wassertropfens kennen.
   Diskutiert, wie man das Volumen eines Wassertropfens bestimmen kann.
   Führt diese Bestimmung durch. Wie kann man dann die Wassermenge bestimmen, die an einem Tag aus einem defekten Wasserhahn tropft?

Gewusst · Gekonnt

1. Bestimme das Volumen der Flüssigkeit in jedem der Messzylinder (↗ Abb.). Gib das Ergebnis jeweils in Milliliter, Liter, Kubikzentimeter und Kubikdezimeter an.

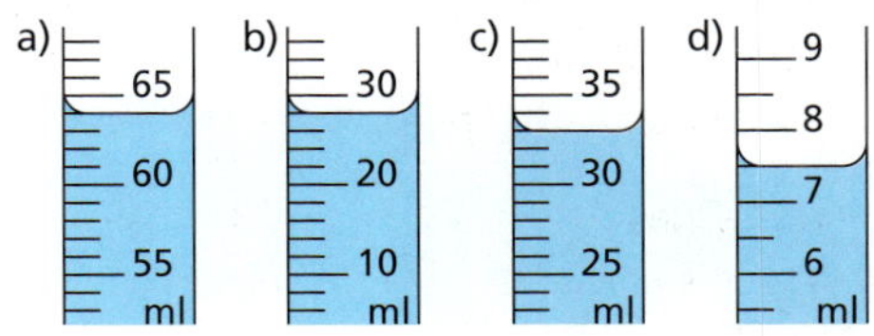

2. Es soll ein Betonsockel von 10 m Länge, 30 cm Höhe und 20 cm Dicke gebaut werden. Berechne, wie viel Beton man dafür braucht.

Die Masse von Körpern

Jeder von uns weiß aus Erfahrung: Verschiedene Körper sind unterschiedlich schwer.
Ein Ball ist leicht. Man kann ihn bequem hochheben. Ein gleich großer Stein ist sehr viel schwerer. Die Ursache für die Schwere der Körper sind Anziehungskräfte zwischen den Körpern aufgrund ihrer Masse.
Auf der Erde werden alle Körper von der Erde angezogen, die eine sehr große Masse besitzt. Die einzelnen Körper, z. B. ein Ball oder ein Stein, werden aufgrund ihrer unterschiedlichen Masse unterschiedlich stark von der Erde angezogen. Sie sind unterschiedlich schwer.

Diese Anziehung wirkt aber nicht nur zwischen einem Körper und der Erde, sondern z. B. auch zwischen Sonne und Erde oder zwischen Erde und Mond. Auch zwischen dir und deinem Nachbarn wirken Anziehungskräfte, allerdings sind diese sehr klein.

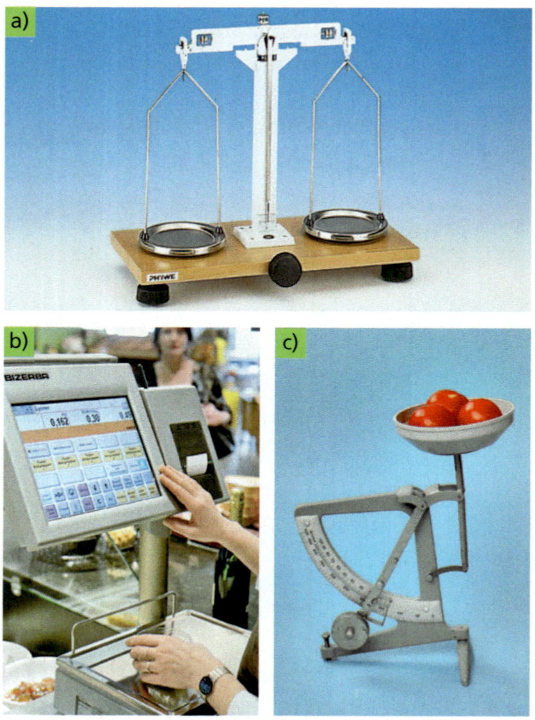

1 Balkenwaage (a), elektronische Waage (b) und Einschalenwaage (c)

Die Masse gibt an, wie schwer ein Körper ist.

Formelzeichen:	m	
Einheiten:	**ein Kilogramm**	**(1 kg)**
	ein Gramm	**(1 g)**

Gebräuchlich sind auch die Einheiten ein Milligramm (1 mg) und eine Tonne (1 t). Es gilt:

1 t = 1 000 kg
1 kg = 1 000 g
1 g = 1 000 mg

Im Alltag werden die Einheiten ein Pfund (500 g) und ein Zentner (50 kg) verwendet.
Die Masse als Eigenschaft eines Körpers ist unabhängig davon, wo sich dieser Körper befindet.

Die Masse eines Körpers ist überall gleich groß.

Die Masse eines Körpers kann mit einer **Waage** gemessen werden.
Bei einer Balkenwaage (Abb. 1a) oder einer Einschalenwaage (Abb. 1c) wird die unbekannte Masse eines Körpers mit der bekannten Masse von Wägestücken verglichen. Wenn sich die Waage im Gleichgewicht befindet, braucht man nur noch die Massen der einzelnen Wägestücke zu addieren oder man kann die Masse direkt ablesen. Elektronische Waagen in Supermärkten zeigen nicht nur die Masse an, sondern drucken sie auch zusammen mit dem Preis aus (Abb. 1b).

Selbst erforscht

Die Masse verschiedener Körper

1. Bestimme die Masse und das Volumen eines Apfels und einer Kartoffel.
   Schätze, bevor du misst.

2. Auf vielen Verpackungen ist die Masse angegeben. Überprüfe die Massen, die auf einer Tafel Schokolade, einem Becher Joghurt und einer Tüte Puddingpulver angegeben sind.

Experimentieren und Protokollieren

Viele Erkenntnisse werden in der Physik durch Experimentieren gewonnen. Dazu werden Erscheinungen zielgerichtet untersucht. Dabei wird beobachtet, gemessen und ausgewertet.
Jedes Experiment muss wiederholbar sein, damit seine Ergebnisse überprüft werden können. Deshalb müssen alle Beobachtungen und Messungen protokolliert werden.

Beim Experimentieren ist es zweckmäßig, in den Schritten **Vorbereitung**, **Durchführung** und **Auswertung** vorzugehen.
Was bei den einzelnen Schritten zu beachten ist, wird nachfolgend am Beispiel erläutert.

Untersuche den Zusammenhang zwischen dem Volumen und der Masse von Zucker.

Schritt 1

Vorbereitung

Bei diesem Schritt überlege Folgendes:
- Musst du nur beobachten oder auch messen?
- Wie kann das Experiment aufgebaut werden? Manchmal ist eine Skizze sinnvoll.
- Welche Geräte und Hilfsmittel benötigst du?

Das Volumen V des Zuckers wird mit einem Messbecher bestimmt, die Masse m mit einer Waage.

Schritt 2

Durchführung

Das Experiment wird aufgebaut. Dabei gilt:
- Gehe sorgfältig mit den Geräten um.
- Halte alle Sicherheitsvorschriften ein.
- Gefährde nicht fahrlässig deine Gesundheit und die anderer.

Alle Beobachtungen werden notiert. Messwerte werden in Tabellen eingetragen.

Wichtig ist bei einer solchen Messwertetabelle, dass die Größen mit ihren Einheiten angegeben werden.

Messwertetabelle:

Volumen V in cm^3	Masse m in g
100	93
200	185
300	275
400	365
500	450

Schritt 3

Auswertung

Beobachtungen werden gedeutet und Vergleiche angestellt. Messwerte werden ausgewertet. Das kann grafisch oder rechnerisch geschehen.
Bei unserem Versuch ist die Darstellung der Messwerte in einem Diagramm zweckmäßig. Auf den Achsen werden die Masse m und das Volumen V aufgetragen. Ein Messwertepaar erscheint als Punkt im Diagramm.

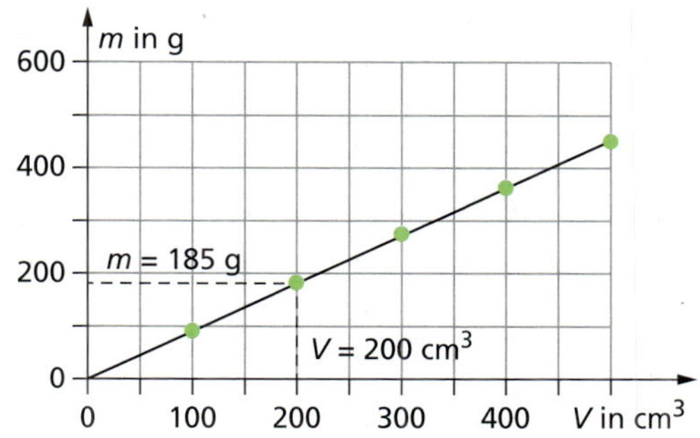

Aus den Messwerten und dem Diagramm ist erkennbar: Je größer das Volumen des Zuckers ist, desto größer ist auch seine Masse.
Verdoppelt man das Volumen, so verdoppelt sich auch die Masse. Wird das Volumen halbiert, so ist auch die Masse nur halb so groß.

Alle wichtigen Angaben zum Experiment und die Ergebnisse werden in einem **Versuchsprotokoll** erfasst. Es sollte enthalten: Aufgabe, Vorbereitung (Geräte, Versuchsaufbau, Messwertetabelle), Durchführung und Auswertung der Messungen.

Die Dichte von Stoffen

Verändert man das Volumen von Wasser (Abb. 1) oder Zucker, so verändert sich auch die Masse. Das gilt für beliebige Körper. Bildet man für einen bestimmten Stoff den Quotienten aus Masse und Volumen, dann ist dieser konstant, unabhängig davon, wie groß das Volumen bzw. die Masse ist.
Für verschiedene Stoffe hat er unterschiedliche Werte. Der Quotient aus Masse und Volumen ist deshalb geeignet, den Stoff zu kennzeichnen, aus dem ein Körper besteht.
Die Eigenschaft eines Stoffs, bei einem bestimmten Volumen eine bestimmte Masse zu haben, wird durch die physikalische Größe **Dichte** beschrieben.

Die Dichte gibt an, welche Masse jeder Kubikzentimeter (cm^3) Volumen eines Stoffs hat.

Formelzeichen:	**ϱ (griechischer Buchstabe, sprich: rho)**	
Einheiten:	**ein Gramm je Kubikzentimeter**	$\left(1\,\frac{g}{cm^3}\right)$
	ein Kilogramm je Kubikmeter	$\left(1\,\frac{kg}{m^3}\right)$

Für die Einheiten der Dichte gilt:

$$1\,\frac{g}{cm^3} = 1\,000\,\frac{kg}{m^3} \qquad 1\,\frac{kg}{m^3} = 0{,}001\,\frac{g}{cm^3}$$

Die Dichte von Gasen wird manchmal auch in der Einheit Gramm je Liter angegeben.

Für die Einheiten gilt:

$$1\,\frac{g}{l} = 1\,\frac{kg}{m^3} = 0{,}001\,\frac{g}{cm^3}$$

Kennt man die Masse und das Volumen eines Körpers, so kann man die Dichte des Stoffs berechnen, aus dem der Körper besteht.

Die Dichte ϱ kann berechnet werden mit der Gleichung:

$$\varrho = \frac{m}{V}$$

m Masse des Körpers
V Volumen des Körpers

Bei Körpern gleichen Volumens hat derjenige die größere Masse, der aus dem Stoff mit der größeren Dichte besteht. So hat 1 cm^3 Eisen eine größere Masse als 1 cm^3 Wasser.
Bei Körpern gleicher Masse hat derjenige das kleinere Volumen, der aus dem Stoff mit der größeren Dichte besteht (Abb. 2).
Im Alltag werden Stoffe mit großer Dichte, wie Kupfer oder Blei, als „schwere" Stoffe bezeichnet. „Leichte" Stoffe sind z. B. Styropor oder Kork. Sie haben eine relativ kleine Dichte. Auch Gase oder Gasgemische wie Luft haben eine kleine Dichte.
Die Dichte von Stoffen kannst du dir folgendermaßen veranschaulichen:
Man überlegt, was z. B. der Wert $\varrho = 2{,}7\,\frac{g}{cm^3}$ (Dichte von Aluminium) bedeutet.
Er bedeutet, dass ein Würfel von 1 cm Kantenlänge ($V = 1\ cm^3$) eine Masse von 2,7 g hat. Bei anderen Stoffen ist die Masse bei dem gleichen Volumen von 1 cm^3 eine andere (↗ S. 85).

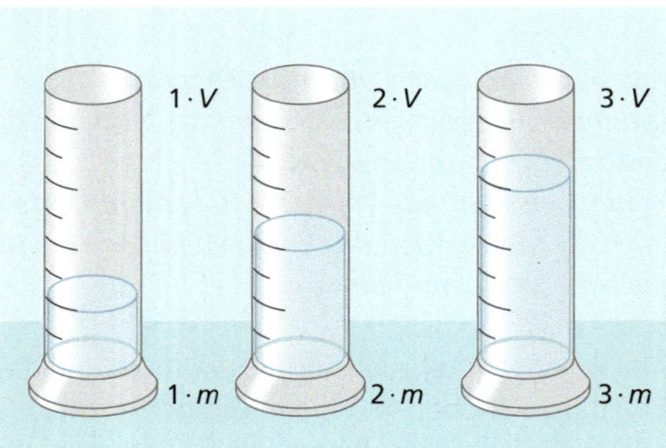

1 Zwischen Masse und Volumen von Körpern aus demselben Stoff besteht direkte Proportionalität.

2 Diese Körper aus verschiedenen Stoffen haben dieselbe Masse. Ihr Volumen ist aber unterschiedlich.

Körper mit gleichem Volumen aus verschiedenen Stoffen haben eine unterschiedliche Masse:

$1\,cm^3$ Wasser	$1\,cm^3$ Holz	$1\,cm^3$ Stahl	$1\,cm^3$ Styropor	$1\,cm^3$ Luft

1,0 g	0,70 g	7,8 g	0,03 g	0,001 29 g
$\varrho = 1{,}0\,\frac{g}{cm^3}$	$\varrho = 0{,}70\,\frac{g}{cm^3}$	$\varrho = 7{,}8\,\frac{g}{cm^3}$	$\varrho = 0{,}03\,\frac{g}{cm^3}$	$\varrho = 0{,}001\,29\,\frac{g}{cm^3}$

Körper mit gleicher Masse aus unterschiedlichen Stoffen haben ein unterschiedliches Volumen:

1 g Wasser	1 g Holz	1 g Stahl	1 g Styropor	1 g Luft

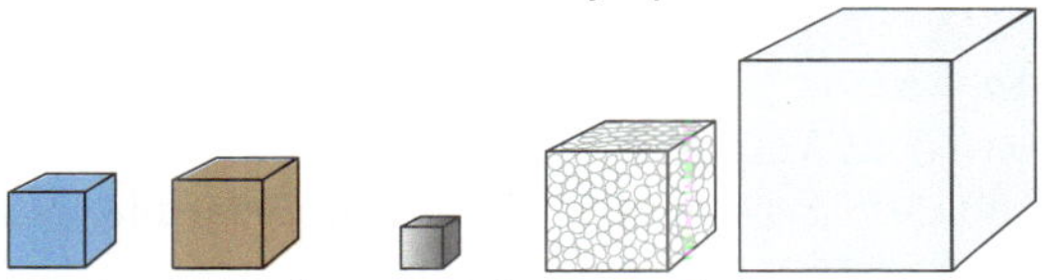

$1\,cm^3$	$1{,}4\,cm^3$	$0{,}13\,cm^3$	$33{,}3\,cm^3$	$775\,cm^3$

Selbst erforscht

Dichte verschiedener Stoffe

1. Bestimme experimentell die Dichte eines Apfels, einer Kartoffel und von Salz. Orientiere dich dabei an den Hinweisen auf S. 83. Fertige ein Protokoll an.

2. Auf eine Waage werden zwei Luftballons gelegt und die Waage wird so eingestellt, dass sie sich im Gleichgewicht befindet. Dann wird ein Luftballon zerstochen.

Was passiert? Beschreibe und erkläre. Könnte man mit einer solchen Anordnung die Dichte von Luft bestimmen?

Interessantes aus der Technik

Das Aräometer – ein Dichtemesser

Die Dichte von Flüssigkeiten kann man direkt mit einem **Aräometer** messen. Es wird auch als **Senkwaage** bezeichnet. Abb. 1 zeigt verschiedene Bauformen. Das Prinzip der Messung beruht darauf, dass ein fester Körper bekannter Masse in einer Flüssigkeit schwimmt. Wie tief er dabei eintaucht, ist ein Maß für die Dichte der Flüssigkeit.

Im einfachsten Fall besteht ein Aräometer aus einem beidseitig verschlossenen Glasrohr, in das zuvor etwas Bleischrot gefüllt wurde (Abb. 1a). Dadurch wird erreicht, dass es gut in der Flüssigkeit „steht". An einer Skala kann man die Dichte der Flüssigkeit ablesen. Sinkt das Glasrohr tief in die Flüssigkeit ein, so hat sie eine kleine Dichte. Geringere Eintauchtiefe in einer anderen Flüssigkeit bedeutet größere Dichte.

Für genaue Messungen werden Aräometer mit verschiedenen Messbereichen verwendet.

Bei ätzenden Flüssigkeiten, z. B. Säuren, verwendet man eine etwas andere Bauform (Abb. 1b). Die zu untersuchende Flüssigkeit wird zunächst mit einem Gummiball angesaugt. In dieser Flüssigkeit schwimmt dann das Aräometer. Seine Eintauchtiefe ist auch hier ein Maß für die Dichte der Flüssigkeit. Solche Aräometer werden z. B. zur Prüfung der Flüssigkeit in Autobatterien verwendet.

a) Bauform 1

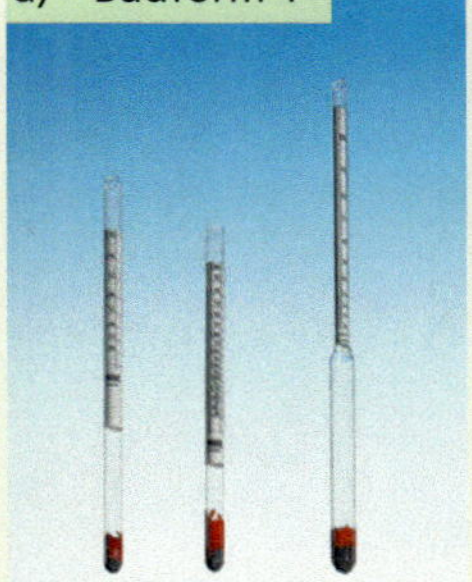

b) Bauform 2

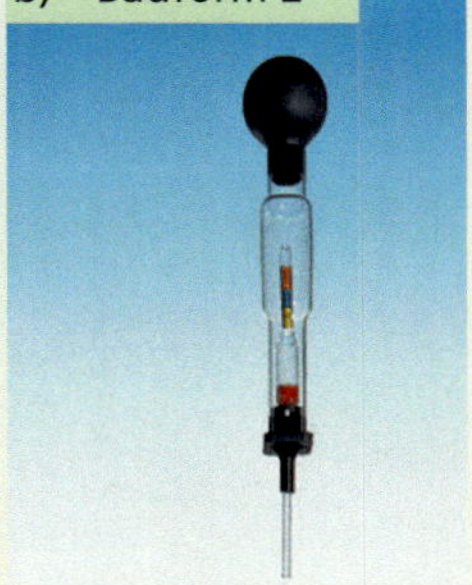

1 Verschiedene Aräometer

Physik im Alltag

Auch Luft ist schwer

Jedem von uns ist bekannt: Solche Körper wie ein Apfel, ein Auto, eine Limonadenflasche, ein Fahrrad oder eine Tüte Zucker sind schwer und haben eine Masse. Das gilt ebenso für eine Fliege oder eine Mücke, auch wenn deren Massen sehr klein sind.
Hat aber auch die uns umgebende Luft eine Masse? Wie groß ist ihre Dichte?

Tatsächlich haben alle Körper, also auch gasförmige Körper, eine Masse. Um die Masse von Luft zu bestimmen, könnte man folgendermaßen vorgehen: Es wird ein Gefäß ausgewählt, dessen Volumen bekannt ist oder leicht bestimmt werden kann. Dieses Gefäß muss so gebaut sein, dass es luftdicht verschlossen werden kann. Nun wird die Masse des Gefäßes mit Luft mit einer Waage gemessen (Abb. 1). Anschließend wird mithilfe einer Pumpe die Luft aus dem Gefäß herausgepumpt und die Masse des Gefäßes ohne Luft mit einer Waage gemessen. Das Gefäß ohne Luft ist etwas leichter. Die Masse der Luft erhält man dann als Differenz aus den beiden Messungen. Genaue Messungen haben ergeben, dass ein Liter Luft bei 0 °C und normalem Luftdruck eine Masse von 1,29 g hat.
Damit kann man die Dichte berechnen:

$$\varrho = \frac{1{,}29\ \text{g}}{1\ \text{l}} = \frac{1{,}29\ \text{g}}{1\,000\ \text{cm}^3} = 0{,}001\,29\ \frac{\text{g}}{\text{cm}^3}$$

1 Wägung von Luft mithilfe einer Waage

Aus dem Alltag eines Bauleiters

Eine Baufirma benötigt für eine Deckenkonstruktion 25 Stahlträger, die aus einem 170 km entfernten Betrieb zu holen sind. Der Bauleiter kennt die Abmessungen und damit das Volumen eines Trägers. Es sind $0{,}03\ \text{m}^3$. Außerdem weiß er, dass der firmeneigene Lkw höchstens mit einer Masse von 5,0 t beladen werden darf.
Wie oft muss der Lkw fahren, um die 25 Stahlträger zu transportieren? Gibt es eine günstigere Variante für den Transport?

Analyse:
Aus dem Vergleich der Masse aller Stahlträger und der Masse von 5,0 t (höchste Belastung des Lkw) ergibt sich, wie oft der Lkw fahren muss. Dazu ist zunächst die Masse eines einzelnen Stahlträgers zu ermitteln. Daraus ergibt sich dann die Gesamtmasse der 25 Stahlträger.

Gesucht: m_{Stahl} aller Träger
Gegeben: $V_{\text{Stahl}} = 0{,}03\ \text{m}^3$
$m_{\max} = 5{,}0\ \text{t} = 5\,000\ \text{kg}$
$\varrho_{\text{Stahl}} = 7{,}8\ \frac{\text{g}}{\text{cm}^3} = 7\,800\ \frac{\text{kg}}{\text{m}^3}$

Lösung:
Die Masse von $0{,}03\ \text{m}^3$ Stahl ergibt sich aus der Dichte von Stahl. $\varrho_{\text{Stahl}} = 7\,800\ \frac{\text{kg}}{\text{m}^3}$ bedeutet:
$1\ \text{m}^3$ Stahl hat eine Masse von 7 800 kg.
Damit haben $0{,}03\ \text{m}^3$ eine Masse von:

$$m = 7\,800 \cdot 0{,}03\ \text{kg}$$
$$m = 234\ \text{kg}$$

25 Stahlträger haben dann eine Masse von:

$$m_{\text{Stahl}} = 234 \cdot 25\ \text{kg}$$
$$m_{\text{Stahl}} = 5\,850\ \text{kg}$$

Ergebnis:
Der Lkw muss zweimal fahren, weil die Masse von 25 Stahlträgern mit 5 850 kg = 5,85 t größer als seine zulässige Beladung ist. Damit müsste der Lkw einmal voll beladen und einmal fast leer fahren. Effektiver wäre es, einen Lkw mit größerer Tragfähigkeit zu schicken, der die Stahlträger mit einer Fahrt transportieren kann.

Gewusst · Gekonnt

1. **Woraus besteht Luft?**
Erkunde, welches die Hauptbestandteile der Luft sind. Fertige eine Tabelle an.

2. **Natur- und Kunststoffe**
Nach ihrer Entstehung kann man zwischen Naturstoffen und Kunststoffen unterscheiden. Gib für jede Art der Stoffe mindestens drei Beispiele an.

3. **Verschiedene Aggregatzustände**
Stoffe können nach dem Aggregatzustand eingeteilt werden. Nenne je drei Beispiele für feste Stoffe, Flüssigkeiten und Gase.

4. **Zwei Flüssigkeiten**
In einem Gefäß wurden Sirup und Wasser übereinandergeschichtet (Abb. a).
Abb. b zeigt das Ergebnis nach 12 Stunden.
Was ist passiert?
Probiere es selbst aus.
Erkläre.

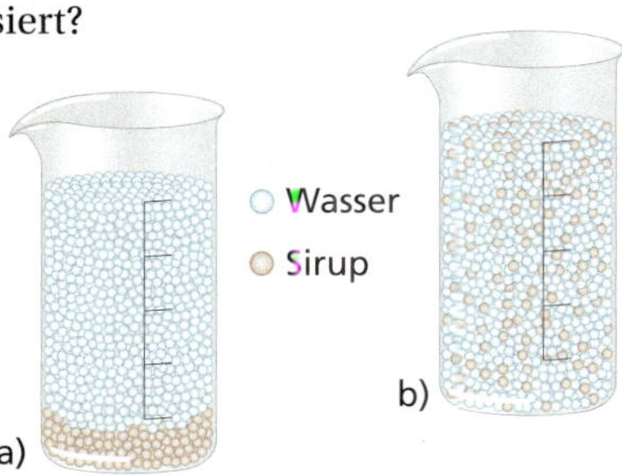

5. **Teilchen und Volumen**
Erkläre mithilfe der Teilchenvorstellung, warum feste Körper und Flüssigkeiten ein bestimmtes Volumen haben. Was ist bei Gasen in dieser Hinsicht anders?

6. **Teilchen und Form**
Erkläre, weshalb feste Körper eine bestimmte Form besitzen, Flüssigkeiten aber immer die Form des Gefäßes annehmen, in das sie gegossen werden.

7. **Teilchen im Raum**
Wie lässt sich mit dem Teilchenmodell die Ausbreitung von Parfümduft in der Umgebung erklären?

8. **Gute Haftung**
Erkläre, warum Kreide an der Wandtafel haftet.

9. **Geschicktes Ausgießen**
Wenn man Wasser aus einer Tasse sehr vorsichtig ausgießt, läuft es meist an der Tasse herunter. Das passiert aber nicht, wenn man das Wasser zügig ausgießt. Erkläre.

10. **Ein gekrümmter Rand**
Wie kannst du erklären, dass sich in einem Messzylinder der Wasserspiegel an den Wänden nach oben hin „anschmiegt“?

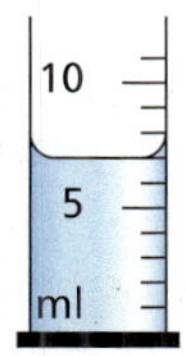

11. **Überall Tropfen**
Wenn es geregnet hat, kann man auf Blättern, Scheiben oder Autos Wassertropfen beobachten. Warum bildet sich keine gleichmäßige Wasserschicht, sondern Tropfen?

Gewusst · Gekonnt

12. Verschiedene Volumen
Gib an, welches Volumen in Litern, Millilitern und Kubikzentimetern die Flüssigkeit in der jeweiligen Verpackung (↗ Abb.) hat.

13. Unterschiedliche Massen
Auf Verpackungen findest du folgende Angaben:

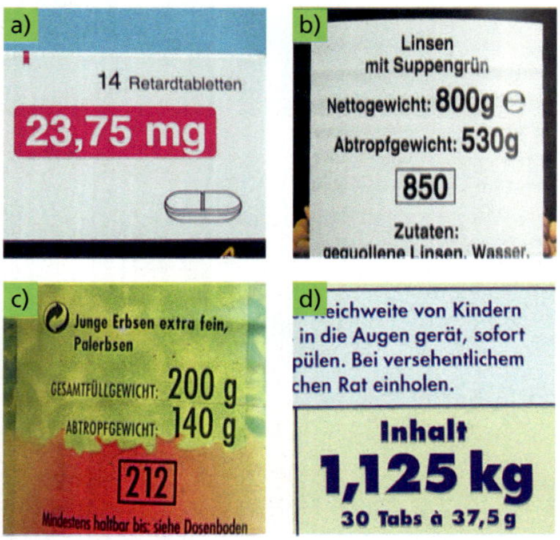

a) Gib die Masse jeweils in mg, g und kg an.
b) Ordne die Körper nach ihrer Masse.

14. Messverfahren für leichte Büroklammer
Plane ein Experiment, mit dem du die Masse einer Büroklammer sehr genau ermitteln kannst. Als Messgerät steht dir eine Haushaltswaage zur Verfügung.

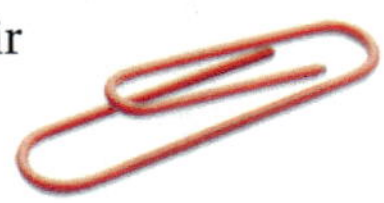

a) Beschreibe dein Vorgehen.
b) Führe die Messung durch und formuliere ein Ergebnis. Vergleicht eure Ergebnisse. Wie sind Unterschiede zu erklären?

15. Dichte einer Flüssigkeit
Mit Messbecher und Waage soll die Dichte einer Flüssigkeit bestimmt werden.
a) Beschreibe, wie du dabei vorgehen würdest.
b) Bestimme die Dichte von Salzwasser und von Essig.

16. Untersuchung der Dichte
Kartoffeln enthalten neben Stärke viel Wasser. Deshalb müsste ihre Dichte mit der von Wasser vergleichbar sein. Stimmt das?
Führe einen Versuch durch, um die Dichte einer Kartoffel zu bestimmen. Vergleiche mit der Dichte von Wasser.

17. Eine realistische Geschichte?
Im Märchen bekommt Hans im Glück einen Goldklumpen so groß wie sein Kopf geschenkt. Angenommen, der Klumpen hätte ein Volumen von $4\,000\ \text{cm}^3$. Könnte Hans diesen Goldklumpen überhaupt forttragen?

18. Flüssigkeiten im Vergleich
Wie groß ist die Masse der Flüssigkeit im jeweiligen Messzylinder?

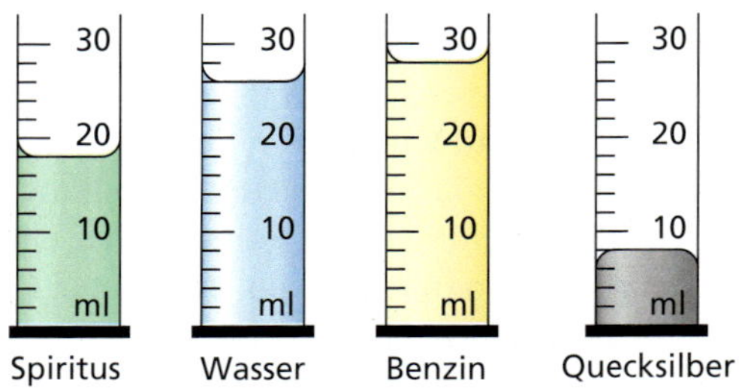

19. Die Masse von Luft
Bestimmt die Masse der Luft in eurem Klassenraum. $1\ \text{m}^3$ hat eine Masse von 1,29 kg.

20. Schätze und berechne
Ein Ziegelstein hat folgende Maße:
$a = 25$ cm, $b = 11$ cm, $c = 8$ cm.
Er ist 3,5 kg schwer. Wie groß ist die Dichte des Materials?

Körper und Stoffe

■ Alle uns umgebenden Körper bestehen aus einem oder mehreren Stoffen. Dabei gilt:

> Jeder Stoff hat eine für ihn typische Kombination von Eigenschaften.

■ Solche Eigenschaften von Stoffen sind die **Farbe**, der **Geruch**, die **Dichte**, die **Härte**, die **Leitfähigkeit für Wärme**, die **elektrische Leitfähigkeit**, der **Aggregatzustand** bei Zimmertemperatur, die **Siedetemperatur** oder die **Schmelztemperatur**.

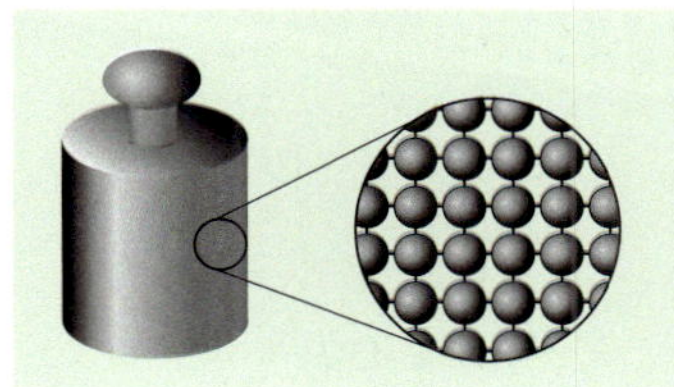

■ Der Aufbau von Stoffen kann mit dem **Teilchenmodell** beschrieben werden.

1. Alle Stoffe bestehen aus Teilchen.
2. Die Teilchen befinden sich in ständiger Bewegung.
3. Zwischen den Teilchen wirken Kräfte.

■ Jeder Körper nimmt ein bestimmtes **Volumen** ein und hat eine bestimmte **Masse**.

Das Volumen *V*	**Die Masse *m***
eines Körpers gibt an, welchen Raum er einnimmt. Es wird meist in Kubikzentimeter (cm^3) oder in Liter (l) gemessen.	eines Körpers gibt an, wie schwer der Körper ist. Sie wird meist in Gramm (g) oder Kilogramm (kg) gemessen.
Das **Volumen** kann durch Berechnung oder Messung mit einem **Messzylinder** bestimmt werden.	Die **Masse** kann durch Wägung mit einer **Waage** bestimmt werden.
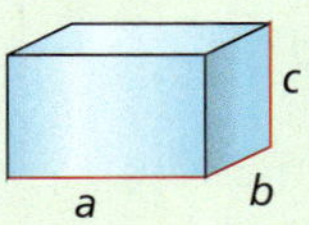 $V = a \cdot b \cdot c$ 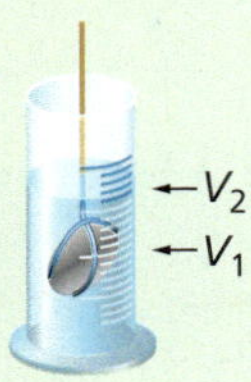 $V = V_2 - V_1$ 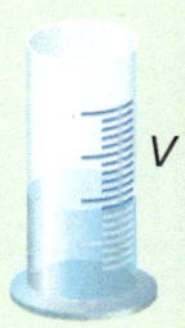 *V* direkt ablesbar	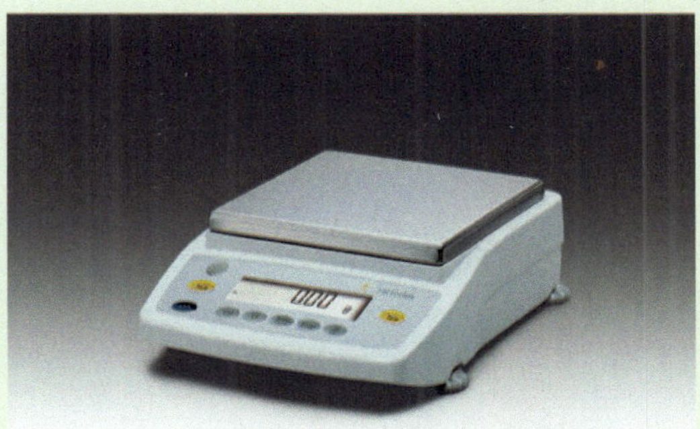

■ Jeder Stoff hat eine bestimmte **Dichte**. Die Dichte ist eine stoffspezifische Größe.

$$\text{Dichte} = \frac{\text{Masse}}{\text{Volumen}} \qquad \varrho = \frac{m}{V} \qquad \varrho_{\text{Wasser}} = 1{,}0\ \frac{\text{g}}{\text{cm}^3}$$

2.2 Bewegung von Körpern

1 Verschiedene Geschwindigkeiten

Vom Tachometer eines Pkw wird immer die momentane Geschwindigkeit angezeigt. Für die Fahrtzeit von einem Ort A zu einem Ort B ist aber die durchschnittliche Geschwindigkeit entscheidend. Wie kann man die Durchschnittsgeschwindigkeit eines Pkw, eines Radfahrers oder eines Fußgängers bestimmen?

2 Ruhe oder Bewegung

Auf einem Rollband oder einer Rolltreppe stehen Personen. Sind diese Personen in Bewegung oder in Ruhe? Was versteht man in der Physik unter Ruhe bzw. Bewegung?

3 Wer ist am schnellsten?

Veranstaltet einen Wettbewerb. Wer benötigt mit dem Rad die kürzeste Zeit, um 50 m zurückzulegen? Wer läuft diese Strecke am schnellsten?
Welche Strecke legen verschiedene Schüler in 30 s zurück, wenn sie normal gehen? Erfasst die Messwerte. Vergleicht sie miteinander.

Bewegung und Ruhe

Bewegung und Ruhe sind Alltagsbegriffe. Physiker haben sie aber eindeutig festgelegt.
In der Physik ist die Bewegung eines Körpers seine Ortsveränderung gegenüber einem anderen Körper, dem **Bezugskörper.**

Ein Körper befindet sich in Bewegung, wenn er seinen Ort gegenüber einem Bezugskörper verändert.
Ein Körper ist in Ruhe, wenn er seinen Ort gegenüber einem Bezugskörper nicht verändert.

Häufig wird als Bezugskörper die Erdoberfläche genommen. Es kann aber auch ein beliebiger anderer Bezugskörper gewählt werden, z. B. ein Auto oder ein Zug. Der gewählte Bezugskörper muss dann angegeben werden.
Sitzt man z. B. in einem fahrenden Zug, so ist man sowohl in Bewegung als auch in Ruhe (Abb. 1). Gegenüber dem Zug ist man in Ruhe, denn man ändert seinen Ort gegenüber dem Zug nicht. Gleichzeitig fährt aber der Zug auf den Gleisen entlang und zusammen mit ihm bewegt man sich. Gegenüber stehenden Personen auf dem Bahnsteig sind Zug und Personen in ihm in Bewegung.
Körper wie Fußgänger, Autos oder Flugzeuge bewegen sich unterschiedlich. Dabei gilt aber immer: Zu einem bestimmten Zeitpunkt befindet sich ein Körper an einem bestimmten Ort.

1 Die Personen sind je nach Wahl des Bezugskörpers in Ruhe oder in Bewegung.

2 Die Fahrer müssen die Abmessungen ihrer Fahrzeuge beachten, damit es nicht zu Unfällen kommt.

Die Bewegung eines Körpers von einem Ort zu einem anderen erfolgt längs einer bestimmten Bahn. Für eine solche Bewegung braucht der Körper eine gewisse Zeit und legt dabei einen bestimmten Weg zurück.

Der Weg *s*, den ein Körper zurücklegt, ist die Länge der Bahn zwischen zwei Orten. Die Zeit *t* gibt an, die lange sich der Körper bewegt.

Der Weg wird in Metern, Kilometern oder Zentimetern gemessen. Einheiten für die Zeit sind Sekunden, Minuten oder Stunden.

Bei vielen Bewegungen sind Form und Volumen des bewegten Körpers wichtig (Abb. 2). Will man in der Physik nur die Bewegung eines Körpers beschreiben, so kann man meist von Form und Volumen des Körpers absehen und annehmen, dass er sich wie ein Punkt bewegt.

Gewusst · Gekonnt

Ein Schüler steht an einer Bushaltestelle. Diskutiert, ob sich der Schüler in Ruhe befindet oder ob er sich bewegt. Wählt verschiedene Bezugskörper.

Bewegungsarten und Bahnformen

Analysiert man die Bewegung von Körpern, dann stellt man eine große Vielfalt fest. Wir betrachten nachfolgend nur solche Bewegungen, bei denen sich ein Körper längs einer Bahn bewegt (Abb. 1).

In der Physik ist es üblich, zwischen **Bewegungsart** und **Bahnform** zu unterscheiden.
Die **Bewegungsart** gibt an, wie sich ein Körper längs einer bestimmten Bahn bewegt. Bewegt er sich immer mit der gleichen Geschwindigkeit, so bezeichnet man seine Bewegung als **gleichförmig.** Vergrößert oder verkleinert sich seine Geschwindigkeit, wird die Bewegung als **ungleichförmig** bezeichnet.

Die Bahn, auf der sich ein Körper bewegt, kann eine unterschiedliche Form haben. Wichtige **Bahnformen** sind eine Gerade (geradlinige Bewegung) und ein Kreis (Kreisbewegung) oder Teile davon. Eine Übersicht über Bahnformen ist unten gegeben.

1 Der Kondensstreifen zeigt kurzzeitig die Bahn des Flugzeugs an.

Gewusst · Gekonnt

1. Gibt es auch Körper, die sich bewegen, aber nicht längs einer Bahn? Erläutere Beispiele.

2. Beschreibe die Bewegung eines fallenden Steins, der Gondel eines Kettenkarussells und der Erde um die Sonne. Gibt jeweils Bewegungsart und Bahnform an.

Bahnformen bei Bewegungen

Geradlinige Bewegung	Kreisbewegung	Schwingung

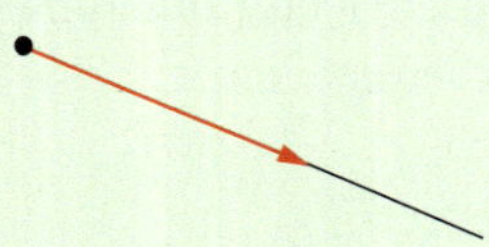	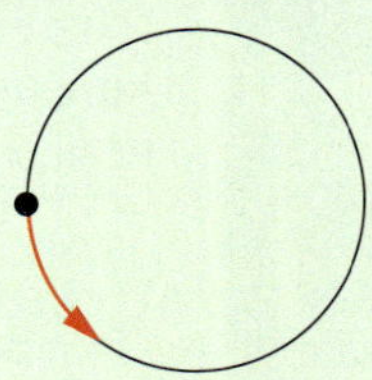	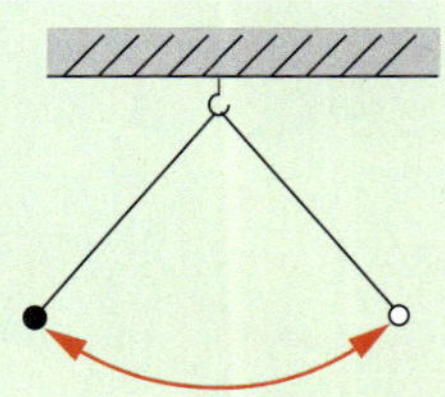
Der Zug bewegt sich auf gerader Strecke immer in der gleichen Richtung. Er führt eine **geradlinige Bewegung** aus.	Die Gondeln des Riesenrads bewegen sich auf einer Kreisbahn. Die Kreisbewegung ist eine spezielle **krummlinige Bewegung.**	Die Mädchen bewegen sich ständig zwischen zwei Punkten hin und her. Sie führen eine **Schwingung** aus.

Geschwindigkeit und gleichförmige Bewegungen

Personen, Fahrzeuge oder andere Körper können sich unterschiedlich schnell bewegen.
Paul kann eine 100-m-Strecke in 180 Sekunden schwimmen. Matthias braucht für dieselbe Strecke dagegen 220 Sekunden (Abb. 1). Paul ist schneller, da er eine bestimmte Strecke in einer kürzeren Zeit zurücklegt.
Ein Pkw legt in einer Minute eine Strecke von 800 m zurück. Ein Radfahrer schafft in derselben Zeit 250 m. Der Pkw ist schneller, da er in einer bestimmten Zeit eine größere Strecke zurücklegt (Abb. 2). Wie schnell oder wie langsam sich ein Körper bewegt, wird durch die physikalische Größe **Geschwindigkeit** beschrieben.

Die Geschwindigkeit gibt an, welcher Weg von einem Körper in jeder Sekunde bzw. in jeder Stunde zurückgelegt wird.

Formelzeichen: v

Einheiten: ein Meter je Sekunde $\left(1\,\frac{m}{s}\right)$
ein Kilometer je Stunde $\left(1\,\frac{km}{h}\right)$

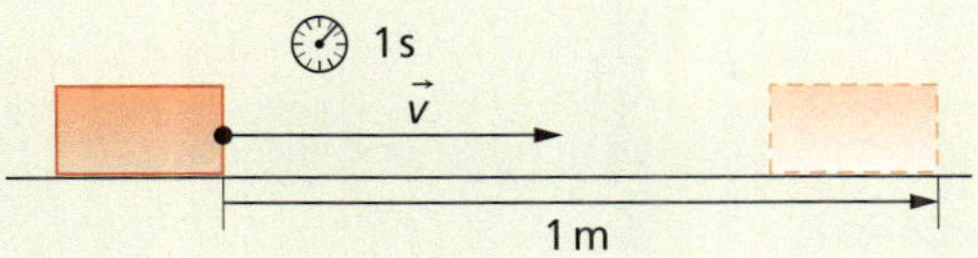

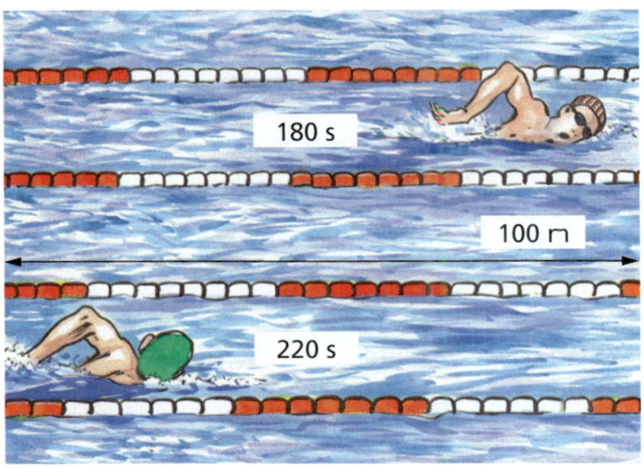

1 Die Schwimmer legen den gleichen Weg in unterschiedlichen Zeiten zurück.

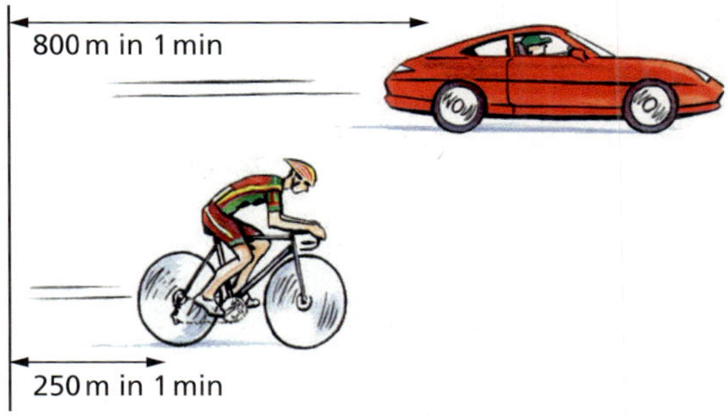

2 Gleiche Zeiten – unterschiedliche Wege

Ein Körper hat eine Geschwindigkeit von $1\,\frac{m}{s}$, wenn er in einer Sekunde einen Weg von einem Meter zurücklegt. Für die Einheiten gilt:

$$1\,\frac{m}{s} = 3{,}6\,\frac{km}{h}$$

$$1\,\frac{km}{h} = \frac{1\,000\text{ m}}{3\,600\text{ s}} = 0{,}28\,\frac{m}{s}$$

Die Geschwindigkeit besitzt nicht nur einen Betrag, sondern auch eine Richtung. Sie ist wie die Kraft eine gerichtete (vektorielle) Größe und wird in Zeichnungen mit einem Pfeil dargestellt:

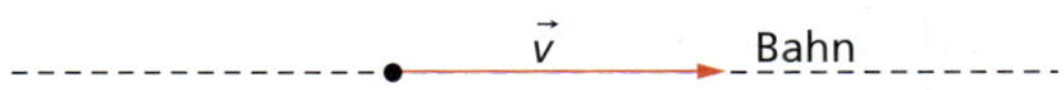

Bei Bewegungen längs einer Geraden kann man die Richtung durch das Vorzeichen der Geschwindigkeit kenntlich machen.

Bewegungen, bei denen der Betrag der Geschwindigkeit immer gleich bleibt, nennt man gleichförmige Bewegungen.

Gewusst · Gekonnt

1. Stelle in einer Übersicht Beispiele für gleichförmige Bewegungen aus Natur, Technik und Alltag zusammen.
2. Die Höchstgeschwindigkeit in Ortschaften beträgt meist $50\,\frac{km}{h}$. Gib die Geschwindigkeit in $\frac{m}{s}$ an.
3. Erkunde: Welche Geschwindigkeit erreicht das schnellste Tier?

Messen und Berechnen der Geschwindigkeit von Körpern

Die Geschwindigkeit eines Körpers kann mit einem **Tachometer** gemessen werden (Abb. 1). Der Tachometer zeigt die momentane (augenblickliche) Geschwindigkeit an. Das gilt auch für einen Fahrradcomputer.
Man kann die Geschwindigkeit eines Körpers ebenfalls ermitteln, wenn man weiß, welcher Weg in einer bestimmten Zeit zurückgelegt wird. Der Quotient aus dem zurückgelegten Weg s und der dafür benötigten Zeit t ergibt die Geschwindigkeit v.

Die Geschwindigkeit eines Körpers bei einer gleichförmigen Bewegung kann berechnet werden mit der Gleichung:

$v = \frac{s}{t}$ | **s zurückgelegter Weg**
t benötigte Zeit

Bei einer gleichförmigen Bewegung ist die Geschwindigkeit für jeden Ort und für jeden Zeitpunkt der Bewegung gleich. Sie entspricht der Momentangeschwindigkeit des Körpers.

Ein Auto, ein Radfahrer oder ein Sprinter bewegen sich aber nicht immer mit der gleichen Geschwindigkeit. Ein Auto wird beim Anfahren schneller, beim Bremsen langsamer. Es bewegt sich also ungleichförmig. Auch in solchen Fällen kann man die Gleichung $v = \frac{s}{t}$ zur Berechnung der Geschwindigkeit nutzen. Aus dem insgesamt zurückgelegten Weg s und der dafür benötigten Zeit t erhält man dann die **Durchschnittsgeschwindigkeit**.

Bewegt sich ein Körper ungleichförmig, so kann man mit der Gleichung $v = \frac{s}{t}$ seine Durchschnittsgeschwindigkeit berechnen.

Legt z. B. ein Auto eine Strecke von 150 km in $1\frac{1}{2}$ Stunden zurück, so beträgt seine Durchschnittsgeschwindigkeit:

$$v = \frac{150\ \text{km}}{1{,}5\ \text{h}} = 100\ \frac{\text{km}}{\text{h}}$$

1 Mit dem Tachometer eines Pkw wird die Momentangeschwindigkeit gemessen.

Gewusst · Gekonnt

1. Ein Sprinter braucht für die 100-m-Strecke eine Zeit von 9,80 Sekunden. Berechne seine Durchschnittsgeschwindigkeit in $\frac{\text{m}}{\text{s}}$ und in $\frac{\text{km}}{\text{h}}$.

2. Erläutere am Beispiel eines Radfahrers den Unterschied zwischen der Momentangeschwindigkeit und der Durchschnittsgeschwindigkeit.

3. Erkunde weitere Geschwindigkeiten aus Natur und Technik. Fertige eine Übersicht an.

Geschwindigkeiten in Natur und Technik		
Schnecke	0,01 $\frac{\text{m}}{\text{s}}$	0,04 $\frac{\text{km}}{\text{h}}$
Fußgänger	1,4 $\frac{\text{m}}{\text{s}}$	5 $\frac{\text{km}}{\text{h}}$
Radfahrer	4,2 $\frac{\text{m}}{\text{s}}$	15 $\frac{\text{km}}{\text{h}}$
Rennpferd	25 $\frac{\text{m}}{\text{s}}$	90 $\frac{\text{km}}{\text{h}}$
Auto	36 $\frac{\text{m}}{\text{s}}$	130 $\frac{\text{km}}{\text{h}}$
Intercity (IC)	44 $\frac{\text{m}}{\text{s}}$	160 $\frac{\text{km}}{\text{h}}$
Flugzeug	250 $\frac{\text{m}}{\text{s}}$	900 $\frac{\text{km}}{\text{h}}$
Schall in Luft	340 $\frac{\text{m}}{\text{s}}$	1 224 $\frac{\text{km}}{\text{h}}$
Mond um Erde	1 000 $\frac{\text{m}}{\text{s}}$	3 600 $\frac{\text{km}}{\text{h}}$
Erde um Sonne	29 800 $\frac{\text{m}}{\text{s}}$	107 300 $\frac{\text{km}}{\text{h}}$
Licht	300 Mio. $\frac{\text{m}}{\text{s}}$	1 080 Mio. $\frac{\text{km}}{\text{h}}$

Zeichnen und Interpretieren eines Diagramms

Wenn man experimentell die Geschwindigkeit eines Körpers bestimmen will, misst man Wege und Zeiten. Für einen Radfahrer werden folgende Werte ermittelt:

Weg *s* in m	0	20	40	60	80	100
Zeit *t* in s	0	5	10	15	20	25

Diese Werte kann man rechnerisch auswerten. Der Zusammenhang zwischen dem Weg s und der Zeit t lässt sich aber auch in einem Diagramm darstellen. Der Weg wird auf der vertikalen Achse und die Zeit auf der horizontalen Achse abgetragen (Abb. 1). An jeder Achse wird die Größe mit der Einheit angegeben. Die Achseneinteilung hängt von den Messwerten ab. Jedes Messwertepaar erscheint als ein Punkt im Diagramm. So gehört z. B. zum Weg 60 m die Zeit 15 s (Abb. 1). Entsprechend werden alle Messwertepaare als Punkte eingetragen.

Verbindet man die Punkte miteinander, so erhält man eine Gerade, die durch den Koordinatenursprung verläuft. Diese Gerade wird als **Graph** bezeichnet. Das Diagramm nennt man ***s*(*t*)-Diagramm**.
In analoger Weise kann man auch den Zusammenhang zwischen der Geschwindigkeit und der Zeit darstellen (Abb. 2).

Ist z. B. ein *s*(*t*)-Diagramm gegeben, so lässt sich daraus der Zusammenhang zwischen Weg und Zeit erkennen. Beim **Interpretieren eines Diagramms** ist es zweckmäßig, in folgenden Schritten vorzugehen:

Schritt 1

Nennen der physikalischen Größen
Es sind die Größen zu nennen, die auf den Achsen abgetragen sind.
Im Diagramm ist der Zusammenhang zwischen dem Weg s und der Zeit t dargestellt.

Schritt 2

Beschreiben des Zusammenhangs zwischen den Größen
Es ist zu beschreiben, wie sich eine der beiden Größen in Abhängigkeit von der anderen Größe ändert.
Der Weg s nimmt mit der Zeit t gleichmäßig zu. Weg und Zeit sind proportional zueinander.
Es gilt: $s \sim t$.

Schritt 3

Nennen charakteristischer Werte
Es werden Wertepaare angegeben, die den Zusammenhang verdeutlichen.
Für einen Weg von 100 m benötigt der Radfahrer eine Zeit von 25 s.
In 10 s legt er 40 m zurück.

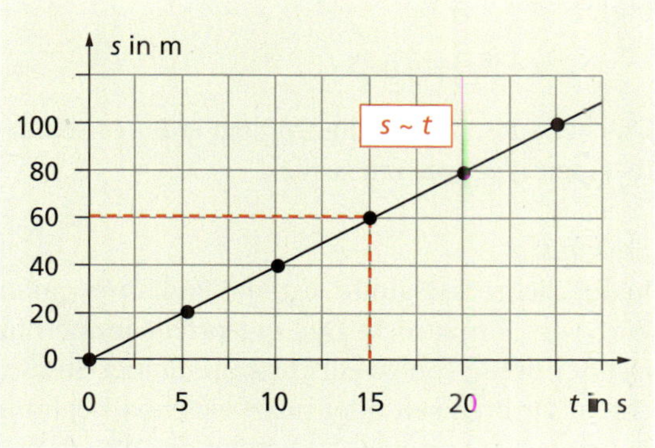

1 *s*(*t*)-Diagramm für eine gleichförmige Bewegung

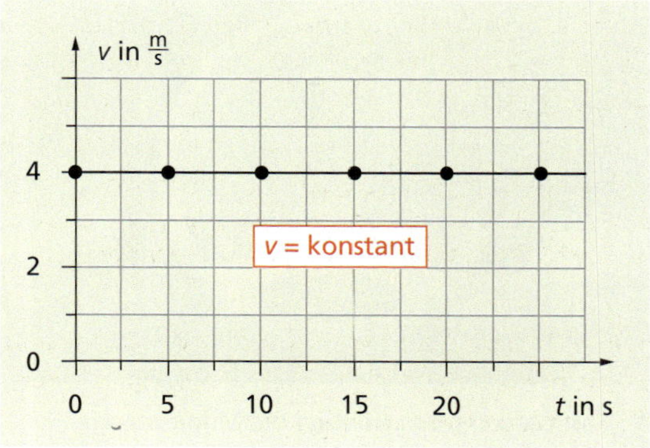

2 *v*(*t*)-Diagramm für eine gleichförmige Bewegung

Physik im Alltag

Wie genau ist ein Tachometer?

Fabian möchte die Genauigkeit der Geschwindigkeitsanzeige seines Fahrradcomputers überprüfen. Dabei geht er so vor: Zwei Freunde messen mit einer Stoppuhr die Zeit, die er mit dem Fahrrad für eine Strecke von 100 m benötigt. Das sind genau 18 s. Sein Tachometer zeigt auf der Messstrecke konstant 23 $\frac{\text{km}}{\text{h}}$ an.

Zeigt der Tachometer des Fahrradcomputers die tatsächliche Geschwindigkeit an?

Analyse:

Angenommen, der Radfahrer führt auf der Messstrecke eine gleichförmige Bewegung aus. Dann kann aus den Messwerten für Weg und Zeit die tatsächliche Geschwindigkeit berechnet und mit der Tachometeranzeige verglichen werden.

Gesucht: v_{Messung} in $\frac{\text{km}}{\text{h}}$

Gegeben: $s = 100\ \text{m}$

$t = 18\ \text{s}$

$v_{\text{Tacho}} = 23\ \frac{\text{km}}{\text{h}}$

Lösung:

Die Geschwindigkeit v_{Messung} kann wie folgt berechnet werden:

$$v_{\text{Messung}} = \frac{s}{t}$$

$$v_{\text{Messung}} = \frac{100\ \text{m}}{18\ \text{s}} = 5{,}6\ \frac{\text{m}}{\text{s}} = 20\ \frac{\text{km}}{\text{h}}$$

$$\underline{v_{\text{Messung}} \neq v_{\text{Tacho}}}$$

1 Fahrradcomputer können die Momentangeschwindigkeit, aber auch den zurückgelegten Weg und die Fahrzeit anzeigen.

Ergebnis:

Der Tachometer des Fahrradcomputers geht nicht genau. Er zeigt eine größere Geschwindigkeit an, als das Fahrrad in Wirklichkeit fährt. Die Abweichung beträgt mehr als 10 %.

Der Fahrradcomputer muss neu programmiert werden. Aber auch dann hat der Tachometer – wie jedes Messinstrument – noch einen bestimmten Messfehler.

O Schreck – die „Schrecksekunde"

Beim Fahren im Straßenverkehr ist unbedingt zu beachten, dass auch ein Radfahrer eine „Schrecksekunde" hat, bevor er bei Gefahr reagieren kann.

Welchen Weg legt ein Radfahrer in der „Schrecksekunde" zurück, wenn er mit einer Geschwindigkeit von 18 $\frac{km}{h}$ fährt?

Analyse:

Zur Lösung der Aufgabe nehmen wir an, dass sich der Radfahrer eine Sekunde lang mit der konstanten Geschwindigkeit von 18 $\frac{\text{km}}{\text{h}}$ bewegt.

Erst dann würde er reagieren, also z. B. mit dem Bremsen oder Ausweichen beginnen.

Gesucht: s

Gegeben: $t = 1{,}0\ \text{s}$

$v = 18\ \frac{\text{km}}{\text{h}}$

Lösung:

Die Umrechnung der Geschwindigkeit in $\frac{\text{m}}{\text{s}}$ ergibt:

$$v = \frac{18\ \text{m}}{3{,}6\ \text{s}} = 5{,}0\ \frac{\text{m}}{\text{s}}$$

Das bedeutet: Der Radfahrer legt in einer Sekunde einen Weg von 5 m zurück.

Ergebnis:

In der „Schrecksekunde" legt der Radfahrer einen Weg von 5 m zurück. Das entspricht immerhin fast der Breite von zwei Fahrspuren einer Straße, ehe er zu bremsen oder auszuweichen beginnt. Bei einem Auto mit 50 $\frac{\text{km}}{\text{h}}$ beträgt der Weg in der Sekunde bereits etwa 14 m.

Gewusst · Gekonnt

1. Alles relativ
In einem Braunkohletagebau wird der Abraum mithilfe von langen Förderbändern transportiert.

a) Befindet sich der Abraum auf dem Förderband in Ruhe oder in Bewegung oder trifft sogar beides zu? Begründe.
b) Beschreibe den Bewegungszustand der Person im Vordergrund. Begründe.

2. Laufrad hält Hamster fit
Hamster haben als Haustiere in ihrem Käfig meistens ein Laufrad.

Befinden sie sich beim Laufen im Laufrad in Ruhe oder in Bewegung? Begründe deine Meinung.

3. Alles nur geradlinig?
Welche Bahnformen haben die Bewegungen der rechts oben abgebildeten Körper?

a) b) c) d)

4. Gleichförmig oder ungleichförmig?
Welche Abschnitte der folgenden Bewegungen verlaufen gleichförmig?
a) Du fährst mit dem Aufzug vom Erdgeschoss in den 7. Stock eines Gebäudes.
b) Ein Flugzeug startet und fliegt dann ruhig über dem Meer.
c) Ein Fallschirmspringer springt aus dem Flugzeug und fällt dann frei.
d) Eine Betonplatte wird von einem Kran gehoben.

5. Im Vergleich
Susi benötigt zum Durchfahren einer Strecke mit dem Fahrrad die doppelte Zeit wie Lina. Vergleiche ihre Geschwindigkeiten. Begründe deine Antwort.

6. Schnellstes Auto gesucht
Nadine, Pia und Marvin haben für ihre ferngesteuerten Autos Wege und Zeiten gemessen. Ordne die Autos nach ihrer Geschwindigkeit.

Auto von	Nadine	Pia	Marvin
Weg s in m	4,4	10	12
Zeit t in s	2,2	3,5	4,0

Gewusst · Gekonnt

7. Immer langsam

In einem Warenhaus ist die Rolltreppe 12 m lang. Die Fahrt eines Kunden dauert 30 s.

a) Mit welcher Geschwindigkeit bewegt sich der Kunde auf der Rolltreppe?

b) Wie ändert sich seine Geschwindigkeit, wenn er sich zusätzlich in der gleichen (entgegengesetzten) Richtung wie die Rolltreppe bewegt? Begründe.

8. Steckbrief eines Fahrzeugs

Für ein Fahrzeug wurden folgende Messwerte aufgenommen:

Weg *s* in km	6	12	18	24	30	36
Zeit *t* in min	2	4	6	8	10	12

a) Zeichne das $s(t)$-Diagramm.

b) Ermittle die Wege für eine und für sieben Minuten.

c) Ermittle die Zeit für 33 km.

d) Wie bewegt sich dieses Fahrzeug? Berechne seine Geschwindigkeit.

e) Was für ein Fahrzeug könnte das sein? (Tipp: Geschwindigkeit in Kilometer je Stunde umrechnen)

9. Reaktionsschnelligkeit gefragt

Gute Fußballer können beim Abschuss dem Ball eine Geschwindigkeit von $90\,\frac{\text{km}}{\text{h}}$ verleihen.

Wie viel Zeit hat ein Torwart, um bei einem 11-m-Schuss auf den Abschuss zu reagieren?

10. Geschwindigkeiten in Natur und Technik

Erarbeitet eine Wandzeitung zum Thema „So schnell sind Tiere, Menschen und Raketen“. Bildet Gruppen und recherchiert die Höchstgeschwindigkeiten einiger Tiere beim Fliegen, beim Kriechen oder Laufen und beim Schwimmen. Geht auch auf Geschwindigkeiten des Menschen bei verschiedenen Sportarten ein. Vergleicht mit Geschwindigkeiten, die mit technischen Hilfsmitteln erreicht werden können und mit denen sich Himmelskörper bewegen.

11. Radfahrer relativ langsam unterwegs

Für einen Radfahrer wurde folgendes $s(t)$-Diagramm aufgenommen:

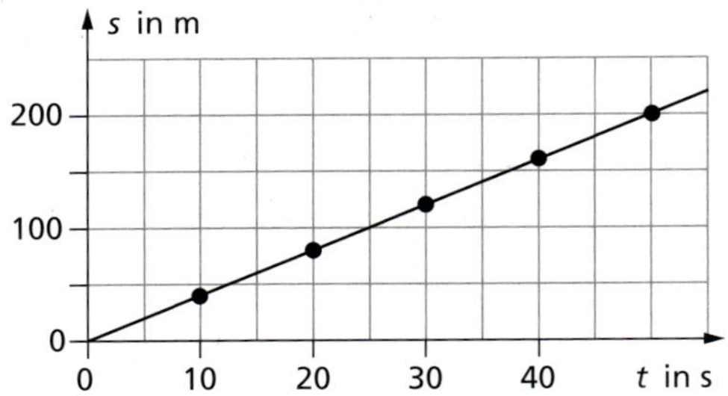

a) Welchen Weg hat er nach 25 s zurückgelegt?

b) Welche Zeit braucht er für 150 m?

c) Wie groß ist seine Geschwindigkeit?

12. Wie schnell ist der Zug?

Mit dem Zug beträgt die Entfernung zwischen Dresden Hbf. und Dresden-Neustadt 4,0 km. Von Dresden Hbf. bis Elsterwerda sind es 67 km. Nach Fahrplan fährt ein Intercity 6:11 Uhr in Dresden Hbf. ab und ist 6:18 Uhr in Dresden-Neustadt. Dort fährt er 6:20 Uhr weiter und erreicht 6:54 Uhr Elsterwerda.

a) Wie groß ist die Durchschnittsgeschwindigkeit des Zugs zwischen Dresden Hbf. und Dresden-Neustadt?

b) Berechne die durchschnittliche Geschwindigkeit des Zugs zwischen Dresden-Neustadt und Elsterwerda.

c) Erkunde: Welche Höchstgeschwindigkeit ist für die Bahnstrecke Dresden-Berlin geplant?

Bewegung von Körpern

Körper können sich unterschiedlich bewegen.

Ein Körper bewegt sich, wenn er seinen Ort gegenüber einem Bezugskörper ändert.

Ein Körper kann sich gleichförmig oder ungleichförmig bewegen.

Ein Körper kann sich auf unterschiedlichen Bahnen (geradlinig, krummlinig) bewegen.

■ Die Schnelligkeit der Bewegung von Körpern wird mit der physikalischen Größe **Geschwindigkeit** erfasst.

Bei einer **gleichförmigen Bewegung** ist die Geschwindigkeit immer gleich groß. Sie kann aus dem zurückgelegten Weg *s* und der dafür benötigten Zeit *t* berechnet werden.

$$\text{Geschwindigkeit} = \frac{\text{zurückgelegter Weg}}{\text{dafür benötigte Zeit}}$$

$$v = \frac{s}{t}$$

■ Die **Momentangeschwindigkeit** kann mit einem Tachometer gemessen werden.

Bei ungleichförmigen Bewegungen kann die **Durchschnittsgeschwindigkeit** aus dem insgesamt zurückgelegten Weg und der dafür benötigten Zeit berechnet werden.

Die Momentangeschwindigkeit kann größer oder kleiner als die Durchschnittsgeschwindigkeit sein.

Einheiten der Geschwindigkeit:

$$1\,\frac{\text{m}}{\text{s}} = 3{,}6\,\frac{\text{km}}{\text{h}}$$

$$1\,\frac{\text{km}}{\text{h}} = 0{,}28\,\frac{\text{m}}{\text{s}}$$

Für eine gleichförmige Bewegung ist der Graph im $s(t)$-Diagramm eine Gerade durch den Koordinatenursprung.

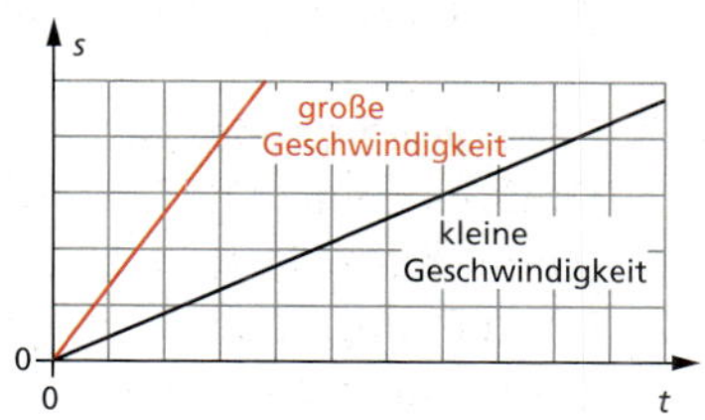

3 Temperatur und Zustand von Körpern

Ohne bestimmte Temperaturen kein Leben

Die Sonne ist unsere wichtigste Energiequelle. Sie spendet seit Milliarden von Jahren Licht und Wärme. Nur so konnte und kann sich Leben auf der Erde entwickeln. Wir Menschen haben uns an die Lebensbedingungen auf der Erde angepasst, Tiere und Pflanzen ebenfalls.
Wie hoch ist die mittlere Temperatur an der Erdoberfläche? Wie hoch ist sie auf dem Mond?

Verschiedene Aggregatzustände

Körper können fest, flüssig oder gasförmig sein. Bei Wasser weißt du: Es kommt als Eis, Wasser oder Wasserdampf vor.
In welchem Aggregatzustand sich ein Körper befindet, hängt vorrangig von der Temperatur ab.
Stelle eine Übersicht über Körper zusammen, die bei Zimmertemperatur fest, flüssig bzw. gasförmig sind.
Erkunde: Gibt es auch gasförmiges Eisen oder flüssige Luft?

3.1 Temperatur, Längen- und Volumenänderung

1 Aus dem Alltag

Sicher kennst du die Messgeräte. Was misst man damit und wo werden sie benutzt?

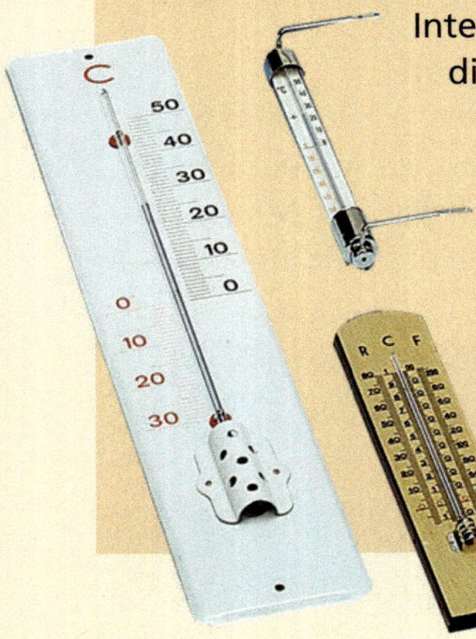

Interessantes über diese Messgeräte erfahrt ihr auf den Seiten 103–104 und 112–113.

2 Gefühlte Temperatur

Führe das abgebildete Experiment durch. Was stellst du fest?

3 Was unterschiedliche Temperaturen bewirken

Die Funktionsweise eines Flüssigkeitsthermometers beruht darauf, dass sich die Thermometerflüssigkeit bei Temperaturerhöhung ausdehnt. Das gilt auch für viele andere Stoffe.
Diese Erscheinung muss beim Bau von Rohrleitungen oder Brücken beachtet werden. Man kann die Ausdehnung von Stoffen aber auch nutzen. Suche Beispiele, bei denen die Längenänderung bei Temperaturänderung eine Rolle spielt.

Kühlschrankthermometer

Wärmeleitung

Sprinkler

Temperatur und ihre Messung

Unsere Haut hat Punkte, die empfindlich für Wärme und Kälte sind. Mit diesen Punkten können wir fühlen, ob z. B. Luft oder Wasser heiß, warm oder kalt sind. Unser Temperatursinn lässt sich aber leicht täuschen. Das kannst du beim Experimentieren mit unterschiedlich warmem Wasser feststellen (↗ S. 102): Mit der Hand, die zuvor in kaltes Wasser getaucht ist, empfindest du warmes Wasser wärmer als mit der Hand, die zuvor in heißes Wasser tauchte.

Auch andere Körper erscheinen uns wärmer, wenn wir zuvor etwas Kaltes angefasst haben.
In der Nähe von sehr heißen (Abb. 1) und sehr kalten Körpern (Abb. 3) reagiert unser Körper mit klaren Signalen, um uns vor schweren Verbrennungen oder Unterkühlungen zu warnen.
Unser Warm-Kalt-Empfinden ist gut auf unsere Bedürfnisse abgestimmt. Um aber genau zu sagen, wie warm oder kalt ein Körper ist, reicht das nicht aus. Deshalb nutzen wir die physikalische Größe **Temperatur.**
Für die Größe Temperatur gilt:

> **Die Temperatur gibt an, wie heiß oder wie kalt ein Körper ist.**
>
> **Formelzeichen:** ϑ **(griechischer Buchstabe, sprich: theta)**
> **Einheit:** **ein Grad Celsius (1 °C)**

1 Ein glühender Stahlblock leuchtet kirschrot. Das bedeutet: Er hat eine Temperatur von ca. 800 °C.

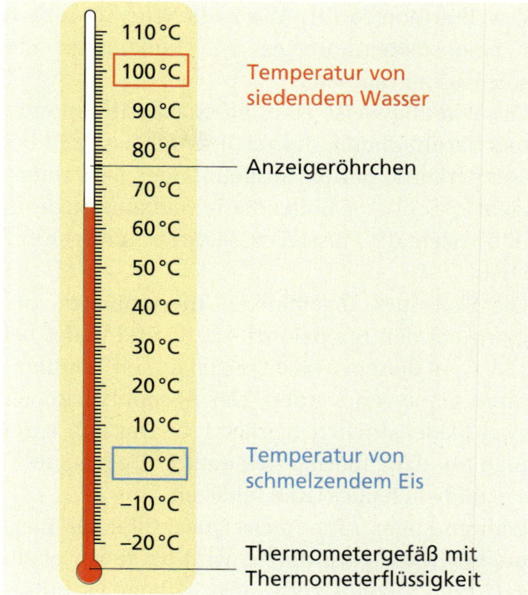

2 Aufbau eines Flüssigkeitsthermometers mit Celsiusskala und Fixpunkten

Temperaturen hast du bereits mit einem Thermometer gemessen. Das Messgerät hat eine Skala, auf der Temperaturen in Grad Celsius (°C) abgelesen werden können (Abb. 2). Benannt ist die Skala nach dem schwedischen Naturforscher ANDERS CELSIUS, der von 1701 bis 1744 lebte und diese Skala entwickelte.
Wie man eine Skala mit den **Fixpunkten** 0 °C und 100 °C erhalten kann, erfährst du, wenn du selber ein Thermometer baust (↗ S. 112).

3 Ein Eisberg in der Antarktis hat eine Temperatur von ca. –30 °C.

Das Thermometer in Abb. 2 auf Seite 103 ist ein Flüssigkeitsthermometer. Wie funktioniert ein solches Thermometer?
Die Wirkungsweise eines Flüssigkeitsthermometers beruht darauf, dass sich eine Flüssigkeit bei Temperaturänderung ausdehnt oder zusammenzieht (↗ S. 110). Je höher die Temperatur ist, desto höher steht die Flüssigkeitssäule im Anzeigeröhrchen.
Die Skala des abgebildeten Thermometers beginnt bei der Temperatur -20 °C und endet bei 110 °C. In diesem Messbereich können Temperaturen gemessen werden. Der Abstand zwischen zwei Skalenstrichen beträgt 1 °C. Deshalb kann man mit dem Thermometer auf 1 °C genau ablesen und ein halbes Grad schätzen.
Während man früher meist Quecksilber als Thermometerflüssigkeit nutzte, wird heute vor allem gefärbter Alkohol verwendet. Alkohol schmilzt bei -114 °C und siedet bei 78 °C.
Neben Flüssigkeitsthermometern gibt es noch viele andere Arten von Thermometern, die sich in ihrem Aufbau und in ihrer Wirkungsweise unterscheiden (↗ S. 113).

Gewusst · Gekonnt

1. Warum ist Wasser als Thermometerflüssigkeit für Außenthermometer nicht geeignet? Begründe.

2. Bereite einen Vortrag über die Geschichte der Temperaturmessung vor. Nutze auch das Internet.

3. Erkunde Temperaturen:
   - Oberflächentemperatur der Sonne
   - Kerzenflamme
   - Körpertemperatur des Menschen
   - höchste und tiefste auf der Erde gemessene Lufttemperatur

4. In unserem Sonnensystem gibt es acht Planeten.
   a) Welche Planeten sind das?
   b) Erkunde, wie hoch die durchschnittlichen Temperaturen auf der Oberfläche von Venus, Mars und Erde sind.

Interessantes aus der Natur

„Warm" oder doch eher „kalt"?

Unser Temperatursinn ist sehr gut auf unsere Bedürfnisse abgestimmt. So ist es für unseren Körper nicht wichtig, bei sehr heißen oder sehr kalten Körpern Temperaturunterschiede wahrzunehmen. Entscheidend ist hier nur ein klares Signal, damit wir keine Verbrennungen oder Erfrierungen erleiden.

Aber im mittleren Temperaturbereich ist unsere Warm-kalt-Wahrnehmung sehr leistungsfähig. Schon bei sehr geringen Temperaturunterschieden können wir fühlen, welcher Körper wärmer bzw. kälter ist.

Führe dazu folgendes Experiment durch: In zwei Bechern befindet sich Wasser von 20 °C bzw. von 25 °C. Vertausche die Becher mehrmals und lasse nun einen Mitschüler probieren, ob er feststellen kann, welches Wasser wärmer ist. Anschließend mischst du das Wasser aus den Bechern so, dass der Temperaturunterschied geringer wird.

Welchen Temperaturunterschied kann man gerade noch spüren?

Während du nicht fühlen kannst, ob das Wasser in einem Becherglas 20 °C, 22 °C oder 25 °C hat, lassen sich geringe Temperaturunterschiede zwischen dem Wasser in beiden Bechergläsern wahrnehmen.

Ganz ähnlich ist das beim Hören: Wir können unterschiedlich hohe Töne voneinander unterscheiden. Aber nur wenige Menschen haben ein „absolutes Gehör" und können sagen: „Das ist der Kammerton a."

Darstellen und Auswerten von Messungen in einem Diagramm

Bei vielen **Experimenten** wird der Zusammenhang zwischen zwei Größen untersucht. Dabei müssen alle anderen Größen und Bedingungen konstant gehalten werden. Wir betrachten als Beispiel die zeitliche Änderung der Temperatur von Wasser bei gleichmäßiger Wärmezufuhr.

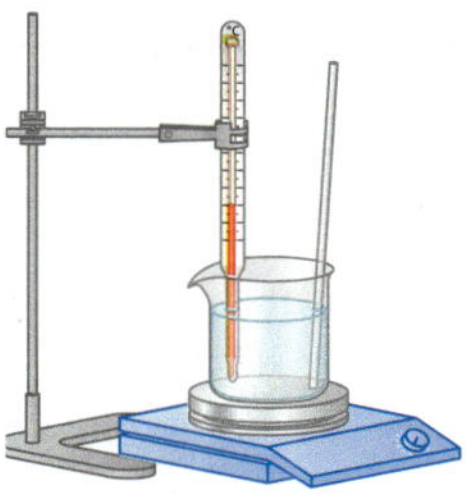

Im Experiment wird die Temperatur von Wasser unter ständigem Rühren nach jeweils einer Minute gemessen.
Dabei ergeben sich folgende Messwerte:

Zeit in min	0	1	2	3	4	5
Temperatur in °C	14	16	23	27	33	36

Schritt 1

Zeichnen eines Koordinatensystems
Schreibe an die jeweiligen Achsen des Koordinatensystems die physikalischen Größen mit ihrer Einheit (Abb. 1).

Für die Zeitachse gilt: 1 cm $\hat{=}$ 1 min
Für die Temperaturachse gilt: 1 cm $\hat{=}$ 10 °C

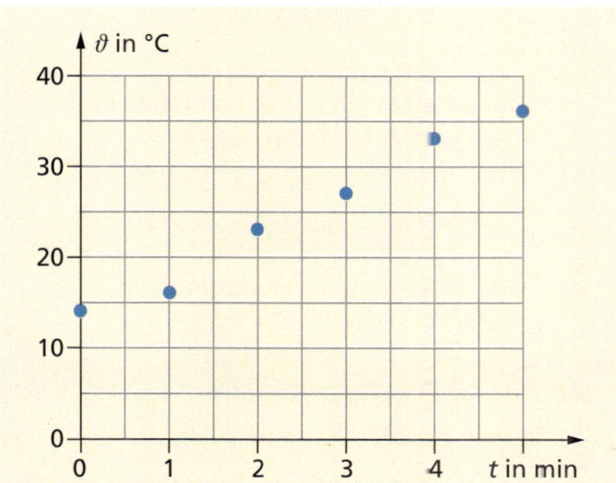

1 Eintragen der Messwerte in ein Diagramm

Schritt 2

Eintragen der Messwerte
Trage Messwerte, die zusammengehören (Messwertepaare), mit Bleistift als Punkte in das Diagramm ein (Abb. 1).

Schritt 3

Zeichnen der grafischen Darstellung
Durch die Punkte kann eine Gerade (Graph) gezeichnet werden (Abb. 2). Manche Punkte liegen nicht genau auf dieser Geraden. Wenn du selbst keinen Fehler beim Zeichnen gemacht hast, ist die Ursache dafür wahrscheinlich ein Messfehler. Solche Messfehler können bei jeder Messung auftreten. Sie werden beim Zeichnen des Graphen ausgeglichen.

Schritt 4

Auswerten des Diagramms
Beschreibe den Zusammenhang zwischen den beiden physikalischen Größen.
Mit zunehmender Zeit steigt die Temperatur gleichmäßig an.

Du kannst auch Werte ablesen, die du gar nicht aufgenommen hast. So hat das Wasser z. B. nach 2,5 min eine Temperatur von 25 °C.

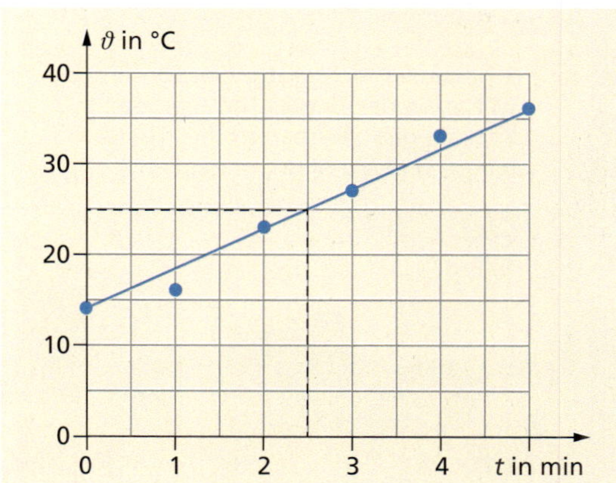

2 Einzeichnen des Graphen

Und nun zum Wetter von morgen ...

Kaum etwas findet bei allen Menschen ein so großes Interesse wie das Wetter. Natürlich interessiert dabei auch die Lufttemperatur. Um Wettervorhersagen zu erstellen, beobachten die „Wetterfrösche“ das Wetter mit vielen Geräten in Wetterstationen auf der Erde, nutzen Wettersonden und Wettersatelliten. Für die Auswertung aller Daten werden Computer genutzt.

Aufgabe 3
Erkundet, wie man in einer Wetterstation in der Nähe eures Wohnorts die Temperatur misst.

Wir messen Temperaturen

Aufgabe 1
Messt mit verschiedenen Thermometern die Raumtemperatur. Orientiert euch dabei an den Schritten, wie man zweckmäßigerweise beim Messen von Temperaturen vorgeht (↗ Abb. unten).
Zeigen alle Thermometer dieselbe Temperatur an? Findet Gründe, wodurch Abweichungen entstanden sein können.

Aufgabe 2
Überlegt euch eine Folge von Experimenten, in denen ihr die Lufttemperatur bei unterschiedlichen Bedingungen messt, z. B. bei Sonne, Schatten, Wind, Regen. Notiert die Messwerte und wertet sie aus. Fertigt ein Protokoll an. Orientiert euch dabei an „So kannst du vorgehen“ auf Seite 83.

Die Temperatur der Luft schwankt innerhalb eines Tages, ganz gleich, ob ihr sie im Winter oder im Sommer messt.

Aufgabe 4
Untersucht den Tagesgang der Lufttemperatur.
Durchführung:
a) Messt an einem Tag in der Zeit zwischen 08.00 und 18.00 Uhr mit einem Außenthermometer in Abständen von einer Stunde die Temperatur. Achtet darauf, dass sich das Thermometer im Schatten befindet.
b) Tragt die Messwerte in eine Tabelle ein.
Auswertung:
Stellt die Messwerte in einem Zeit-Temperatur-Diagramm dar und wertet es aus.
Orientiert euch dabei an „So kannst du vorgehen“ auf Seite 105.

Vorgehen beim Messen der Temperatur

1 Schätze die Temperatur des Körpers und wähle ein geeignetes Thermometer aus. Beachte den Messbereich des Thermometers und die Messgenauigkeit.

2 Bringe den Messfühler (z. B. das Thermometergefäß) in guten Kontakt mit dem Körper, dessen Temperatur gemessen werden soll.

3 Warte ab, bis sich die angezeigte Temperatur nicht mehr ändert.

4 Lies die Temperatur an der Skala ab.

Temperatur und Teilchenbewegung

Bei Talfahrten im Gebirge kann es vorkommen, dass die Bremsscheiben eines Pkw heiß werden. Bei einer technischen Prüfung werden sie deshalb ähnlich belastet, um ihre Funktionsfähigkeit zu prüfen (Abb. 1). Umfasst man den unteren Teil des Kolbens einer Luftpumpe mit der Hand und pumpt kräftig Luft in einen Schlauch, dann spürt man, dass sich die Luftpumpe erwärmt. Schüttelt man eine kleine Menge Wasser in einem verschlossenen Gefäß mindestens eine Minute lang sehr kräftig hin und her, dann kann man ebenfalls eine Erhöhung der Temperatur feststellen, auch wenn sie viel geringer als in den beiden anderen Fällen ist.
Nach dem **Teilchenmodell** bestehen alle Stoffe aus Teilchen. Die Teilchen befinden sich in ständiger Bewegung. Zwischen ihnen wirken Kräfte.

> **Je höher die Temperatur eines Körpers ist, desto schneller bewegen sich die Teilchen des Stoffs, aus dem der Körper besteht.**

Werden die Bremsbeläge gegen die Bremsscheiben gepresst, dann „verhaken“ sich die Teilchen beider Stoffe, werden wieder auseinandergerissen usw., obwohl die Oberflächen scheinbar eben aussehen. Die Teilchen werden ständig von ihren Plätzen gezerrt, federn zurück und bewegen sich heftiger als zuvor. Die Temperatur steigt.

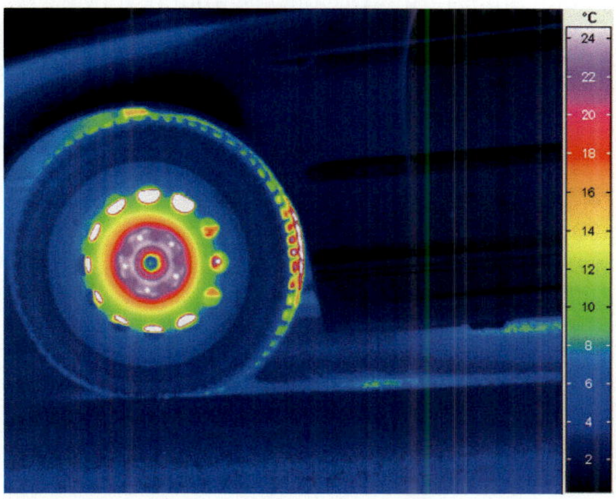

1 Dieses spezielle Foto zeigt: Die Bremsscheiben eines Pkw erwärmen sich bei starker Belastung.

2 Bei niedriger Temperatur schwingen die Teilchen eines festen Körpers um ihre Plätze hin und her.

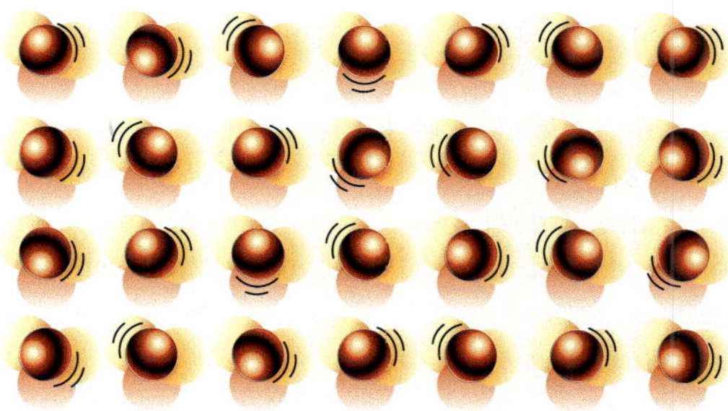

3 Bei hoher Temperatur schwingen die Teilchen eines festen Körpers heftiger, bleiben aber immer an den gleichen Stellen im Stoff.

In Flüssigkeiten schwingen die Teilchen bei höherer Temperatur heftiger und wechseln häufiger ihre Plätze als bei niedriger Temperatur.
Auch zwei Gase vermischen sich bei höherer Temperatur schneller miteinander, weil sich die Teilchen der heißen Gase schneller bewegen.
Bei Verringerung der Temperatur bewegen sich die Teilchen aller Stoffe weniger heftig. Die tiefstmögliche Temperatur ist deshalb diejenige, bei der die Teilchen zur Ruhe kommen. Diese Temperatur wird als **absoluter Nullpunkt** bezeichnet.

> **Der absolute Nullpunkt ist die tiefstmögliche Temperatur. Sie beträgt −273,15 °C.**

Das bedeutet: Es gibt in Natur und Technik keine Temperatur, die kleiner als −273,15 °C ist. Technisch kann man Temperaturen bis etwa −273 °C erzeugen. Den absoluten Nullpunkt selbst kann man nicht erreichen, da es eine völlige Bewegungslosigkeit der Teilchen nicht gibt.
In Richtung hoher Temperaturen ist keine solche Grenze vorhanden.

Körper bei unterschiedlicher Temperatur

Experiment 1

Ein Bimetallthermometer enthält eine Spirale, die aus zwei verschiedenen Metallen besteht. Der Zeiger ist daran befestigt und bewegt sich bei Temperaturänderungen (↗ Abb.).

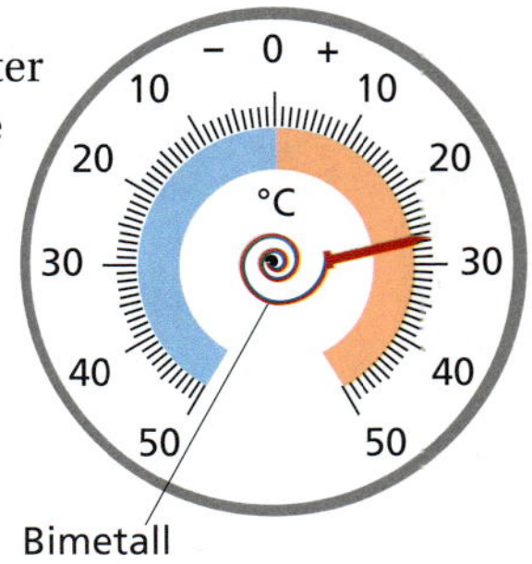

Baue das Modell eines Bimetallthermometers.

Vorbereitung:

Material: Streichhölzer, Kaugummipapier (enthält eine Aluminium- und eine Papierschicht), Teelicht, Schere

Durchführung:

a) Schneide einen 1 cm breiten Streifen von dem Kaugummipapier und klemme ihn wie auf der Abbildung in das Streichholz.

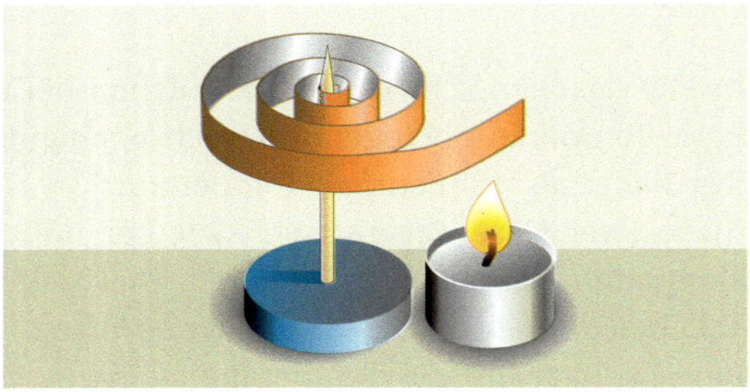

b) Wickle das Kaugummipapier mit der Aluminiumschicht nach außen zu einer Spirale und halte es vorsichtig über das Teelicht.
Achtung: Brandgefahr!

c) Wiederhole den Versuch, aber wickle die Spirale nun mit der Papierseite nach außen.

d) Schneide einen weiteren Streifen von dem Kaugummipapier und trenne vorsichtig die Papier- und die Aluminiumschicht.

e) Wiederhole nun den Versuch jeweils nur mit der Aluminiumschicht und nur mit der Papierschicht.

Beobachtung:

Beschreibe, was du bei den Teilversuchen beobachtet hast.

Auswertung:

Begründe, welcher der Teilversuche dem Verhalten eines Bimetallthermometers entspricht.

Experiment 2

Lass eine Münze auf einer Flasche tanzen.

Durchführung:

a) Befeuchte ein Geldstück und lege es auf die Öffnung einer leeren Flasche, sodass diese verschlossen ist.

b) Umschließe nun die Flasche fest mit beiden Händen und warte einige Zeit.

Beobachtung:

Beschreibe deine Beobachtung.

Auswertung:

a) Erkläre deine Beobachtung.

b) Warum muss das Geldstück angefeuchtet sein?

c) Begründe, warum der Effekt noch verblüffender ist, wenn die Flasche vorher im Kühlschrank gelegen hat. Probiere es aus.

Experiment 3

Baue das Modell einer Brücke auf Rollen.

a) Befestige das eine Ende einer Stricknadel fest auf einem Holzklotz. Das andere Ende der Stricknadel soll beweglich auf einem Nagel mit Zeiger liegen (↗ Abb.).

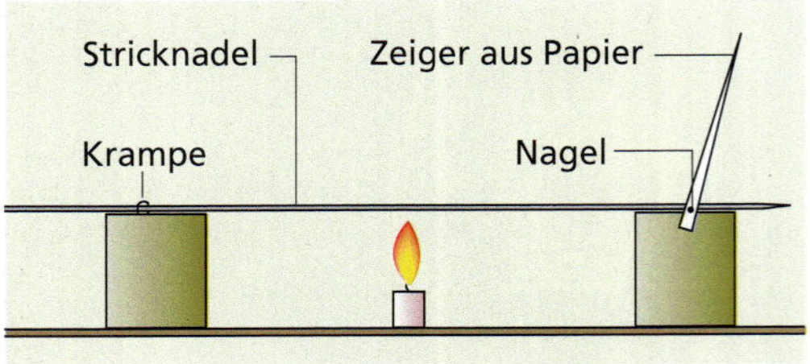

b) Erwärme die Stricknadel vorsichtig mit einer Kerzenflamme. **Achtung: Brandgefahr!** Lass sie anschließend wieder abkühlen.

c) Beschreibe deine Beobachtungen.

Volumen- und Längenänderung von festen Körpern

Jeder Körper nimmt bei einer bestimmten Temperatur einen bestimmten Raum ein. Er besitzt ein bestimmtes Volumen. Erwärmungen oder Abkühlungen führen zu **Änderungen des Volumens** eines Körpers (↗ Abb. 1). Unter der Bedingung, dass sich ein Körper ausdehnen kann, gilt:

Wenn sich die Temperatur eines Körpers ändert, dann ändert sich auch sein Volumen.

An einer Eisenkugel kann man zeigen, dass sich ihr Volumen vergrößert, wenn man sie erhitzt (Abb. 2). Auch lange feste Körper, wie Brücken, Bahnschienen oder Hochspannungsleitungen (Abb. 1a), vergrößern bei Erwärmung ihr Volumen. Bei diesen Körpern ist aber nur die **Längenänderung** von praktischer Bedeutung.

Die Längenänderung fester Körper ist umso größer,
– je länger der Körper ist und
– je größer die Temperaturänderung ist.
Sie hängt außerdem vom Stoff ab, aus dem der Körper besteht.

Ein 10 m langer Kupferdraht wird bei einer Temperatursteigerung um 10 °C um 1,6 mm länger (↗ Tabelle). Kupferdraht verlängert sich unter gleichen Bedingungen mehr als Stahldraht.

Längenänderung eines Körpers von 10 m Länge bei einer Temperaturänderung von 10 °C

Stoff	Längenänderung	Stoff	Längenänderung
Aluminium	2,4 mm	Kupfer	1,6 mm
Beton	1,2 mm	Messing	1,8 mm
Eisen	1,2 mm	Silber	2,0 mm
Glas	1,0 mm	Stahl	1,2 mm
Gold	1,4 mm	Zink	3,6 mm
Holz	0,8 mm	Zinn	2,7 mm

Die unterschiedliche Längenänderung verschiedener Stoffe wird bei **Bimetallstreifen** (bi = zwei) genutzt. Verbindet man Streifen aus zwei verschiedenen Metallen, so ändert sich ihre Länge der Temperaturänderung unterschiedlich. Der Bimetallstreifen biegt sich. Er kann als Schalter oder in einem Bimetallthermometer (↗ S. 114) genutzt werden.

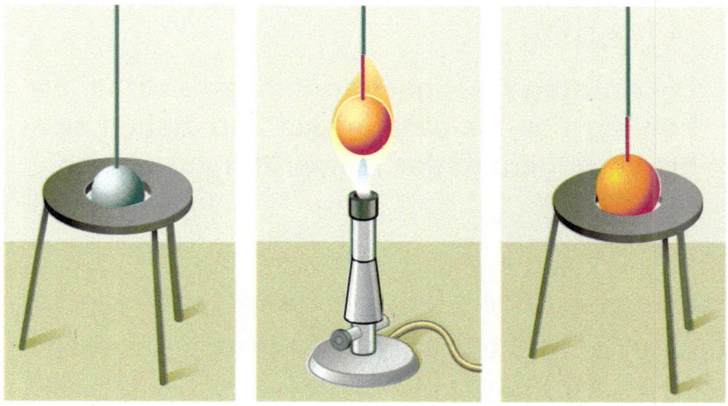

2 Bei Zimmertemperatur passt die Eisenkugel gerade noch durch eine Öffnung. Wird sie erhitzt, dehnt sie sich aus und passt nicht mehr hindurch.

1a Im Sommer hängen Hochspannungsleitungen meist mehr durch als im Winter.

1b Für das sich ausdehnende Wasser zur Kühlung eines Motors gibt es ein Ausgleichsgefäß.

1c Das erhitzte Gas dehnt sich aus und bläht einen Heißluftballon auf. Ein Teil entweicht.

Volumenänderung von Flüssigkeiten und Gasen

In Kaufhäusern, Hotels oder Bürohäusern sind zum Schutz vor Bränden Sprinkleranlagen in den Decken installiert (↗ Abb.).

Sie sind direkt mit Wasserleitungen verbunden. Bei großer Temperaturerhöhung – wie bei einem Brand – dehnt sich eine Flüssigkeit im Sprühkopf der Sprinkleranlage so stark aus, dass ihr Behältnis zerspringt. Die Flüssigkeit „sprengt" das Behältnis. Das Löschwasser hat freien Lauf.

Das in Abb. 1 dargestellte Experiment zeigt, wie unterschiedlich sich das Volumen von verschiedenen Flüssigkeiten vergrößert, wenn man sie der gleichen Temperaturänderung aussetzt.

Die meisten Flüssigkeiten dehnen sich bei Erhöhung der Temperatur aus und ziehen sich bei Verringerung der Temperatur zusammen.

Wasser macht bei niedriger Temperatur eine Ausnahme (↗ S. 111). Sein nicht normales Verhalten wird als **Anomalie des Wassers** bezeichnet.
Ähnlich wie bei festen Körpern hängt auch die Volumenänderung einer Flüssigkeit vom Stoff ab, aus dem die Flüssigkeit besteht.

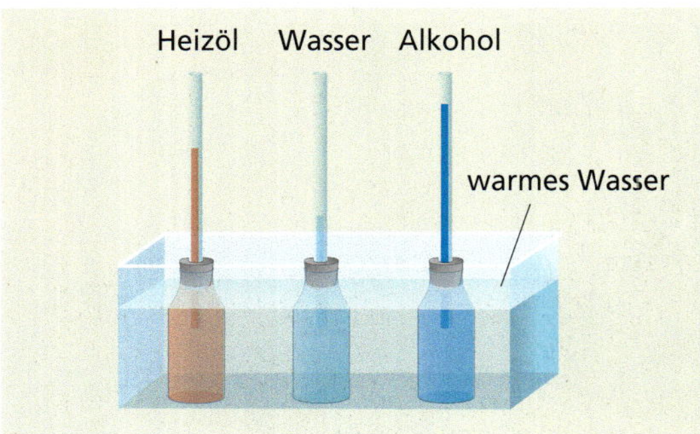

1 Bei Zimmertemperatur standen die Flüssigkeiten in den Steigrohren gleich hoch: Bei gleicher Temperaturerhöhung dehnt sich Alkohol am meisten aus.

Sie ist auch abhängig vom ursprünglichen Volumen der Flüssigkeit und von der Temperaturänderung (↗ Tabelle unten).
Bei Gasen hängt die Volumenänderung bei Erwärmung nicht von der Art des Gases ab. Gase wie Luft, Butan oder Helium dehnen sich fast gleich stark aus.

Alle Gase dehnen sich bei gleicher Temperaturerhöhung gleich aus.

So vergrößert sich das Volumen eines Gases von 10 l bei einer Erwärmung um 10 °C um 366 ml.

Volumenänderung von 10 l Flüssigkeit, wenn sich deren Temperatur um 10 °C ändert

Stoff	Volumenänderung
Alkohol	110 ml
Benzin	100 ml
Glyzerin	50 ml
Heizöl	90 ml
Quecksilber	18 ml
Wasser	20 ml

Gewusst · Gekonnt

Um wie viele Milliliter vergrößert sich das Volumen von 10 l Heizöl bei einer Temperaturerhöhung von 10 °C, um wie viele bei 20 °C?

2 Wird die Luft in dem Gefäß erwärmt, so dehnt sie sich aus und entweicht, wenn das Gefäß nicht fest verschlossen ist. Der Luftballon bläst sich auf.

Interessantes aus der Natur

Anomalie des Wassers

Bei Temperaturen über 4 °C verhält sich Wasser wie andere Flüssigkeiten. Bei Erhöhung der Temperatur dehnt es sich aus, bei Verringerung der Temperatur wird sein Volumen kleiner.
Kühlt sich Wasser aber unter 4 °C ab, so wird sein Volumen nicht kleiner, sondern bis 0 °C wieder größer. Wasser hat bei 4 °C sein kleinstes Volumen und damit seine größte Dichte, da bei konstanter Masse $\varrho \sim 1/V$ gilt.

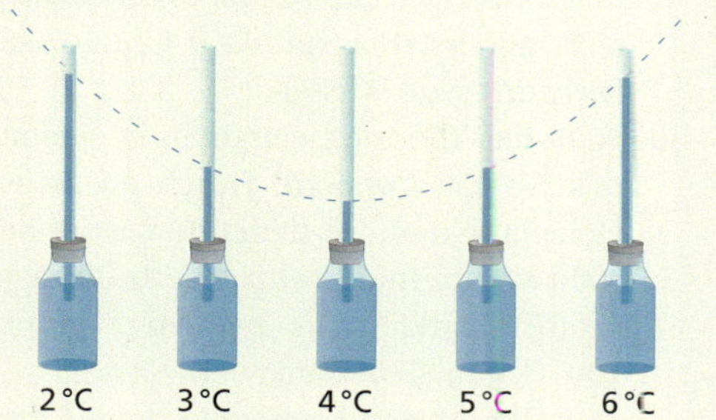

1 Bei 4 °C hat Wasser sein kleinstes Volumen.

Dieses „nicht normale“ Verhalten von Wasser wird in der Physik als **Anomalie des Wassers** bezeichnet (Abb. 1). Die Anomalie des Wassers ist für das Leben von Tieren und Pflanzen im Wasser sehr wichtig.

Im Sommer wird das Wasser von der Sonne erwärmt. Das leichtere, wärmere Wasser bleibt an der Oberfläche, tiefer liegende Schichten sind kühler. Es bildet sich eine stabile Temperaturschichtung des Wassers aus (Abb. 2). Das kannst du auch beim Baden feststellen.
Im Herbst (Abb. 4) und Winter (Abb. 3) kühlt sich das Wasser an der Oberfläche ab. Das Wasser mit der größeren Dichte sinkt nach unten. Bei Temperaturen um 4 °C bleibt dann das kühlere Wasser an der Oberfläche. Eine weitere Abkühlung führt zur Eisbildung an der Wasseroberfläche. Tiefer liegende Schichten haben eine Temperatur von 4 °C. Das Wasser gefriert in größeren Tiefen also nicht. Dadurch können Tiere und Pflanzen im Wasser überleben.

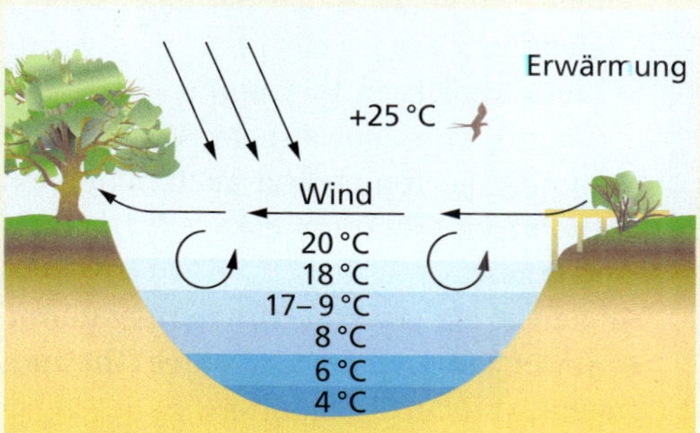

2 Sommerstabilität

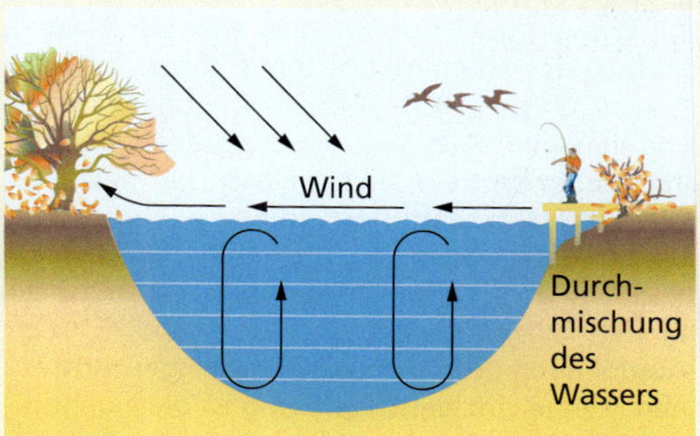

4 Herbstzirkulation

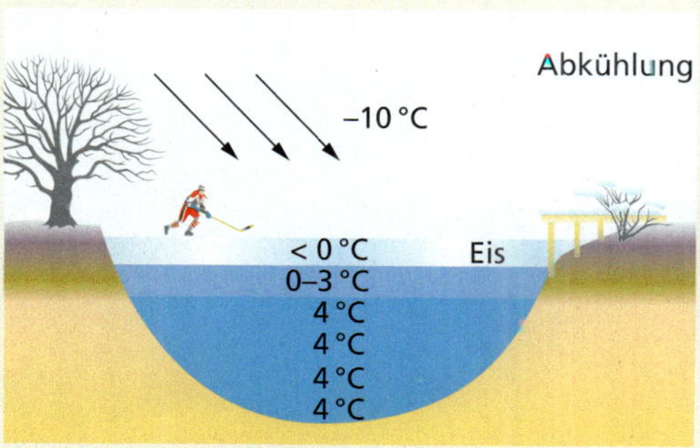

3 Winterstabilität

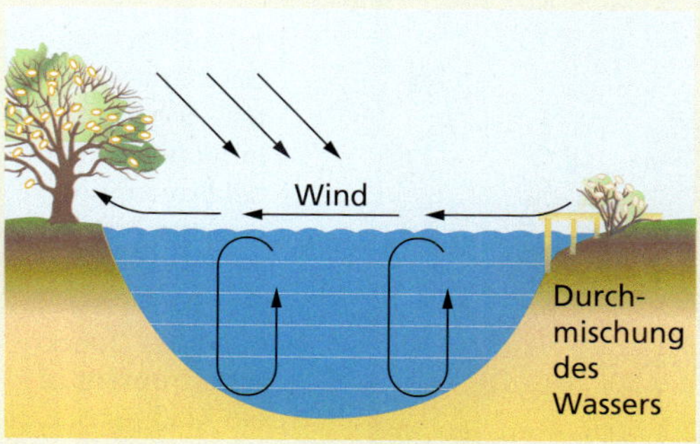

5 Frühjahrszirkulation

Flüssigkeitsthermometer – selbst gebaut

Für viele Zwecke werden Flüssigkeitsthermometer genutzt – als Kühlschrankthermometer, Zimmerthermometer, Laborthermometer.
Der grundsätzliche Aufbau eines solchen Flüssigkeitsthermometers ist auf Seite 103 beschrieben. Genutzt wird bei solchen Thermometern die Volumenänderung einer Flüssigkeit bei Temperaturänderung. Mit Erhöhung der Temperatur vergrößert sich das Volumen, mit Verringerung der Temperatur verkleinert es sich (Abb. 1). Als Thermometerflüssigkeit wird häufig gefärbter Alkohol verwendet.

Interessantes aus der Geschichte

Gasthermometer

Die Entwicklung der Thermometer kann als die erste wissenschaftlich-praktische Nutzung der Erkenntnis von der Wärmeausdehnung verschiedener Körper angesehen werden.
Als Erfinder des Thermometers oder seines Vorläufers, des Thermoskops (ohne Skala), gelten GALILEO GALILEI (1564–1642) und – unabhängig von ihm – der Arzt SANTORIUS aus Italien, der im 16. Jahrhundert ein Thermometer zur Messung der Körpertemperatur erfand.
Die ersten Thermometer, die in der ersten Hälfte des 17. Jahrhunderts allgemeine Verbreitung fanden, waren Gasthermometer (Abb. 1). Die Ausdehnung des Volumens einer eingeschlossenen Menge Luft bei Erwärmung ist die eigentliche Ursache dafür, dass sich die Lage des Quecksilbertropfens in der Anordnung verändert.

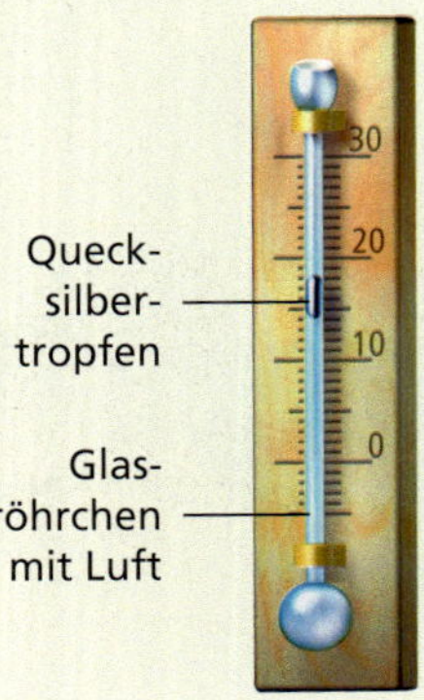

1 Aufbau eines Gasthermometers: Die Ausdehnung der Luft bei Erwärmung verschiebt den Quecksilbertropfen. Die Verschiebung des Quecksilbertropfens ist ein Maß für die Temperaturänderung.

Selbst erforscht

Flüssigkeitsthermometer

Baut ein Flüssigkeitsthermometer und nutzt es für Messungen.

Vorbereitung:

Nutzt Anordnungen, wie sie in der Abbildung 2 dargestellt sind.

Durchführung:

a) Taucht das jeweilige Thermometergefäß in ein Gemisch aus Wasser und Eis. Markiert als ersten Fixpunkt 0 °C, den Gefrierpunkt von Wasser.

b) Stellt das Thermometergefäß in siedendes Wasser. **Vorsicht!** Durch die heiße Heizplatte und das siedende Wasser besteht Verbrennungs- bzw. Verbrühungsgefahr! Markiert als zweiten Fixpunkt 100 °C, den Siedepunkt von Wasser.

c) Teilt den Abstand zwischen beiden Fixpunkten in 10 gleiche Teile. Die so erhaltene Temperaturskala hat eine Skaleneinteilung von jeweils 10 °C.

d) Messt mit eurem Thermometer die Temperatur von lauwarmem Wasser. Bestimmt die Temperatur auch mit einem „richtigen" Thermometer.

Auswertung:

Vergleicht die gemessenen Temperaturen. Bewertet die Genauigkeit eures Thermometers.

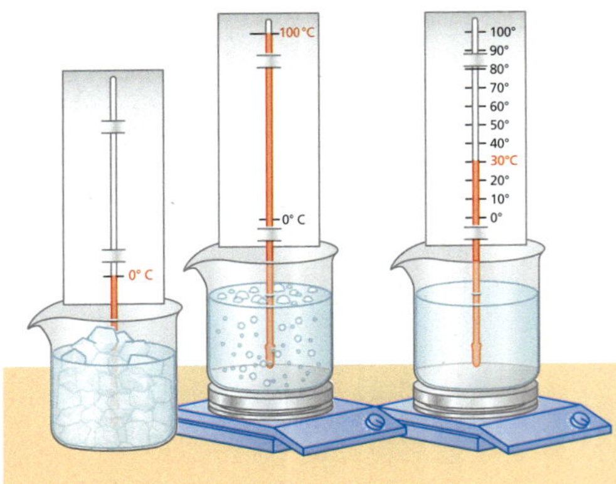

2 Herstellung eines Thermometers

Interessantes aus dem Alltag

Thermometer für unterschiedliche Anwendungen

Je nach Verwendungszweck und Bauform gibt es unterschiedliche Arten von Thermometern. Die Thermometer unterscheiden sich nicht nur in ihrem Aufbau und ihrer Wirkungsweise, sondern vor allem auch in ihren Messbereichen. Im Haushalt werden vielfach verschiedene Arten von Flüssigkeitsthermometern verwendet (Abb. 1).
Als **Zimmerthermometer** nutzt man meist Thermometer mit einem Messbereich, der zwischen −10 °C und 40 °C liegt (Abb. 1a).
Als **Außenthermometer** haben sie meist einen Messbereich zwischen −30 °C und 50 °C.
Mit **Kühlschrankthermometern** (Abb. 1b) will man die Temperatur im Innern eines Kühlschranks messen. Der Messbereich solcher Thermometer geht deshalb meist bis −20 °C oder −30 °C.

Mit einem **Fieberthermometer** soll möglichst genau die Körpertemperatur gemessen werden. Der Messbereich dieser Thermometer liegt deshalb zwischen 35 °C und 42 °C, also im Bereich der normalen Körpertemperatur von 37 °C (Abb. 1c). Da es hier auf sehr genaue Messungen ankommt, besitzen Fieberthermometer eine hohe Messgenauigkeit, mit der man auf 0,1 °C genau ablesen kann. Quecksilberthermometer sind heute meist durch elektrische Thermometer ersetzt.

Mit **Laborthermometern** (Abb. 1d) kann man z. B. auch Temperaturen von über 100 °C messen.
Neben Flüssigkeitsthermometern gibt es auch Thermometer bzw. Temperaturanzeigen, die völlig anders funktionieren.

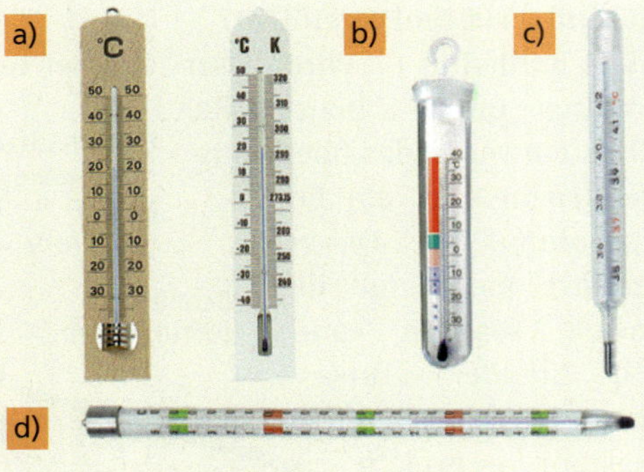

1 Verschiedene Flüssigkeitsthermometer

Weitverbreitet sind **Bimetallthermometer** (Abb. 2).
Genutzt wird bei solchen Thermometern die Veränderung der Krümmung eines Bimetallstreifens bei Temperaturänderung.

2 Bimetallthermometer

Zunehmend verwendet werden **elektrische Thermometer** (Abb. 3).
Besonders interessant ist das **galileische Thermometer** (Abb. 4), das Galileo Galilei (1564–1642) erfunden hat und dessen Wirkungsweise mit dem Auftrieb in Flüssigkeiten erklärt werden kann.
Es gibt auch Thermometer, bei denen genutzt wird, dass bestimmte Stoffe mit der Temperatur ihre Farbe wechseln (Abb. 5).

3 Elektrisches Thermometer

4 Thermometer nach Galilei

5 Thermometer mit Thermofarben

Physik im Alltag

Feuermelder in Aktion

Kinos, Kaufhäuser oder Lagerhäuser sind mit Alarmanlagen gegen Feuer ausgerüstet.
Bei den **Feueralarmanlagen** gibt es **Temperaturwarnanlagen,** die das Überschreiten einer bestimmten Temperatur signalisieren. Wesentlicher Teil ist ein **Bimetallstreifen.** Er besteht aus zwei verschiedenen Metallen, die fest miteinander verbunden sind. Bei Temperaturerhöhung dehnen sich die Metalle unterschiedlich aus. Der Bimetallstreifen biegt sich und öffnet einen Stromkreis.
Beschreibe den Aufbau einer Temperaturwarnanlage. Erkläre ihre Wirkungsweise.

Eine Temperaturwarnanlage signalisiert eine erhöhte Temperatur in einem Raum, z. B. bei Feuer. Sie besteht aus einem **Bimetallschalter** (Bimetallstreifen + Kontakt), einem Relais (elektromagnetischer Schalter) und einer Signallampe (Abb. 2).

Bei normaler Raumtemperatur ist der Bimetallschalter geschlossen. Die Signallampe leuchtet nicht. Erhöht sich die Temperatur, so biegt sich der Bimetallstreifen. Der Kontakt öffnet sich, der Stromfluss wird unterbrochen.
Dadurch wird durch das Relais der Stromkreis, in dem sich die Signallampe befindet, geschlossen. Sie leuchtet auf. Mithilfe einer Stellschraube kann die Temperatur, bei der der Alarm ausgelöst wird, zwischen 40 °C und 90 °C eingestellt werden.

1 Automatische Rauch- oder Feuermelder sind meist an der Decke angebracht.

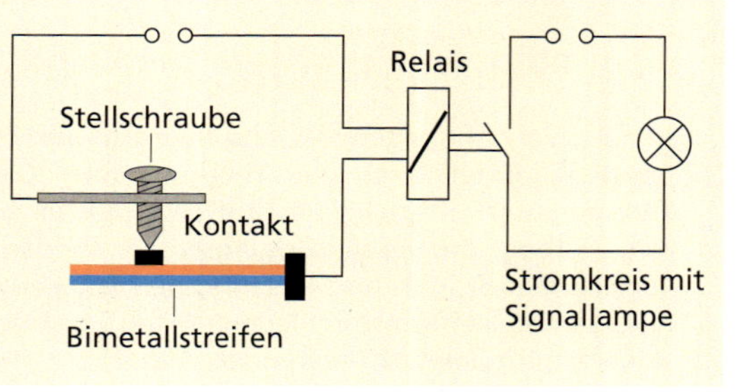

2 Aufbau einer Temperaturwarnanlage

Vorsicht beim Tanken im Sommer

In der Regel tankt man sein Auto voll.
Warum sollte man an heißen Sommertagen den Tank eines Autos nie randvoll füllen?

Wie alle Flüssigkeiten dehnt sich das Benzin aus. Es wird an der Tankstelle aus unterirdischen Vorratsbehältern gepumpt und hat dann eine Temperatur von ca. 10 °C. An Sommertagen mit ca. 30 °C bedeutet das eine Temperaturerhöhung um 20 °C. Wenn ein Tank z. B. 50 l Benzin fasst, dann vergrößert sich das Volumen folgendermaßen:
Entsprechend den Tabellenwerten (↗ S. 110) vergrößert sich das Volumen von 10 l Benzin bei einer Temperaturänderung von 10 °C um 100 ml.
50 l dehnen sich bei 10 °C um 5 · 100 ml = 500 ml aus. Bei 20 °C hat sich das Tankvolumen dann um 2 · 500 ml = 1 000 ml vergrößert.
Das ist immerhin 1 l. Wird dieser Tank bei Temperaturen von 30 °C bis zum Rand gefüllt, entweicht das überschüssige Benzin über ein Entlüftungsrohr (↗ Abb.). Das verschmutzt nicht nur die Umwelt, sondern kann auch Brände verursachen. Aus dem Entlüftungsrohr entweicht sonst nur die Luft beim Tanken.

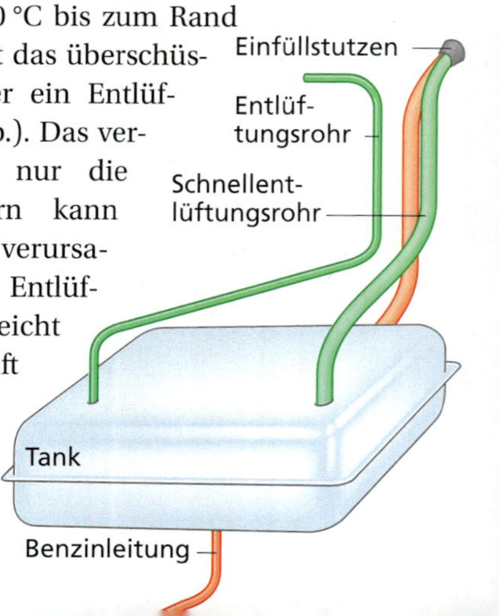

Gewusst · Gekonnt

1. Auf Erkundungstour
Erkunde, was für Thermometer es bei dir zu Hause gibt. Fertige nach dem Muster eine Tabelle an.

Verwendungszweck	Messbereich	Messgenauigkeit
...	...	...

2. Ablesen – aber richtig!
Welche Temperaturen zeigen die in der Abb. dargestellten Thermometer an? Was muss man beim Ablesen beachten?

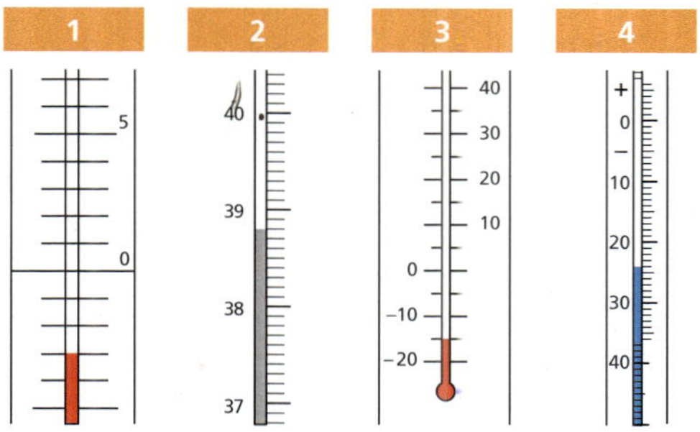

3. Siedendes Wasser für Tee
Wasser aus der Wasserleitung (15 °C) soll für Tee bis zum Sieden erhitzt werden.
Berechne, um wie viel Grad die Temperatur erhöht werden muss.

4. Aufgaben nach Muster selbst erstellen
An einem Herbsttag beträgt die Temperatur 8 °C. In der Nacht fällt die Temperatur um 10 °C. Welche Außentemperatur herrscht in der Nacht?
Denke dir selbst drei Aufgaben zur Berechnung von Temperaturdifferenzen aus und stelle sie deinen Mitschülern.

5. Mir ist kalt – dir ist warm
Wir empfinden die Temperatur nicht immer gleich. Erläutere an verschiedenen Beispielen, wie diese unterschiedlichen Empfindungen zustande kommen.

6. Abkühlen untersuchen
Fülle ca. 50 °C warmes Wasser in ein Becherglas und lass es abkühlen.
a) Miss alle 5 Minuten die Temperatur, bis sie sich nicht mehr ändert. Trage die Werte in eine Tabelle ein.
b) Zeichne ein $\vartheta(t)$-Diagramm und trage die Messwerte ein. Orientiere dich an den Hinweisen auf Seite 105.
c) Werte das Diagramm aus.
d) Vergleiche den Temperaturverlauf mit dem deines Nachbarn. Wodurch können Unterschiede zustande gekommen sein?

7. Veränderliche Körpertemperatur
Die Körpertemperatur des Menschen ist nicht über den ganzen Tag gleich. Bei einer Erkrankung kann sie ansteigen.

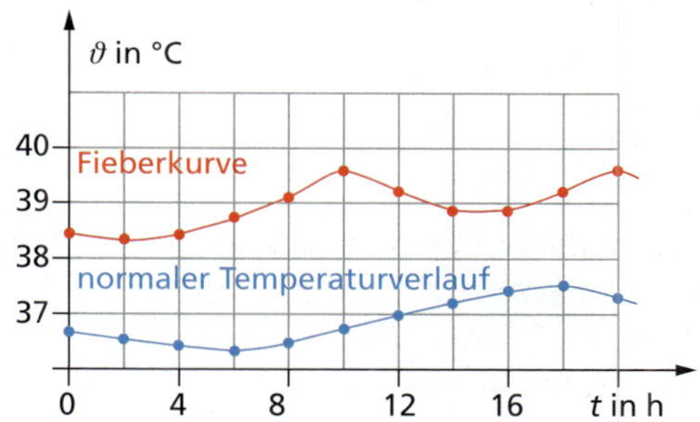

a) Welche Temperatur wird als „normale" Körpertemperatur bezeichnet?
b) Beschreibe allgemein, wie man ein Diagramm auswertet, und wende deine Kenntnisse dann auf das dargestellte Diagramm an. Gib die dargestellten Zusammenhänge in Worten an.

8. Heißer Kopf
Kilian hat 38,7 °C Fieber.
a) Wie hoch liegt seine Temperatur über der Normaltemperatur?
b) Ab welcher Temperatur wird Fieber lebensbedrohlich?
c) Beschreibe, was man bei hohem Fieber tun kann. Lies oder frage nach.

Gewusst · Gekonnt

9. Abkühlung der Luft

In den unteren Luftschichten nimmt die Temperatur mit der Höhe ab. In der Tabelle sind Messwerte angegeben.

h in km	0	0,5	1	2	3	4
ϑ in °C	20	16,5	12	5	–1	–9

a) Zeichne das $\vartheta(h)$-Diagramm.
b) In welcher Höhe befindet sich die Null-Grad-Grenze?
c) Welche Temperatur würde auf dem Gipfel des Fichtelbergs (1 215 m) und in deinem Schulort herrschen?

10. Bestimmung hoher Temperaturen

Flüssiger Stahl wird in spezielle Gefäße (Kokillen) gegossen und kühlt dort ab. Der glühende Stahl hat eine hohe Temperatur.

a) Begründe, warum man die Temperatur des Stahls nicht mit einem Thermometer messen kann.
b) Eine Abschätzung der Temperatur kann über die Farbe des Stahls erfolgen. Die Farbe glühender Stoffe bezeichnet man als „Glühfarbe“. Erkunde, welcher Zusammenhang zwischen der Farbe des glühenden Stoffs und seiner Temperatur besteht. Nutze das Internet.
c) Nenne ein Beispiel aus dem Haushalt, wo man Glühfarben beobachten kann.

11. Temperaturdifferenzen

Bestimme die jeweiligen Temperaturdifferenzen $\vartheta_1 - \vartheta_2$ und $\vartheta_2 - \vartheta_1$.

ϑ_1 in °C	20	40	–8	10	–25
ϑ_2 in °C	5	–6	15	65	–10

12. Abkühlen von Tee

Denise interessiert, nach welchem Gesetz sich Flüssigkeiten abkühlen. Deshalb hat sie alle zwei Minuten die Temperatur von Tee in einer Tasse gemessen:

t in min	0	2	4	6	8	10
ϑ in °C	85	63	49	39	33	28

a) Stelle den Abkühlvorgang in einem $\vartheta(t)$-Diagramm dar.
b) Berechne die Temperaturänderung nach jeweils zwei Minuten.
c) Werte das Diagramm aus.
d) Am nächsten Tag wiederholt Denise den Versuch bei einer wesentlich geringeren Zimmertemperatur. Werden sich die Messwerte ändern? Begründe.

13. Eine besondere Aufnahme

Mit einer speziellen Kamera lassen sich Aufnahmen machen, die die Temperaturverteilung bei einem Körper zeigen.

Erläutere, was man einer solchen Aufnahme entnehmen kann.

14. Niemals voll
Getränkeflaschen werden nie randvoll gefüllt. Erkläre, warum das so ist.

15. Vor Sonneneinstrahlung schützen
Auf Spraydosen findet man folgenden Aufdruck: „Vor Sonneneinstrahlung und Temperaturen über 50 °C schützen". Begründe diesen Hinweis physikalisch.

16. Rollen und Fugen
Große Brücken sind mindestens an einer Seite auf Rollen gelagert (↗ Abb. links). In Fahrbahnen befinden sich Dehnungsfugen (↗ Abb. rechts).

Erkläre, welche Funktion die Rollen bzw. Fugen haben.

17. Zwei Bimetallstreifen
In welche Richtung werden sich die Bimetallstreifen bei Abkühlung biegen? Begründe deine Aussage.

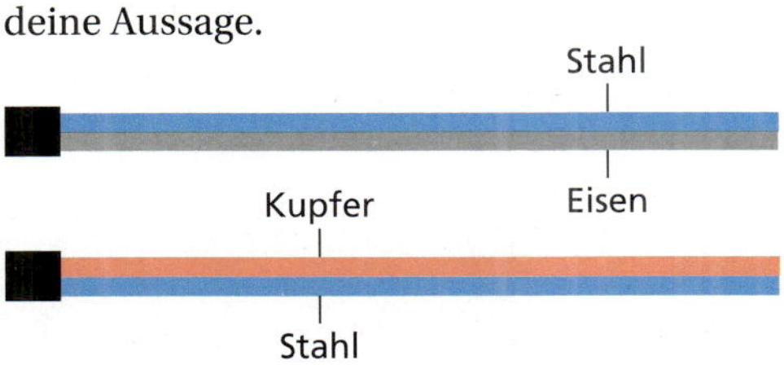

18. Selber ausprobieren
Blase einen Luftballon auf und lege ihn anschließend in den Kühlschrank.

a) Stelle vorher eine Vermutung auf, was passieren wird.
b) Hat sich deine Vermutung bestätigt?
c) Erkläre deine Beobachtung.

19. Reparieren mit Physik
Wenn man einen Tischtennisball eingedrückt hat, kann man ihn leicht „reparieren". Natürlich darf er keinen Riss haben. Überlege dir eine Methode.

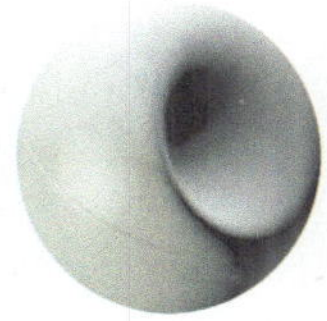

20. Seltsame Schleifen
Warmwasserleitungen von einem Heizkraftwerk zu einem Wohngebiet verfügen über Dehnungsschleifen (↗ Abb.).

Erkläre, welche Funktion sie haben.

21. Erst schätzen, dann rechnen
Eine 1 000 m lange Brücke aus Stahlbeton wird in einer Winternacht um 10 °C abgekühlt. Ermittle die Längenänderung.

22. Thermostat für konstante Temperatur
Zur Regulierung der Raumtemperatur benutzt man Thermostatventile an den Heizkörpern (↗ Abb.).

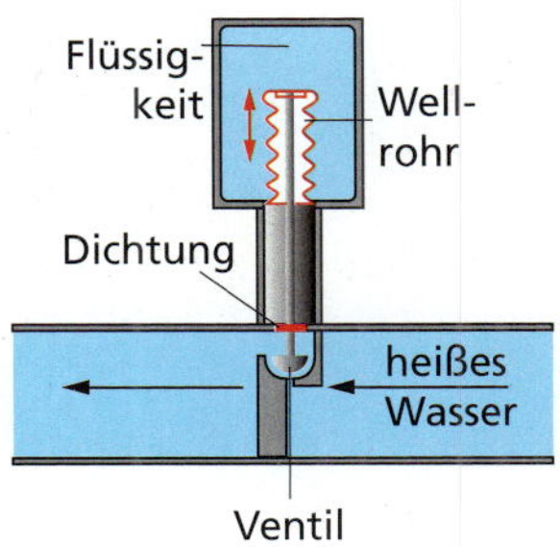

Die Flüssigkeit kann ein Wellrohr zusammendrücken, das wie eine starke Feder wirkt. Wie funktioniert ein solches Ventil?

Das Wichtigste im Überblick

Temperatur, Längen- und Volumenänderung

Temperaturen bzw. Temperaturänderungen

- können mit Thermometern unterschiedlicher Bauart gemessen werden,
- bewirken eine Änderung der Länge von Körpern,
- bewirken eine Änderung des Volumens von Körpern.

■ Menschen haben ein Temperaturempfinden. Zur genauen Temperaturbestimmung ist ein **Thermometer** erforderlich. Die Temperatur wird in Grad Celsius gemessen.

Formelzeichen: ϑ (sprich: theta)
Einheit: ein Grad Celsius (1 °C)

■ Ändert sich die Temperatur eines Körpers, so ändert sich meist auch seine Länge bzw. sein Volumen.

■ Fast alle festen Körper, Flüssigkeiten und Gase dehnen sich aus, wenn sie erwärmt werden, und ziehen sich zusammen, wenn sie abkühlen.

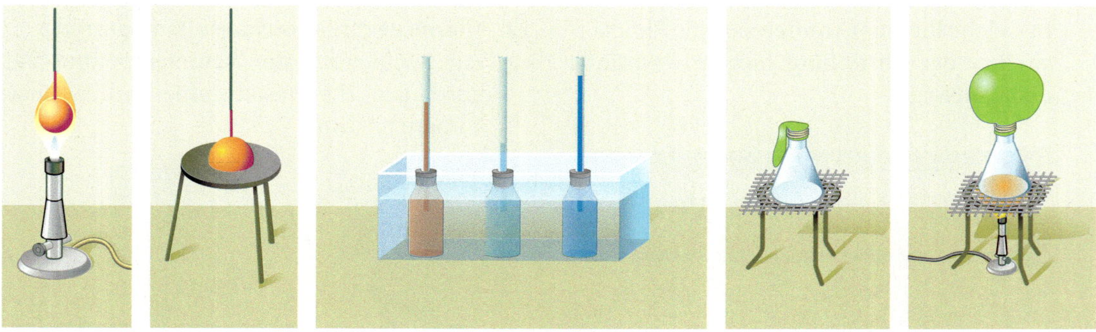

■ Wasser ist eine Ausnahme. Es hat bei 4 °C sein kleinstes Volumen und seine größte Dichte.

■ Die Längen- und Volumenänderung wird technisch genutzt (Thermometer, Bimetallstreifen) und muss in vielen Fällen berücksichtigt werden (bei Brücken, Sprayflaschen, Tanks, im Straßenbau).

3.2 Aggregatzustandsänderungen

1 Eis – Wasser – Wasserdampf

Wasser existiert in fester Form (Eis, Schnee), in flüssiger Form (Wasser) und als Gas (Wasserdampf). Unter welchen Bedingungen ist Wasser fest, flüssig bzw. gasförmig?

2 Flüssiger Stahl

Aus Schrott kann man Stahl gewinnen. Der Schrott wird geschmolzen und dann weiterverarbeitet.
Welche Temperatur ist erforderlich, um Stahl zu schmelzen? Bei welcher Temperatur schmilzt Eis?

3 Bereifte Früchte

Nach kalten Nächten sind manchmal Früchte, Blätter, Autos oder Dächer bereift.
Was ist Reif? Unter welchen Bedingungen kommt er zustande?

Wärme verwandelt Wasser

Experiment 1
Untersuche den Temperaturverlauf, wenn Eis schmilzt. Erwärme dann das Wasser, das aus dem Eis entsteht, so lange weiter, bis kaum noch Wasser im Gefäß vorhanden ist. Orientiere dich bei der Durchführung des Experiments an „So kannst du vorgehen", S. 83, und fertige ein Protokoll an.
Vorbereitung:
a) Achtung! Bei diesem Experiment benötigst du eine Heizplatte als Wärmequelle. Gehe vorsichtig mit der Heizplatte um. Achte darauf, dass außer dem Gefäß keine Gegenstände auf die heiße Heizplatte gelangen. Fasse die Heizplatte nicht an.
b) Material: Heizplatte, Thermometer, Gefäß mit Eis, Uhr
c) Bereite eine Messwertetabelle vor.
Durchführung:
a) Die Zufuhr von Wärme soll während des gesamten Experiments gleichmäßig erfolgen. Stelle das Gefäß deshalb auf eine Heizplatte, die vorher schon einige Minuten eingeschaltet war (↗ Abb.).
b) Miss in Abständen von einer Minute die Temperatur. Rühre vorher jeweils gut um.

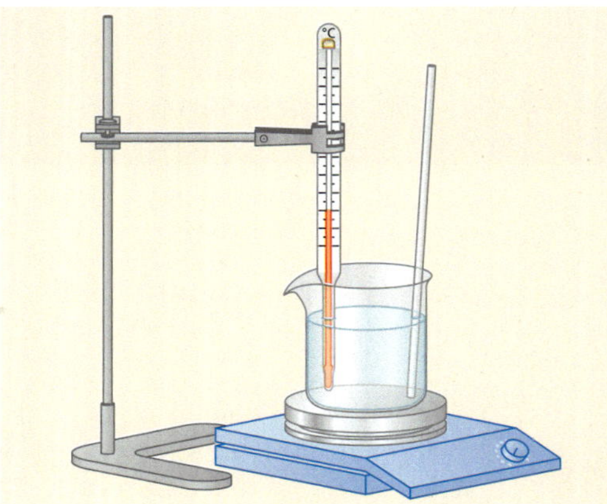

c) Erfasse die Messwerte in der Tabelle.
d) Erwärme das Wasser so lange, bis kaum noch Wasser im Gefäß vorhanden ist.
Vorsicht! Wasserdampf kann zu Verbrühungen führen. Achte darauf, dass deine Hand nicht in den Dampfstrom gerät.

Beobachtung:
Beschreibe deine Beobachtungen, die du während des gesamten Vorgangs gemacht hast.
Auswertung:
a) Trage die Messwerte in ein Diagramm ein. Wähle für die waagerechte Achse die Zeit und für die senkrechte Achse die Temperatur.
b) Werte das Diagramm aus. Orientiere dich dabei an „So kannst du vorgehen", S. 95.

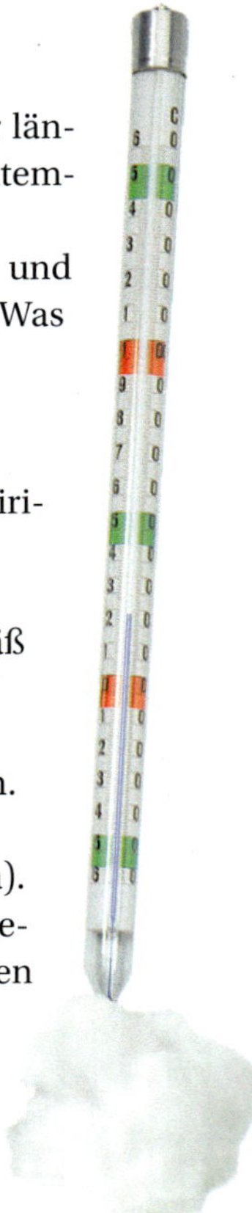

Experiment 2
Lass eine flache Schale mit Wasser längere Zeit stehen, sodass sie Raumtemperatur angenommen hat.
Miss die Temperatur des Wassers und der Raumluft und vergleiche sie. Was stellst du fest?

Experiment 3
Untersuche das Verdunsten von Spiritus.
Durchführung und Beobachtung:
a) Wickle um ein Thermometergefäß eines Flüssigkeitsthermometers Watte oder Löschpapier.
b) Feuchte die Watte mit Spiritus an. Beschreibe deine Beobachtung.
c) Wiederhole den Versuch von a). Blase ständig Luft gegen die angefeuchtete Watte oder nimm einen Föhn.
Auswertung:
Vergleiche beide Beobachtungen und deute sie.

Experiment 4
Miss die Temperatur von Leitungswasser in einem Glas. Fülle nun einen Esslöffel Salz hinzu, rühre gut um und lies erneut die Temperatur ab. Vergleiche beide Messwerte.

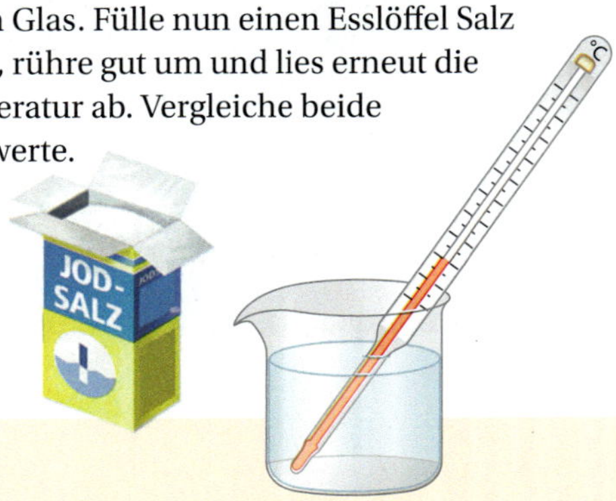

Körper in verschiedenen Aggregatzuständen

Alle Körper unserer Umgebung haben bei Zimmertemperatur einen bestimmten **Aggregatzustand.** Wasser ist flüssig, ein Hammer fest und die Luft gasförmig. Bei einer anderen Temperatur können diese Körper aber auch in einem anderen Aggregatzustand vorliegen (Abb. 1). Wasser kann zu Eis werden, Stahl kann schmelzen, Luft kann verflüssigt werden.

Körper können sich im festen, flüssigen oder gasförmigen Aggregatzustand befinden.

Je nachdem, in welchem Aggregatzustand sich ein Körper befindet, ändert sich mit der Temperatur auch sein Volumen (↗ S. 109–110). Der Körper bleibt aber in demselben Aggregatzustand.

Schmelzen und Erstarren

Unter welchen Bedingungen aber ändert ein Körper seinen Aggregatzustand? Auf den Körper muss so viel Wärme übertragen werden, bis seine Temperatur einen bestimmten Wert, die Schmelz- bzw. die Siedetemperatur, erreicht. Das konntest du in Experiment 1 auf der Seite 120 beobachten. In der Abb. 2 sind die Vorgänge benannt, bei denen sich der Aggregatzustand ändert.
Wird z. B. Eis erwärmt, so steigt seine Temperatur. Der Körper bleibt aber zunächst im festen Aggregatzustand. Bei einer bestimmten Temperatur, der **Schmelztemperatur,** wird das Eis flüssig. Solange das Eis schmilzt, sind sowohl feste als auch flüssige Anteile vorhanden.

Während des Schmelzens ändert sich die Temperatur nicht. Die gesamte zugeführte Wärme wird für das Schmelzen benötigt, also für die Umwandlung des Körpers vom festen in den flüssigen Aggregatzustand. Erst wenn das gesamte Eis geschmolzen ist, steigt die Temperatur wieder an. Die Schmelztemperatur ist abhängig von dem Stoff, aus dem der Körper besteht.
So schmilzt Eis bei einer Temperatur von 0 °C. Die Schmelztemperatur von Stahl beträgt dagegen etwa 1 500 °C.

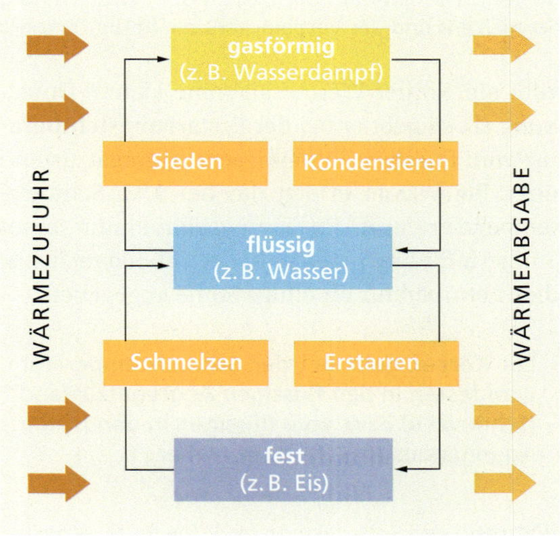

2 Aggregatzustände und ihre Änderungen: Es wird Wärme zugeführt oder abgegeben.

1a Wasser geht bei Temperaturen unter 0 °C in seinen festen Zustand über und liegt als Eis vor.

1b Schokolade wird beim Erwärmen flüssig und kann z. B. für Glasuren genutzt werden.

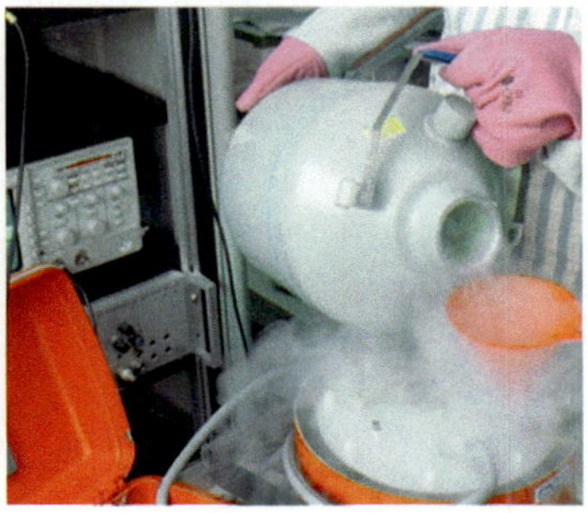

1c Luft und andere Gase können bei sehr tiefen Temperaturen auch flüssig sein.

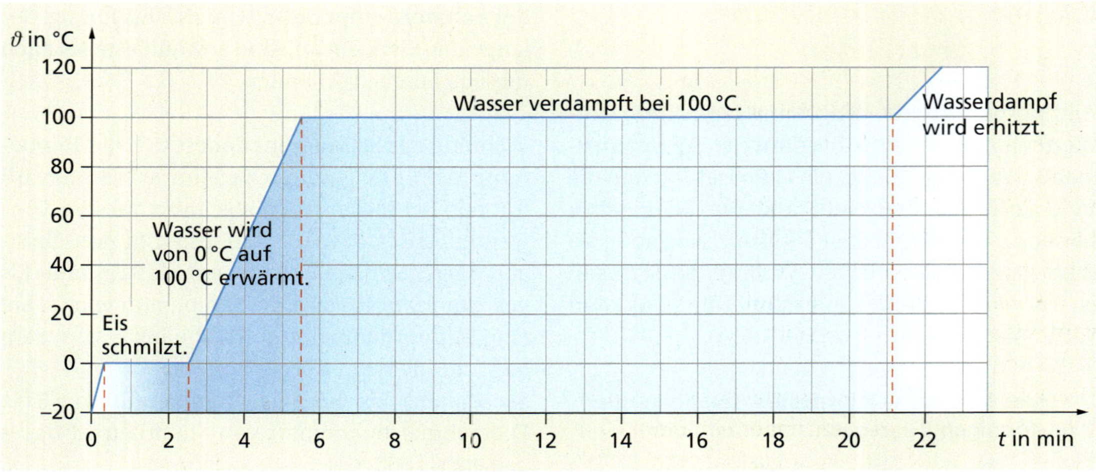

1 Temperaturverlauf bei 1 kg Eis bzw. Wasser und gleichmäßiger Zufuhr von Wärme. Während des Schmelzens und des Verdampfens bleibt die Temperatur gleich.

Gibt ein Körper Wärme an seine kältere Umgebung ab, so geht er bei der **Erstarrungstemperatur** vom flüssigen in den festen Aggregatzustand über. Bei Wasser erfolgt das bei 0 °C. Schmelztemperatur und Erstarrungstemperatur eines Stoffs sind immer gleich. In der Tabelle rechts ist diese Temperatur für einige Stoffe angegeben.

Ein Körper geht bei der Schmelztemperatur vom festen in den flüssigen Aggregatzustand (Schmelzen) bzw. vom flüssigen in den festen Aggregatzustand (Erstarren) über.

Während des Schmelzens und des Erstarrens ändert sich auch das Volumen des Körpers (Abb. 2). Beim Erstarren verkleinert sich bei fast allen Stoffen das Volumen. Wasser macht eine Ausnahme.

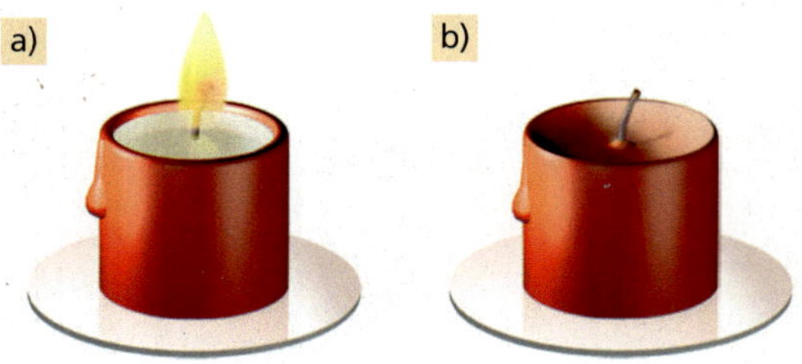

2 Das flüssige Kerzenwachs auf der brennenden Kerze bildet eine glatte Oberfläche (a). Beim Erstarren zieht sich das Wachs zusammen (b).

Schmelztemperatur und Erstarrungstemperatur einiger Stoffe bei normalem Druck

Stoff	Temperatur in °C
Aluminium	660
Blei	327
Eisen	1540
Ethanol	–114
Glycerin	18
Gold	1063
Kupfer	1083
Messing	320
Quecksilber	–39
Silber	961
Stickstoff	–210
Wasser	0
Wolfram	3420
Zinn	232

Gewusst · Gekonnt

1. Ordne die Stoffe in der Tabelle nach ihren Schmelztemperaturen, beginnend mit der niedrigsten Temperatur.

2. Erkunde, worin die Ausnahme bei Wasser besteht.

3. Eine mit Wasser gefüllte Rohrleitung kann bei Frost platzen. Erkläre.

Sieden und Kondensieren

Wird einem flüssigen Körper, z. B. Wasser, Wärme zugeführt, so steigt zunächst seine Temperatur, bis er bei der **Siedetemperatur** zu verdampfen beginnt und gasförmig wird. Solange das Wasser verdampft, also sowohl flüssige als auch gasförmige Teile vorhanden sind, ändert sich die Temperatur des Wassers nicht. Die gesamte zugeführte Wärme wird für die Umwandlung des Körpers vom flüssigen in den gasförmigen Aggregatzustand benötigt.
Umgekehrt gilt: Wenn einem gasförmigen Körper Wärme entzogen wird, so geht er bei seiner **Kondensationstemperatur** vom gasförmigen in den flüssigen Aggregatzustand über. Siedetemperatur und Kondensationstemperatur eines Stoffs sind immer gleich groß.

Ein Körper geht bei der Siedetemperatur vom flüssigen in den gasförmigen Aggregatzustand (Verdampfen) bzw. vom gasförmigen in den flüssigen Aggregatzustand (Kondensieren) über.

So siedet z. B. Wasser bei 100 °C. Bei ebenfalls 100 °C kondensiert Wasserdampf. Andere Stoffe haben andere Siede- bzw. Kondensationstemperaturen (↗ Übersicht rechts). Gold siedet erst bei 2 660 °C.

Siedetemperatur und Kondensationstemperatur einiger Stoffe bei normalem Druck

Stoff	Temperatur in °C
Aluminium	2 450
Blei	1 740
Eisen	3 000
Ethanol	78
Glycerin	291
Gold	2 660
Kupfer	2 600
Messing	1 160
Quecksilber	357
Silber	2 210
Stickstoff	−96
Wasser	100
Wolfram	5 550
Zinn	2 600

Wie die Schmelztemperatur ist auch die Siedetemperatur druckabhängig. Für Wasser gilt: Die Siedetemperatur ist umso höher, je größer der Druck ist. Bei normalem Luftdruck beträgt die Siedetemperatur von Wasser 100 °C. Auf hohen Bergen ist der Luftdruck geringer. Die Siedetemperatur von Wasser liegt dann unter 100 °C. Auf dem höchsten Berg Deutschlands, der Zugspitze (2 962 m), siedet Wasser bei etwa 90 °C. In Schnellkochtöpfen dagegen ist der Druck höher als der normale Luftdruck. Die Siedetemperatur des Wassers liegt dort über 100 °C.

1 Beim Sieden von Wasser entsteht Wasserdampf. Er kondensiert an kalten Körpern.

2 Wolken bilden sich, wenn Wasserdampf in der Atmosphäre kondensiert.

1 Wasser auf der Haut verdunstet. Dadurch kühlt sich die Haut ab. Das kann sogar bei hohen Temperaturen zu einer Erkältung führen.

Verdunsten von Flüssigkeiten

Flüssigkeiten können auch weit unter ihrer Siedetemperatur in den gasförmigen Zustand übergehen. Diesen Vorgang nennt man **Verdunsten.**
Das Verdunsten von Wasser kann man z. B. beim Trocknen einer nassen Straße oder beim Trocknen von Wäsche feststellen. Wie schnell eine Flüssigkeit verdunstet, ist abhängig
- von der Größe ihrer Oberfläche,
- von der Temperatur und
- davon, wie schnell des entstandene Gas abtransportiert wird.

Die Zusammenhänge lassen sich experimentell untersuchen. Dabei ergibt sich:

Eine Flüssigkeit verdunstet umso schneller,
- **je größer ihre Oberfläche ist,**
- **je höher die Umgebungstemperatur ist und**
- **je schneller das entstehende Gas abtransportiert wird.**

Am Beispiel des Trocknens von Wäsche zeigen sich diese Zusammenhänge:
- Wäsche, die auf der Leine ausgebreitet ist, trocknet schneller als zusammengelegte Wäsche.
- An warmen Tagen trocknet Wäsche im Freien schneller als an kalten Tagen.
- Bei starkem Wind trocknet Wäsche schneller als bei Windstille oder schwachem Wind.

Interessantes aus der Natur

Verdunsten genutzt

Das Verdunsten von Flüssigkeiten spielt in der Natur eine wichtige Rolle. Durch das Wasser, das auf der Erde verdunstet, entstehen Wolken und Niederschläge (↗S. 125).
Das Verdunsten ist auch wichtig für die Regulierung unserer Körpertemperatur. Du weißt: Bei heißem Wetter oder körperlicher Anstrengung schwitzt man. Der Schweiß verdunstet teilweise. Zum Verdunsten ist aber Wärme erforderlich. Diese Wärme wird deinem Körper entzogen. Der Körper wird also durch das Verdunsten des Schweißes gekühlt.

Der genannte Effekt wird in der Medizin genutzt. Um kleine Stellen auf der Haut unempfindlich gegen Schmerz zu machen, wird eine Flüssigkeit aufgesprüht, die sehr schnell verdunstet. Die betreffende Stelle kühlt dadurch stark ab und wird unempfindlich gegen Schmerz.

Das Verdunsten von Wasser wird in südlichen Ländern genutzt, um Salz zu gewinnen (Abb. 2). Dazu wird salzhaltiges Meerwasser in flache Becken geleitet. In diesen Becken verdunstet das Wasser allmählich. Zurück bleibt eine dünne Schicht Salz, die abgekratzt wird. Das Salz wird dann gesammelt (Abb. 2) und nach dem vollständigen Abtrocknen gereinigt. Es kann dann als Speisesalz verwendet werden.
Durch das Entsalzen von Meerwasser ist es auch möglich, Trinkwasser zu gewinnen.

2 Gewinnung von Salz aus Meerwasser

Interessantes aus der Natur

Wetterphänomene und Klima

Luft enthält **Wasserdampf,** der für uns nicht sichtbar ist. Er gelangt durch Verdunsten von Wasser in die Atmosphäre.
Der Anteil an Wasserdampf, der sich in der Atmosphäre befindet, wird als **Luftfeuchtigkeit** bezeichnet. Sie kann in Abhängigkeit von den Wetterbedingungen in weiten Grenzen schwanken.
Kondensiert dieser Wasserdampf, so bilden sich **Wolken,** in Erdbodennähe **Nebel** und am Erdboden **Tau.**
Wolken bestehen aber nicht nur aus Wasserdampf. Sie entstehen erst, wenn Wasserdampf an winzigen Staubkörnchen kondensiert. Dabei entstehen Wassertröpfchen.
Solange die Wassertröpfchen sehr klein sind, fallen sie nicht zur Erde. Aufwinde halten sie in der Schwebe. Erst wenn sie hinreichend groß und schwer sind, beginnt es zu regnen.

In einigen Kilometern Höhe hat die Atmosphäre in der Regel Temperaturen von weniger als 0 °C. In dieser Höhe dienen die Staubkörnchen als „Kristallisationskerne" für **Schneekristalle.** Auch **Hagelkörner** entstehen in sehr großer Höhe. Bei niedrigen Temperaturen gefrieren die Wassertropfen zu Eis. Da große Hagelkörner schnell zur Erde fallen, bleibt ihnen keine Zeit mehr zum Schmelzen.

Von **Reif** spricht man, wenn in wolkenlosen kalten Nächten die Luft in Bodennähe unter den Gefrierpunkt abkühlt und die Feuchtigkeit (Tau) an der Oberfläche von Gräsern, Ästen oder Gebäuden gefriert.

Alle Wetterphänomene gehen in der **Atmosphäre** vor sich. Abb. 1 zeigt ihren Aufbau.
Die **Troposphäre** ist der unterste Bereich, in dem sich jene Prozesse abspielen, die wir unter dem Begriff **Wetter** zusammenfassen.

Während das Wetter den augenblicklichen Zustand der Wettererscheinungen an einem bestimmten Ort kennzeichnet, versteht man unter **Klima** den langjährigen Witterungsverlauf an einem Ort oder in einem größeren Bereich.

Die Registrierung des Wettergeschehens erfolgt heute durch ein umfangreiches Netz von Wetterstationen und durch Wettersatelliten (↗ Abb. oben rechts).
Diese ständigen Beobachtungen und Messungen werden genutzt, um die langfristige Entwicklung des Klimas zu verfolgen.

Intensiv wird in der Wissenschaft und in der Öffentlichkeit diskutiert, wie sich langfristig unser Klima entwickeln könnte. Durch wissenschaftliche Untersuchungen ist belegt:
- In den letzten Jahrzehnten wurde eine Erhöhung der mittleren Temperatur an der Erdoberfläche von 0,5 bis 0,7 °C registriert.
- In Klimaberechnungen wird für die nächsten Jahrzehnte von einer durchschnittlichen Erwärmung um 1,5 bis 3,0 °C ausgegangen.

Eine der Ursachen für die registrierte Erwärmung ist der vom Menschen herbeigeführte zusätzliche **Treibhauseffekt,** der durch die Erhöhung der Konzentration von Gasen in der Atmosphäre, insbesondere von Kohlenstoffdioxid (CO_2), ausgelöst wird. Aktuelle Aufgabe ist es, diesen Prozess zu stoppen. Dazu kann jeder einen Beitrag leisten.

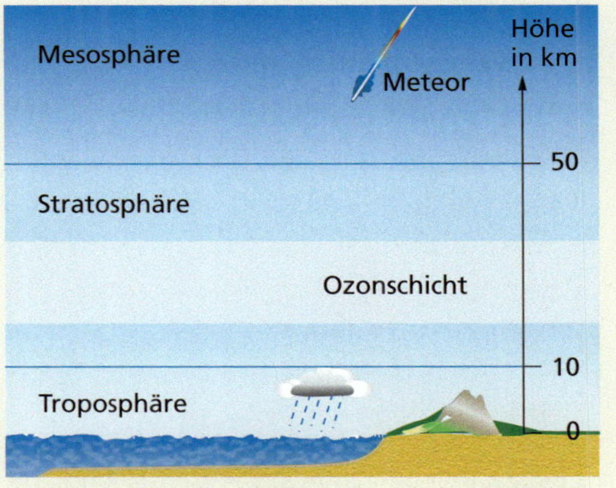

1 Alle Wettererscheinungen gehen in der unteren Atmosphäre (bis etwa 10 km) vor sich.

Gewusst · Gekonnt

1. Dreimal Wasser?
Lina zweifelt an, dass Regentropfen, Eiszapfen und Wasserdampf alle etwas Gemeinsames haben. Mit welchen Erläuterungen kannst du ihr helfen?

2. Finde die Fehler
Gordon hat die folgende Tabelle mithilfe eines Tafelwerks ausgefüllt. Dabei sind ihm Fehler unterlaufen. Finde die Fehler und korrigiere sie.

Schmelztemperatur von Wolfram	4387 °C
Kondensationstemperatur von Wasser	100 °C
Siedetemperatur von Quecksilber	257 °C
Erstarrungstemperatur von Wachs	50 °C
Siedetemperatur von Stickstoff	–196 °C

3. Aggregatzustandsänderungen
Nenne und erläutere einige Aggregatzustandsänderungen,
a) die in der Natur auftreten,
b) die im Haushalt zu beobachten sind.

4. Bei Vulkanen geht es heiß her
Glühende Lava (↗ Abb.) aus einem Vulkan wird nach dem Erstarren hartes Gestein.

Was kann man daraus über die Temperatur der Lava und die Temperatur im Erdinnern ableiten?

5. Wassertropfen
Beim Kochen von Suppe bilden sich an der Innenseite des Topfdeckels Wassertropfen. Bewerte, welche der angegebenen Erklärungen zutrifft.
a) Ein Teil des siedenden Suppenwassers spritzt gegen den Deckel.
b) Ein Teil des verdampften Wassers der Suppe trifft auf den kälteren Deckel und kondensiert.
c) Der Wasserdampf ist viel kühler als der Deckel und setzt sich am Deckel ab.

6. Ein beschlagener Spiegel
Wenn du heißes Wasser in die Badewanne lässt oder dich duschst, dann beschlägt häufig der Spiegel (↗ Foto).

Erkläre, wie das zustande kommt.

7. Klare Scheiben auch im Winter
Damit die Scheibenwaschanlage eines Autos auch im Winter funktioniert, muss man dem Wasser ein Frostschutzmittel beigeben. Was soll das Frostschutzmittel bewirken?

8. Eine Kältemischung
Fülle Eis oder Schnee in ein Becherglas und miss die Temperatur. Mische nun etwa die halbe Menge Kochsalz dazu und rühre um. Miss wieder die Temperatur.
Begründe die Ergebnisse deiner Messungen mithilfe des Begriffs Wärme.
Hinweis: Salzwasser gefriert bei niedrigerer Temperatur als Leitungswasser.

9. Feste Verbindung durch Löten

Beim Löten mit einem Lötkolben lassen sich z. B. Drähte fest miteinander verbinden. Erforderlich ist dazu Lötzinn.

a) Beschreibe, wie man beim Löten vorgeht.
b) Fertige aus Draht eine Skulptur an. Wem gelingt die schönste Skulptur?

10. Ein heißer Föhn

Beim Föhnen der Haare kannst du eine interessante Beobachtung machen:
Solange die Haare feucht sind, ist der heiße Luftstrom des Föhns kaum spürbar, mitunter erscheint er sogar kühl. Bei trockenen Haaren merkst du, dass der Luftstrom tatsächlich heiß ist.
Wie sind diese Unterschiede zu erklären?

11. Kondensstreifen

Flugzeuge, die in großer Höhe fliegen, ziehen oft „Kondensstreifen“ hinter sich her. Wie kommen sie zustande?

12. Spurlos verschwunden

Wo bleibt eigentlich das Wasser, wenn eine nasse Tafel bereits nach kurzer Zeit wieder trocken ist? Erkläre.

13. Einfach die Windrichtung bestimmen

Wenn du einen angefeuchteten Finger hochhältst, kannst du recht gut die Windrichtung bestimmen. Probiere es aus. Erkläre unter Nutzung deiner Kenntnisse zum Verdunsten.

14. Kühlung durch Schweiß

Bei sehr warmem Wetter oder starker Anstrengung schützt sich der menschliche Körper vor Überhitzen durch de Absonderung von Schweiß.
Erläutere, wie durch Schweißabsonderung die menschliche Haut gekühlt wird.

15. Schwitzen Tiere?

Nicht nur der Mensch, sondern auch Tiere schützen sich bei hohen Temperaturen vor Überhitzung. Dabei werden verschiedene Strategien genutzt. Erkunde, wie verschiedene Tiere ihre Körpertemperatur regulieren.

16. Warm oder kalt?

Wie kann es sein, dass du unmittelbar nach dem Baden leicht frierst, obwohl die Lufttemperatur wesentlich höher als die Wassertemperatur ist?

17. Luftfeuchtigkeit und Wohlbefinden

Die Luftfeuchtigkeit in Räumen kann man mit einem Hygrometer messen. Zu geringe Luftfeuchtigkeit kann unangenehm sein und z. B. zu Husten führen.

a) Miss die Luftfeuchtigkeit in verschiedenen Räumen eurer Wohnung (Angabe in Prozent).
b) Erkunde, welche Werte für Wohnräume empfohlen werden.
c) Beschreibe Möglichkeiten, wie man die Luftfeuchtigkeit in Wohnräumen beeinflussen kann.

Aggregatzustandsänderungen

Stoffe können in verschiedenen Aggregatzuständen vorliegen.

Stoffe können fest, flüssig oder gasförmig sein.

Wasser gibt es in der Natur als festes Eis, flüssiges Wasser und gasförmigen Wasserdampf.

Die Umwandlung von einem Aggregatzustand in einen anderen erfolgt für jeden Stoff bei einer bestimmten Temperatur.

- Damit ein Körper seinen Aggregatzustand ändert, muss ihm Wärme zugeführt oder entzogen werden.

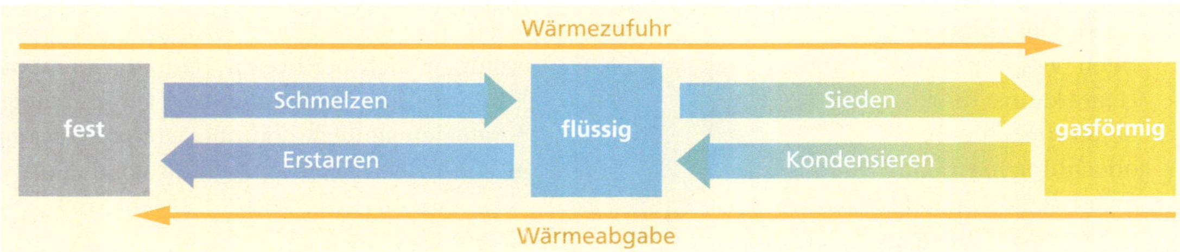

- Während des **Schmelzens** und **Erstarrens** bleibt die Temperatur (Schmelztemperatur, Erstarrungstemperatur) gleich.

- Während des **Siedens** und **Kondensierens** bleibt die Temperatur (Siedetemperatur, Kondensationstemperatur) gleich.

- Beim **Verdunsten** geht eine Flüssigkeit unterhalb der Siedetemperatur vom flüssigen in den gasförmigen Aggregatzustand über. Dafür ist Wärme erforderlich, die der Umgebung entzogen wird. Die Umgebung kühlt sich dadurch ab.

Die Verdunstungskälte, die beim Schwitzen entsteht, spielt bei der Regulierung der Körpertemperatur eine wichtige Rolle.

Wahlpflicht: Wärmedämmung

Wärmeübertragung und Wärmedämmung

Wärme gelangt auf sehr unterschiedliche Weise von einem warmen Körper zu einem kälteren Körper. Das ist nicht nur bei einem Haus so, sondern auch bei den Beispielen in Abb. 1. Während die Wärmeübertragung vom Föhn und von der Sonne erwünscht ist (Abb. 1b, c), stört sie uns, wenn der Tee zu schnell abkühlt (Abb. 1a).

Besonders unerwünscht ist die Wärmeübertragung von geheizten Räumen nach außen.

Diese kann durch Maßnahmen der **Wärmedämmung** gering gehalten werden. Damit man z. B. ein Haus gut isolieren kann, muss man die Möglichkeiten der Wärmeübertragung kennen und wissen, wovon die Übertragung von Wärme abhängt. Nachfolgend werden die drei Arten der Wärmeübertragung erläutert.

Wärmeleitung

Moderne Kochtöpfe leiten über einen besonderen Boden die Wärme der Heizplatte rasch weiter. Die Griffe bleiben jedoch kalt. Ein metallischer Löffel in Tee hat sich in kurzer Zeit erwärmt. Das gilt auch für den Teil des Löffels, der sich nicht im Tee befindet.

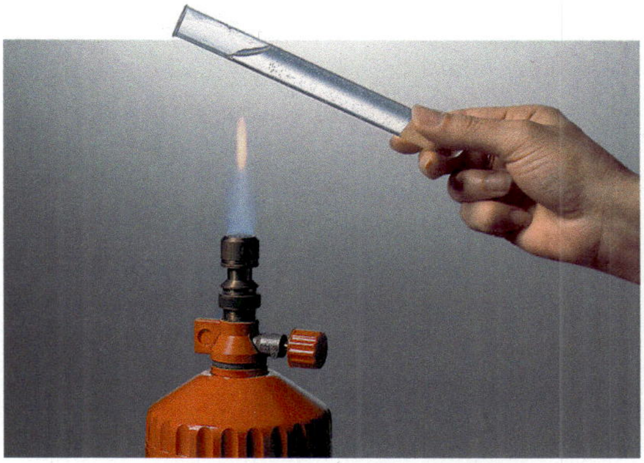

2 Wasser ist ein schlechter Wärmeleiter.

In allen diesen Fällen wird die Wärme durch einen Körper von einem Ort höherer Temperatur zu einem Ort niedrigerer Temperatur übertragen.

Das geschieht so lange, bis überall die gleiche Temperatur herrscht. Diese Art der Wärmeübertragung heißt **Wärmeleitung**.

Bei Heizkörpern, Lötkolben oder Kochtöpfen ist die Wärmeleitung erwünscht. Bei einem Thermosgefäß oder bei Hauswänden ist sie unerwünscht. Wie viel Wärme durch einen Körper hindurch übertragen wird, hängt ab

- von dem Temperaturunterschied, bei einem Haus zwischen innen und außen,
- von dem Stoff, durch den die Wärme übertragen wird. Es gibt gute und schlechte Wärmeleiter.

1a Wärme gelangt durch Wärmeleitung vom heißen Tee bis zum Ende des metallischen Löffels.

1b Wärme wird durch die strömende Luft vom Föhn zu den Haaren transportiert.

1c Wärme gelangt durch Strahlung von der Sonne zur Erde. Daran ist kein Stoff beteiligt.

Wahlpflicht: Wärmedämmung

Gute Wärmeleiter sind Körper aus Metallen, vor allem aus Kupfer, Aluminium, Gold und Silber.

Zu den **schlechten Wärmeleitern** gehören Wasser, Holz, Papier, viele Kunststoffe und Luft. Die schlechte Wärmeleitfähigkeit von Luft wird an vielen Stellen genutzt, insbesondere zur Wärmedämmung. Dämmstoffe wie Glaswolle oder Styropor enthalten in Poren und Zwischenräumen viel Luft. Sie sind geeignet, die Wärmeleitung durch Häuserwände, Dächer und Heizungsrohre, aber auch durch Kühlschränke zu dämmen.
Fenster mit Doppel- oder Dreifachverglasung nutzen die eingeschlossene Luft, damit möglichst wenig Wärme nach außen gelangt.

1. *Mit Topflappen kann man einen heißen Topf anfassen, ohne dass man sich verbrennt. Wie ist das zu erklären?*

2. *Luft ist ein schlechter Wärmeleiter. Erkläre, warum man im Winter mehrere Kleidungsstücke übereinanderzieht.*

3. *Wickle drei Eiswürfel in einen Wollschal, drei in Alufolie. Lass drei offen liegen. Was stellst du nach einiger Zeit fest? Erkläre deine Beobachtung.*

Viele alltägliche Erfahrungen lassen sich ebenfalls mit der unterschiedlichen Wärmeleitung der Stoffe erklären. So erscheint z.B. Barfußlaufen auf Badfliesen kälter als auf der Duschvorlage, obwohl beide die gleiche Temperatur haben. Die Fliesen leiten die Körperwärme schneller ab als Textilien. Unser Körper kann nicht schnell genug Wärme nachliefern. Wir spüren eine Verringerung unserer Hauttemperatur.

4. *Fasse in der Wohnung einen Gegenstand aus Holz und dann aus Metall an. Beschreibe deine Beobachtungen. Erkläre sie mit der unterschiedlichen Wärmeleitung.*

Wärmeströmung

In Warmwasserheizungen strömt erhitztes Wasser durch Rohre (Abb. 2) bis in die einzelnen Heizkörper. Durch das strömende Wasser wird Wärme übertragen. Die Heizkörper geben die Wärme an die Raumluft ab. Die erwärmte Luft beginnt ebenfalls zu strömen und überträgt die Wärme an den gesamten Raum. Diese Art der Wärmeübertragung wird **Wärmeströmung** genannt.

5. *Führt das in Abb. 1 dargestellte Experiment durch. Beobachtet und beschreibt.*

6. *Eine für das Wetter in Europa bedeutsame Meeresströmung ist der Golfstrom. Informiert euch über den Golfstrom und fertigt dazu eine kurze Präsentation an.*

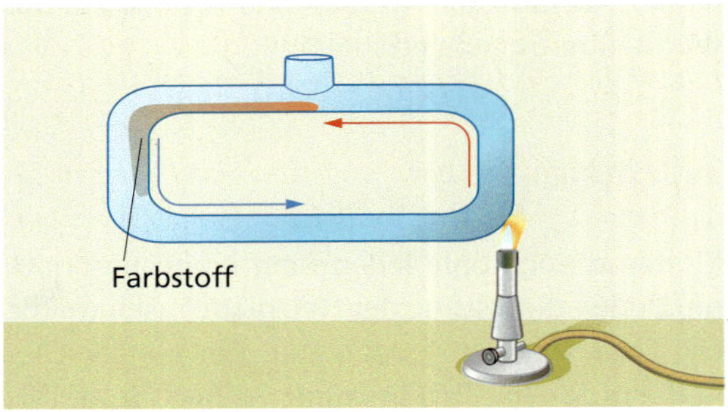

1 Erwärmtes Wasser strömt nach oben. Es entsteht ein Kreislauf, den man sichtbar machen kann.

2 Erwärmtes Wasser wird bei Fernheizungen durch Rohrleitungen gepumpt.

Wahlpflicht: Wärmedämmung

Wärmestrahlung

Du kennst die angenehme Wärme der Sonnenstrahlung. Sie gelangt durch den leeren Weltraum, also ohne Stoff, zur Erde. Auch Heizkörper, Rotlichtlampen oder die Heizplatte eines Elektroherds strahlen Wärme ab. Das merkst du, wenn du eine Hand in die Nähe hältst. Diese Art der Wärmeübertragung wird **Wärmestrahlung** genannt.

Sehr heiße Körper wie die Oberfläche der Sonne oder eine Rotlichtlampe senden neben sichtbarem Licht auch Wärmestrahlung aus. Solche Wärmestrahlung geht aber auch von Körpern mit niedrigerer Temperatur aus. Der Mensch oder ein beheiztes Haus senden ebenfalls Wärmestrahlung aus. Das wird genutzt, um mit speziellen Kameras **Wärmebilder** anzufertigen (Abb. 2).

Solche Bilder zeigen die Temperaturverteilung an der Außenfläche eines Gebäudes oder eines beliebigen anderen Körpers.

7. *Betrachte das Foto und das zugehörige Wärmebild (Abb. 2). Vergleiche. Beschreibe, was man einem solchen Wärmebild entnehmen kann.*

8. *Erläutere an Beispielen das Auftreten von Wärmestrahlung im Haushalt.*

2 Fotografie und Wärmebild eines Gebäudes

Wenn Wärmestrahlung auf einen Körper trifft, so wird sie zum Teil **absorbiert** (aufgenommen) und zum Teil **reflektiert** (zurückgeworfen). Die absorbierte Strahlung erwärmt den Körper.

Körper mit dunklen, rauen oder matten Oberflächen absorbieren viel, reflektieren aber wenig Wärmestrahlung.

Körper mit hellen, glatten oder glänzenden Oberflächen absorbieren wenig und reflektieren viel Wärmestrahlung (Abb. 3).

9. *Begründe, warum man im Sommer helle Kleidung bevorzugt und im Winter eher dunkle Kleidung.*

1 Die Wärmestrahlung einer Rotlichtlampe wird bei der Aufzucht von Ferkeln genutzt.

3 Durch die weiße Lackierung des Tankwagens wird viel Wärmestrahlung reflektiert.

Wahlpflicht: Wärmedämmung

Wärmedämmung hilft sparen

Wie bleibt es im Haus „schön warm"? Die Wärme aus gut geheizten Räumen soll natürlich nicht nach außen gelangen. Das gelingt nur zum Teil. Vor allem durch Wände, Fenster und das Dach gelangt Wärme aus dem Innern des Hauses in die Umgebung (Abb. 1).
Genauer zeigt eine spezielle Fotoaufnahme, ein Wärmebild, an welchen Stellen Wärme aus dem Innern nach außen gelangt (Abb. 2).

10. *Betrachtet das Wärmebild in Abb. 2. Diskutiert, ob das Haus an allen Stellen gut isoliert ist. An welchen Stellen gelangt besonders viel Wärme nach außen? Entwickelt Ideen, wie man Abhilfe schaffen könnte.*

11. *Welche Temperaturen werden für die unterschiedlichen Räume in einem Haus empfohlen und warum? Vergleicht die Temperaturen, bei denen ihr euch wohlfühlt.*

12. *Erkundet, welchen Anteil die Heizkosten an den Betriebskosten eines Hauses haben.*

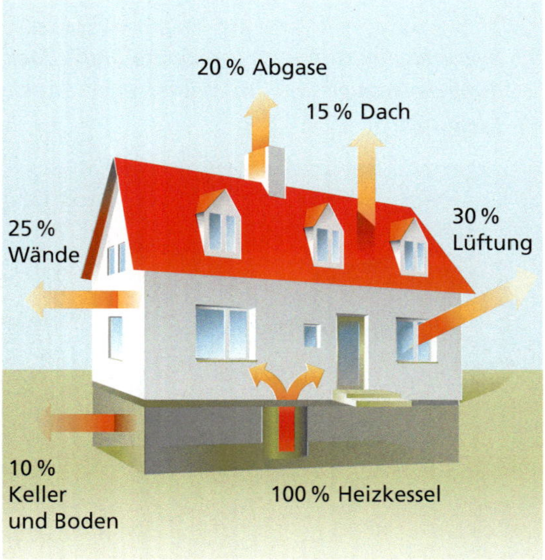

1 Wärmebilanz bei einem Haus: Angegeben sind Durchschnittswerte.

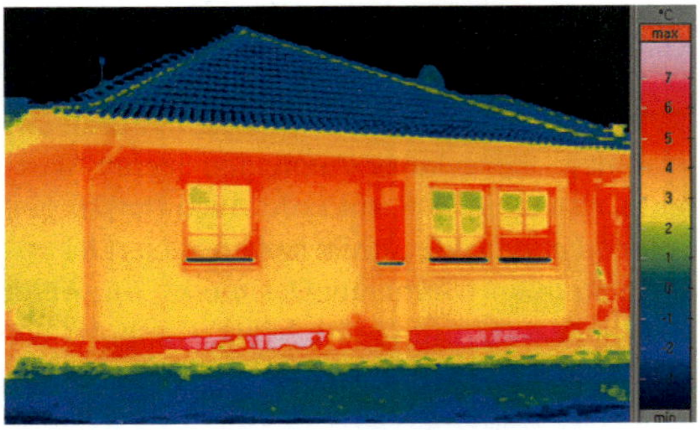

2 Die Wärmeabgabe ist an den roten Stellen besonders groß, an den blauen Stellen gering.

13. *Untersucht an einem Modellhaus, welche Materialien die Wärme besonders gut dämmen. Baut ein Modellhaus aus Pappe. Das Dach soll abzunehmen sein. Wählt die Größe des Modellhauses so, dass ein Becherglas oder eine große Tasse mit Wasser gut hineinpasst.*

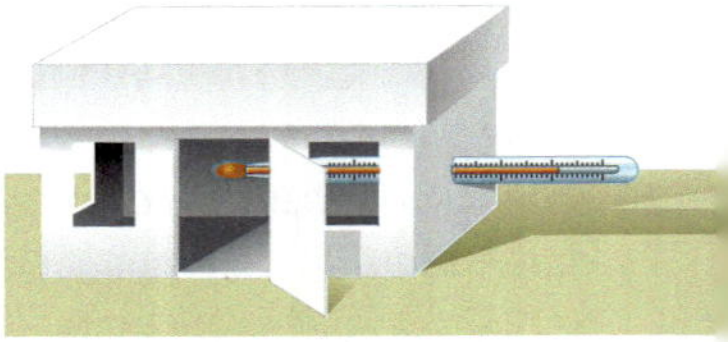

Tipp: Stellt ein Becherglas mit heißem Wasser in das Modellhaus und messt in Abständen von 5 Minuten die Temperatur.
Kleidet das Modellhaus mit unterschiedlichen Dämmstoffen aus.
Welche Folgerungen ergeben sich aus diesen Untersuchungen für die Verwendung von Materialien beim Hausbau?

14. *Tragt Argumente zusammen, wie man durch Wärmedämmung Kosten bei der Heizung sparen kann.*

Es gibt aber noch andere Maßnahmen, durch die ihr jeden Tag verhindern könnt, dass zu viel Wärme nach außen abgegeben wird.

15. *Formuliert Energiespartipps für den Umgang mit der Heizung. Bewertet, wie bei euch zu Hause diese Tipps umgesetzt werden. Diskutiert darüber mit euren Eltern.*

Wahlpflicht: Wärmedämmung

Unterkünfte – gut gedämmt

Menschen haben schon immer danach gestrebt, sich Unterkünfte zu verschaffen, in denen sie gut leben können.
So waren in der Frühzeit der Menschheit Felswohnungen weitverbreitet.

16. *Erkunde, was eine Felswohnung ist und unter welchen Bedingungen Menschen in solchen Wohnungen gelebt haben.*

In Nordeuropa und im Hochgebirge wurden und werden als Übernachtungsmöglichkeit Iglus genutzt (Abb. 2).

17. *Finde heraus: Wie ist ein Iglu aufgebaut? Wie wird gewährleistet, dass man bei tiefen Temperaturen nicht erfriert? Warum ist bei tiefen Temperaturen ein Iglu günstiger als ein Zelt?*

In Mitteleuropa, speziell in Deutschland, wurden viele Jahrhunderte lang Gebäude errichtet, die kaum eine Wärmedämmung hatten. Die Folge war, dass es im Innern der Gebäude in der kalten Jahreszeit häufig kalt und ungemütlich war. Erst in den letzten Jahrzehnten ist man dazu übergegangen, Gebäude mit einer Wärmedämmung zu versehen (Abb. 1).

1 Durch Dämmplatten kann die Wärmedämmung eines Hauses wesentlich verbessert werden.

2 Bau eines Iglus – einer Unterkunft bei niedrigen Temperaturen

Das spart Heizenergie, schont damit die Umwelt und senkt die Betriebskosten. Eine weitere wichtige Maßnahme besteht darin, durch Sonnenkollektoren und Solarzellen Sonnenenergie für die Heizung von Häusern und für die Gewinnung von elektrischer Energie zu nutzen.

18. *Erkunde, was ein Sonnenkollektor ist und wie er funktioniert.*

19. *Moderne Häuser sind Niedrigenergiehäuser oder sogar Nullenergiehäuser.*
    a) *Erkundet, was das bedeutet.*
    b) *Erforscht und diskutiert, welche Möglichkeiten es gibt, in der Schule und zu Hause Energie zu sparen.*

3 Bei Niedrigenergiehäusern wird insgesamt nur wenig Energie „von außen“ benötigt.

4 Elektrische Stromkreise

Elektrizität im Alltag
Einschalten und los geht‘s – das schätzen wir an elektrischen Geräten. Aber was, wenn der Akku des Handys leer ist oder eine Leitung defekt? Ohne Elektrizität läuft (fast) nichts.

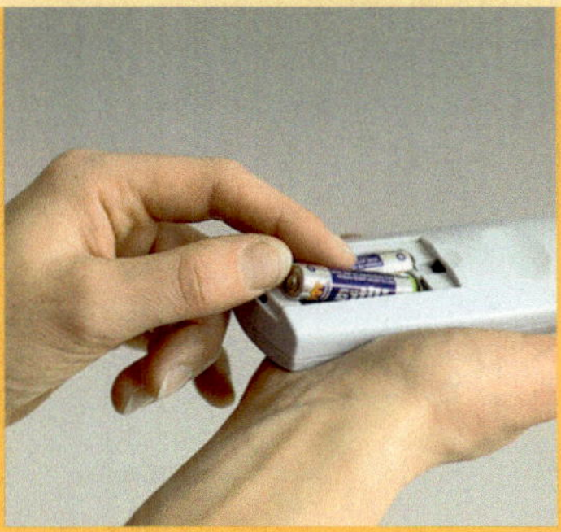

Elektrizität – geht's auch ohne?
Natürlich nicht. Umso spannender ist es, etwas über Vorgänge zu erfahren, die wir nicht wahrnehmen können, weil wir für sie kein Sinnesorgan haben. Aber Strom hinterlässt Wirkungen und die können wir nachweisen. Wir entdecken über „Umwege“ wichtige Zusammenhänge in Stromkreisen. Sie gelten in unserem Handy ebenso wie in unserer Wohnung oder in einem Auto. Sie sind hilfreich bei Voraussagen oder Pannen.

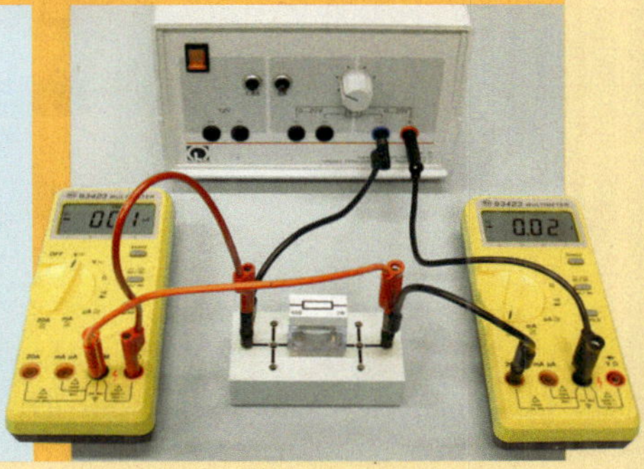

4.1 Elektrischer Strom und einfache Schaltungen

1 Elektrizität überall

Moderne Fahrzeuge sind ohne elektrischen Strom undenkbar. Auch im Haushalt funktionieren viele Geräte nur, wenn wir sie an eine Steckdose anschließen und den Schalter oder die Fernbedienung betätigen.
Was aber ist elektrischer Strom? Mit welcher Spannung wird im Haushalt gearbeitet? Welche Spannungen sind lebensgefährlich? Diskutiert diese Fragen.

2 Ohne elektrischen Strom läuft nichts

Sieh dich im Haus um. Für welche Geräte wird elektrischer Strom benötigt? Welche Wirkungen des elektrischen Stroms werden bei dem abgebildeten Gerät genutzt?

3 Elektrische Spannung aus Obst

Baue eine Spannungsquelle. Gelingt der Versuch auch mit Elektroden aus dem gleichen Metall?
Wähle verschiedene Früchte und Metalle.

4 Zweimal Akku laden

Wenn dein MP3-Player schwächelt, ist klar: Akku laden. Fertige eine Übersicht über Batterien und Akkumulatoren an. Auch der Radfahrer lädt „seinen Akku" auf. Diskutiert über die Bedeutung weiterer Redewendungen wie „geladen sein" oder „unter Spannung stehen". Unterscheidet zwischen Alltagssprache und Fachsprache.

Sicherheit zuerst!

Das Experimentieren im Physikunterricht erfordert das Einhalten von Regeln. Nur so kannst du dich und andere vor Gefahren schützen.
Besonders beim Umgang mit elektrischem Strom sind bestimmte Regeln einzuhalten (↗ Kasten unten).
Der Mensch hat kein Sinnesorgan für elektrischen Strom.
Unser Körper leitet aber den elektrischen Strom. Deshalb kann es beim Stromfluss durch unseren Körper zu lebensgefährlichen Verletzungen kommen. Durch Einhaltung der Regeln kann das vermieden werden.

Regeln für einen sicheren Umgang mit elektrischem Strom

- Experimentiere niemals mit elektrischen Quellen, die eine Spannung von 25 V und mehr besitzen.
Beachte: Die Netzspannung beträgt 230 V und ist daher lebensgefährlich.

- Berühre niemals die Pole einer Steckdose, blanke Leitungen oder Leitungen mit schadhafter Isolierung mit bloßen Händen, metallischen Gegenständen oder anderen Leitern, z. B. Bleistift- oder Kugelschreiberminen.

- Schließe Geräte stets an die richtige elektrische Quelle an. Die Spannungen von elektrischer Quelle und Gerät müssen annähernd übereinstimmen.

- Fasse Geräte, die an eine Steckdose angeschlossen sind, niemals mit feuchten oder gar nassen Händen an.

- Ziehe Stecker niemals an den Leitungen aus der Steckdose, sondern stets am Stecker.

- Baue Experimente nur bei ausgeschalteter elektrischer Quelle auf.

- Schalte die elektrische Quelle erst dann ein, wenn deine Lehrkraft die Schaltung überprüft hat.

Selbst erforscht

Fahrradlampe intakt?

Deine Fahrradbeleuchtung ist nur mit intakten Lampen vorschriftsmäßig. Wie kannst du feststellen, ob eine Lampe in Ordnung ist?

1. Untersuche, wie du mit einer Flachbatterie prüfen kannst, ob ein Lämpchen intakt ist.
   a) Du kannst die Lampe direkt mit den Anschlüssen einer Batterie verbinden oder eine Fassung und Verbindungsleiter nutzen (↗ Skizzen).
   Finde heraus, wie du die Lampe mit der Batterie verbinden musst, damit sie leuchtet.

   b) Was passiert, wenn du die Kabel in der Fassung (an den Anschlüssen) vertauschst?

2. Verwende anstelle der Flachbatterie ein Netzgerät. Beachte die Regeln beim Umgang mit elektrischem Strom.
   a) Baue den Versuch auf (↗ Abb.). Lege eine Spannung von 4 V an.

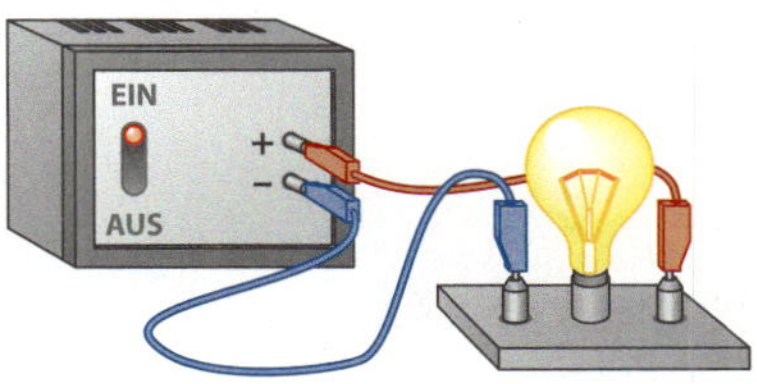

   b) Drehe das Lämpchen etwas aus der Fassung heraus. Was beobachtest du?
   c) Fasse zusammen: Unter welchen Bedingungen leuchtet eine Lampe?

Elektrischer Strom – was ist das?

Ohne elektrischen Strom ist unser Leben kaum vorstellbar. Lampen, Handys, Computer, Elektroherde, Kühlschränke oder Autos funktionieren nur mit elektrischem Strom. Was aber ist elektrischer Strom? Was fließt in den Leitungen und Geräten? Und woher kommt der Strom?

In jedem metallischen Leiter befinden sich winzige Elektronen. Diese können sich im Leiter frei bewegen. Wird z. B. eine Glühlampe durch Leiter mit einer Spannungsquelle verbunden (Abb. 2), dann werden die frei beweglichen Elektronen im Leiter durch die Spannung angetrieben. Dadurch bewegen sie sich vorzugsweise in eine Richtung (Abb. 2). Es fließt ein elektrischer Strom durch den Leiter.

Elektrischer Strom in einem metallischen Leiter ist die gerichtete Bewegung von Elektronen in diesem Leiter.

Ein elektrischer Strom fließt nur dann, wenn ein geschlossener Stromkreis mit Spannungsquelle vorliegt. Ein Beispiel dafür zeigt Abb. 1a.

Jede Spannungsquelle und jedes elektrische Gerät hat zwei Anschlüsse. Bei einer Spannungsquelle bezeichnet man sie als die beiden Pole. Batterien, Akkumulatoren oder Netzgeräte haben einen Pluspol (mit + gekennzeichnet) und einen Minuspol, der meist nicht gekennzeichnet ist. Bei einer Steckdose erfolgt keine Kennzeichnung, weil sich dort die Polung ständig ändert.

Ein elektrischer Strom fließt nur dann, wenn die beiden Pole der Spannungsquelle mit den zwei Anschlüssen eines elektrischen Geräts durch Leiter verbunden sind, wenn also ein geschlossener Stromkreis vorliegt.

Bei vielen Geräten ist es wichtig, dass die Polung der Spannungsquelle beachtet wird. Bei falscher Polung funktionieren die Geräte nicht. Das merkst du, wenn du in ein Gerät Batterien falsch einlegst.

Die Elektrizität, die wir im Haushalt den Steckdosen entnehmen, wird durch Kraftwerke bereitgestellt. Zunehmend werden auch Windräder und Solaranlagen zur Gewinnung von elektrischer Energie genutzt.

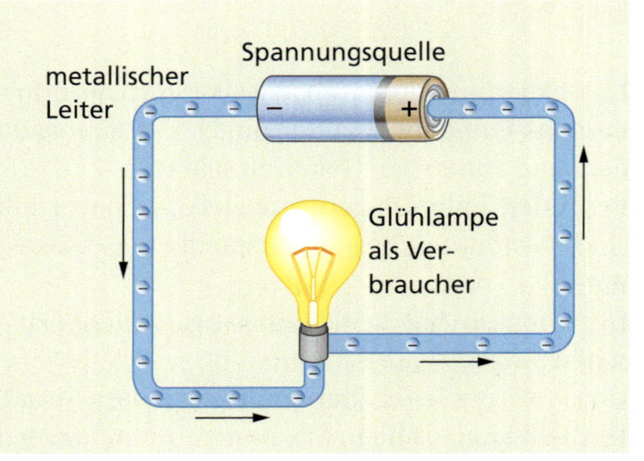

2 Modell eines Stromkreises: Elektronen bewegen sich im metallischen Leiter gerichtet.

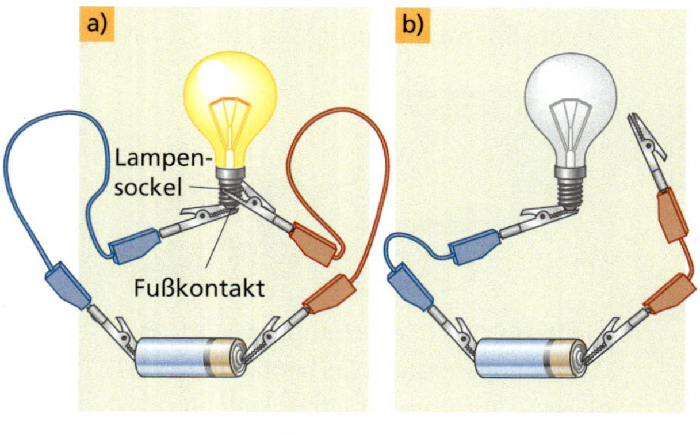

1 Geschlossener Stromkreis (a) und unterbrochener Stromkreis (b)

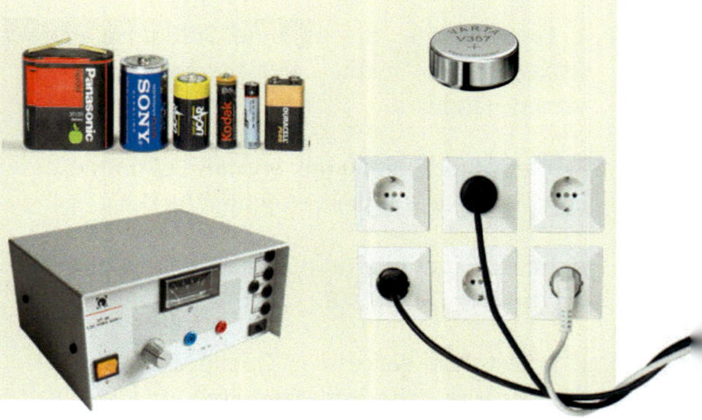

3 Verschiedene elektrische Quellen: Bei Batterien ist der Pluspol gekennzeichnet.

Schaltpläne und Schaltzeichen

Elektrische Stromkreise können in **Schaltplänen** vereinfacht und übersichtlich dargestellt werden (Abb. 2).
Für die einzelnen Bauteile bzw. Geräte verwendet man **Schaltzeichen.** Einige dieser Schaltzeichen findest du in der Übersicht rechts.
In den meisten elektrischen Stromkreisen ist ein **Schalter** eingebaut, mit dem der Stromkreis geschlossen oder geöffnet werden kann (Abb. 1). Bei geöffnetem Schalter ist der elektrische Stromkreis unterbrochen.
Bauteile und Geräte in Stromkreisen werden auch elektrische **Verbraucher** genannt. In vielen Geräten sind aus Sicherheitsgründen **Sicherungen** eingebaut, die bei Störungen und Überlastung den Stromkreis unterbrechen.
Neben Glühlampen können sich auch Widerstände oder Motoren in Stromkreisen befinden.

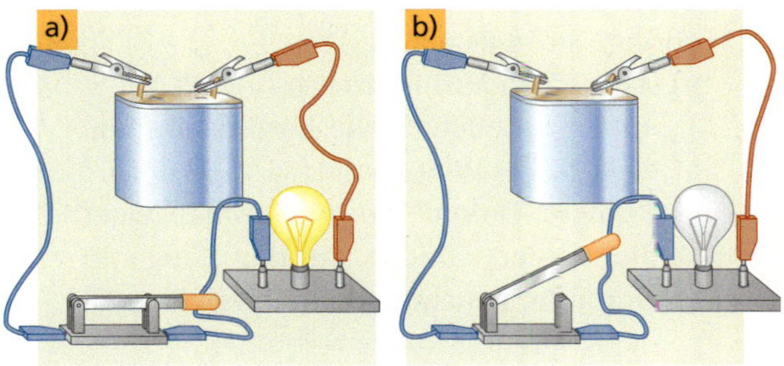

1 Mit einem Schalter kann ein Stromkreis geschlossen (a) oder geöffnet (b) werden.

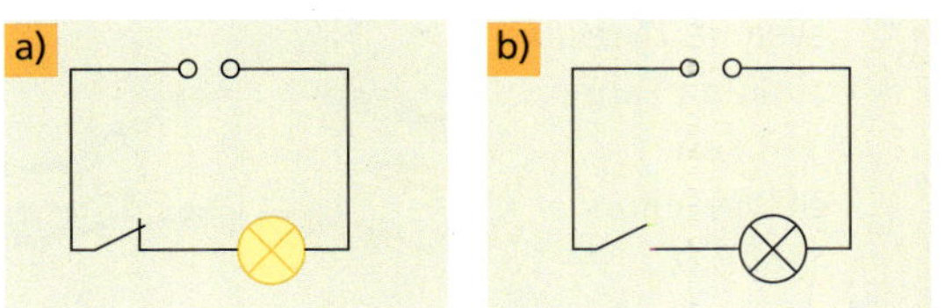

2 Schaltplan für einen geschlossenen Stromkreis (a) und einen geöffneten Stromkreis (b)

Gewusst · Gekonnt

Vergleiche die Darstellungen in den Abb. 1 und 2. Was haben sie gemeinsam, worin unterscheiden sie sich?

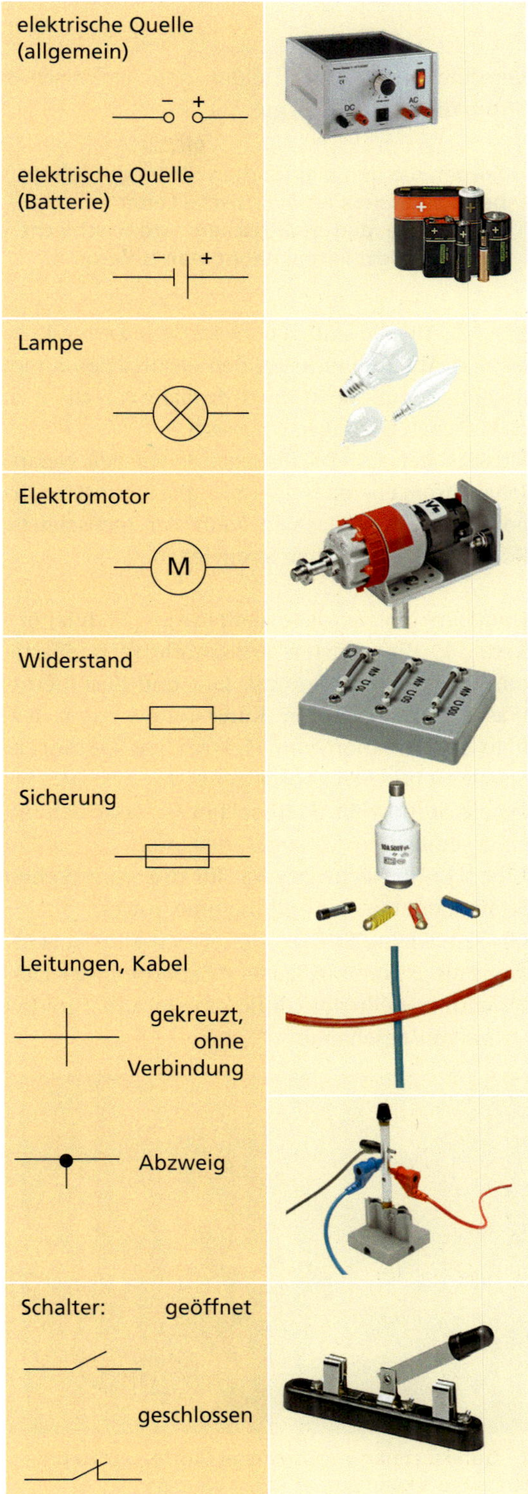

Leiter und Isolatoren

Verschiedene Körper leiten den elektrischen Strom unterschiedlich gut.

Körper, die den elektrischen Strom gut leiten, bezeichnet man als elektrische Leiter.
Körper, die den elektrischen Strom schlecht oder gar nicht leiten, nennt man Isolatoren.

Fast alle Metalle sind gute **elektrische Leiter.** Kupfer und Aluminium leiten den elektrischen Strom besonders gut. Sie werden deshalb vor allem in elektrischen Leitungen eingesetzt.
Flüssigkeiten wie Salzlösungen leiten den elektrischen Strom ebenfalls. Das gilt auch für unsere Körperflüssigkeiten. Deshalb kann der menschliche Körper den elektrischen Strom leiten.

Daneben gibt es viele **Isolatoren** (Nichtleiter). Keramik, die meisten Kunststoffe (z. B. Plastik oder Lack), Glas, Gummi, Luft und destilliertes Wasser sind Isolatoren. Kunststoffe werden deshalb zur Isolation von elektrischen Leitungen, Schaltern und Steckdosen genutzt.
Ob ein Stoff Leiter oder Isolator ist, lässt sich mit einer einfachen Versuchsanordnung feststellen (Abb. 1). Als Nachweisgerät für den elektrischen Strom kann man eine Glühlampe nutzen.
Für sehr kleine Ströme eignet sich eine Leuchtdiode als „Stromanzeiger" (↗ Experiment 2). Dieser wird anstelle der Glühlampe in Abb. 1 in den Stromkreis geschaltet.

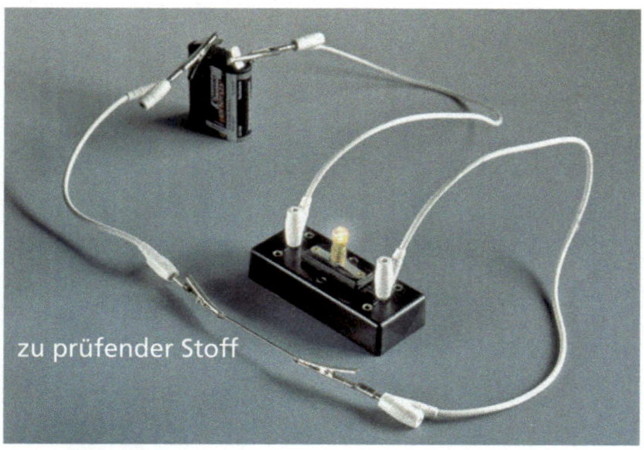

1 Untersuchung verschiedener Stoffe: Der zu prüfende Stoff kann ausgetauscht werden.

Selbst erforscht

Leiter oder Isolator

Experiment 1
Untersuche, ob ein Kunststoff- und ein Holzlineal, eine Bleistiftmine, ein Wollfaden, ein Radiergummi, eine Büroklammer und ein Schlüssel den elektrischen Strom leiten. Nutze die Schaltung in Abb. 1.
Erfasse deine Beobachtungen im Heft in Form einer Tabelle.

Körper	Stoff, aus dem der Körper besteht	Leitet der Stoff?	
		ja	nein
Lineal	Holz		x

Experiment 2
Mithilfe von Leuchtdioden kann man sehr geringe Ströme nachweisen.
a) Baue einen Stromanzeiger (↗ Abb.).
Material: Leuchtdiode, Lüsterklemmen, elektrischer Widerstand (ca. 300 Ohm).
Beachte: Damit dieser Stromanzeiger funktioniert, musst du den längeren Draht der Leuchtdiode mit dem Pluspol der Spannungsquelle verbinden.
b) Untersuche mit diesem Stromanzeiger und einer Batterie, welche Teile an deinem Fahrrad den Strom leiten.

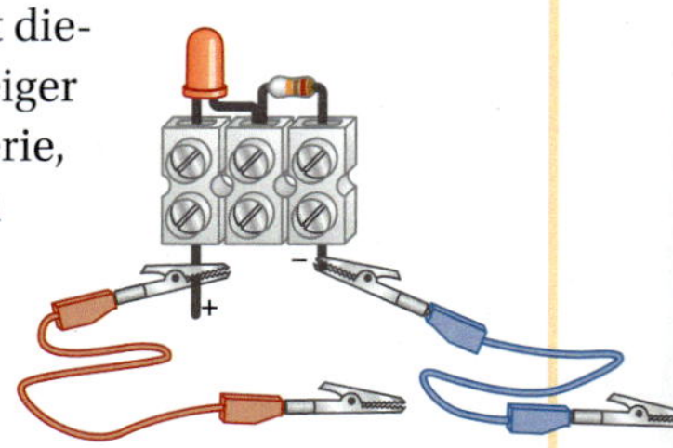

Experiment 3
Untersuche, ob Wasser den elektrischen Strom leitet.
a) Skizziere eine Experimentieranordnung. Orientiere dich an Abb. 1.
b) Prüfe die Leitfähigkeit von Leitungswasser. Gib dann Salz in das Leitungswasser und rühre gut um. Was kannst du feststellen?

Wirkungen des elektrischen Stroms

Fließt elektrischer Strom durch elektrische Leiter oder elektrische Geräte, so kann er verschiedene Wirkungen hervorrufen. Die charakteristischen Wirkungen des elektrischen Stroms sind in der Übersicht unten an Beispielen dargestellt.

Elektrischer Strom kann eine Lichtwirkung, eine Wärmewirkung, eine chemische Wirkung oder eine magnetische Wirkung haben.

Ob ein elektrischer Strom fließt oder nicht, kann man nur an seinen Wirkungen erkennen. Auch alle Nachweismöglichkeiten für Strom beruhen auf seinen Wirkungen. Der Mensch hat kein Sinnesorgan für elektrischen Strom.

Elektrischen Strom kann man nur an seinen Wirkungen erkennen.

Die Wirkungen des Stroms werden auch bei den vielfältigen Anwendungen in der Technik und im Alltag genutzt.
Glühlampen, Leuchtstofflampen oder LED (Lichtemitterdioden) sind Beispiele für die Nutzung der Lichtwirkung des elektrischen Stroms. Die **Lichtwirkung** wird auch bei Bildschirmen oder Displays von Handys genutzt.

1 Für Beleuchtungseffekte nutzt man die Lichtwirkung des elektrischen Stroms.

Die **Wärmewirkung** wird z. B. bei Elektroherden oder beim Föhn angewendet. Weitere Hinweise zur Wärmewirkung findest du auf Seite 142.

Die **magnetische Wirkung** wird vor allem bei Lasthebemagneten und bei Elektromotoren genutzt. Elektromotoren gibt es heute in vielen Haushaltsgeräten, z. B. in Waschmaschinen, Geschirrspülern, Mikrowellen oder DVD-Playern.

Die **chemische Wirkung** wird vor allem bei der Oberflächenveredlung angewendet. So kann die Oberfläche von Gegenständen verchromt, versilbert oder vergoldet werden. Das bedeutet: Die Oberfläche wird in einem speziellen Verfahren mit einer dünnen Schicht aus Chrom, Silber oder Gold überzogen.

Elektrischer Strom kann unterschiedliche Wirkungen haben.

Der elektrische Strom in einer Glühlampe kann Licht erzeugen.

Der Strom hat eine Lichtwirkung.

Der elektrische Strom in einem Bügeleisen erwärmt die Heizplatte.

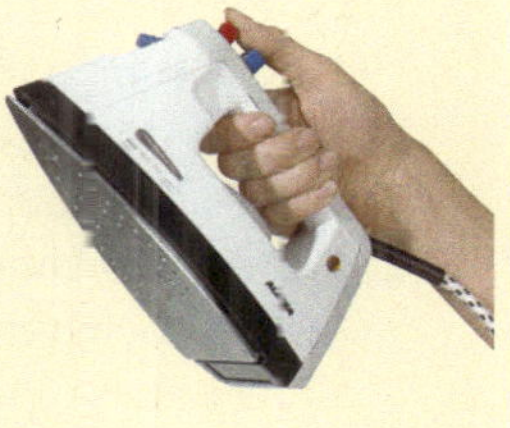

Der Strom hat eine Wärmewirkung.

Der elektrische Strom macht aus der Spule einen Elektromagneten.

Der Strom hat eine magnetische Wirkung.

Mithilfe des elektrischen Stroms kann man einen metallischen Gegenstand verchromen.

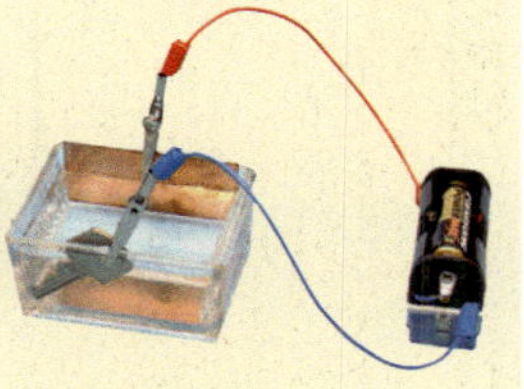

Der Strom hat eine chemische Wirkung.

Wärmewirkung des elektrischen Stroms

Wenn ein elektrischer Strom durch einen dünnen Metalldraht fließt, dann erwärmt sich der Draht. Ist der Strom sehr groß, dann beginnt der Draht zu glühen. Im Extremfall schmilzt er.
Hohe Ströme entstehen, wenn z. B. zu viele Geräte im Haushalt gleichzeitig in Betrieb genommen werden. Die Wärmewirkung des Stroms kann dann so groß werden, dass eine Sicherung „durchbrennt" und den Stromfluss unterbricht.

Die einfachsten Sicherungen sind **Schmelzsicherungen** (Abb. 2). In ihrem Inneren befindet sich ein dünner Draht. Dieser schmilzt, wenn der Strom einen bestimmten Wert überschreitet. Dieser Wert steht auf der Sicherung. Sicherungsautomaten nutzen außerdem noch die magnetische Wirkung des elektrischen Stroms.

Auch bei **Kurzschluss** reagieren Sicherungen und verhindern so Brände. Ein Kurzschluss kann z. B. entstehen, wenn im Haushalt versehentlich Stromleitungen angebohrt werden oder sich bei schadhafter Isolation Drähte in den Zuleitungen berühren. Der Strom fließt dann direkt von einem Pol der elektrischen Quelle zum anderen Pol (Abb. 3). Die Leitungen können sich dann so stark erhitzen, dass es zu einem Brand kommt.

Elektrische Geräte wie Wasserkocher haben **Heizwendeln.** Die aufgewickelten Drähte heizen sich auf und geben ihre Wärme an die Umgebung ab. So wird das Wasser im Wasserkocher erwärmt. Um zu verhindern, dass sich die Zuleitungen zu den Geräten auch erwärmen, fertigt man sie meistens aus dicken Kupferdrähten.
Auch in einer Heizplatte, bei einem Föhn oder bei einer Waschmaschine geben Heizwendeln die Wärme an ihre Umgebung ab.

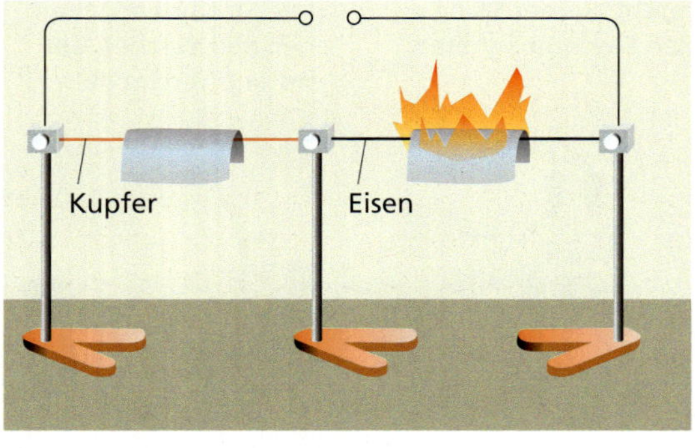

1 Ein Eisendraht erwärmt sich stärker als ein gleich dicker und gleich langer Kupferdraht. Das Papierfähnchen auf dem Eisen verbrennt deshalb schneller.

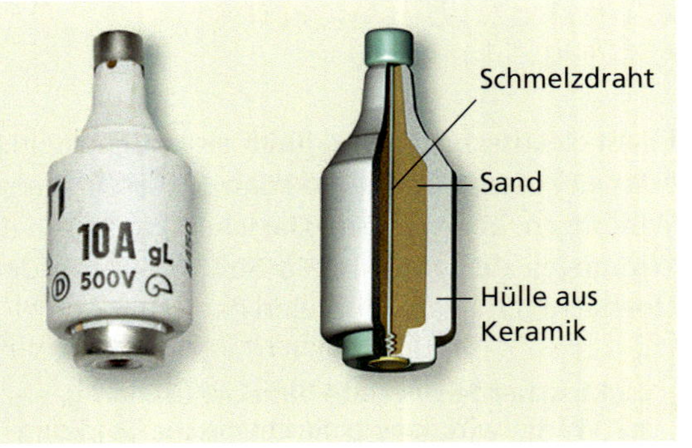

2 Schmelzsicherung (links) und ihr Aufbau (rechts)

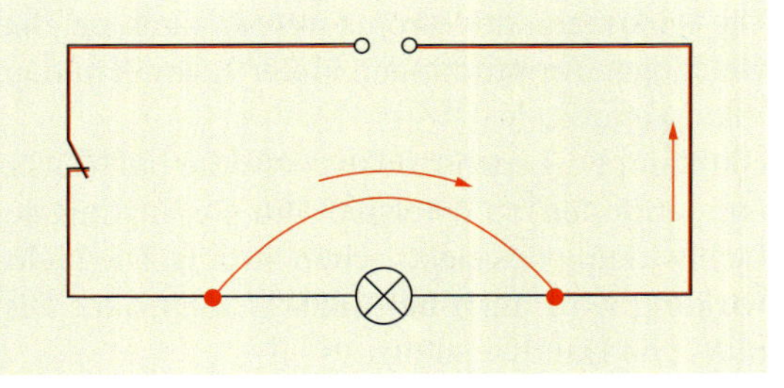

3 Bei einem Kurzschluss fließt der Strom direkt von einem Pol der elektrischen Quelle zum anderen.

Gewusst · Gekonnt

1. Begründe, warum Schmelzsicherungen, deren Schmelzdraht bereits geschmolzen ist, auf keinen Fall geflickt oder überbrückt werden dürfen.

2. Warum bestehen die Zuleitungen zu einem Wasserkocher meistens aus dicken Kupferdrähten?

3. Warum fließt Strom bei einem Kurzschluss nicht durch den Verbraucher (Abb. 3)?

Sicherheit beim Umgang mit elektrischem Strom

Der menschliche Körper leitet den elektrischen Strom. Die Wirkung von elektrischem Strom auf den Menschen hängt von der Stärke des Stroms und von der Spannung sowie vom Stromweg durch den menschlichen Körper ab. Mögliche Wege des Stroms zeigt die Abbildung unten.

Sehr kleine Ströme schaden nichts. Manchmal werden sie auch zur medizinischen Behandlung genutzt. Aber bereits etwas größere elektrische Ströme können den Menschen verletzen oder sogar töten. Schon Ströme aus elektrischen Quellen über 25 V können lebensgefährlich sein.

Zwischen den Polen von Steckdosen im Haushalt und in der Schule besteht eine Spannung von 230 V. Eine Berührung der Kontakte ist für Menschen lebensgefährlich. Bereits schwache Ströme können beim Menschen Krämpfe verursachen, sodass man manchmal nicht einmal mehr die Hand von der elektrischen Leitung lösen kann.

Stärkere Ströme verursachen Atmungsbeschwerden und Verbrennungen. Es kann auch zu Unregelmäßigkeiten in der Herztätigkeit kommen. Dies kann zur Bewusstlosigkeit, zum Herzstillstand und damit zum Tod führen.

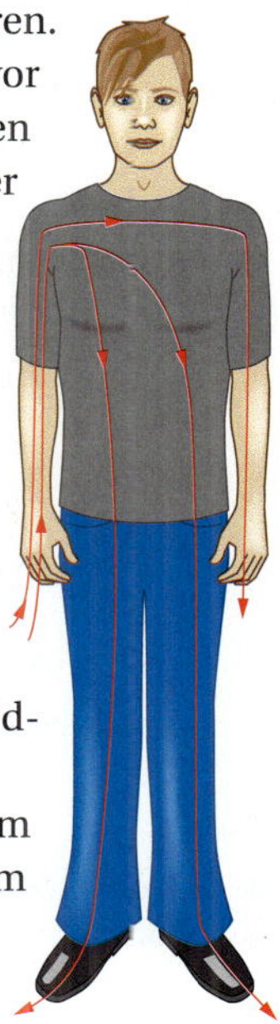

Deshalb muss sich der Mensch vor dem elektrischen Strom schützen (↗ S. 137). Besonders kritisch ist der Stromweg Hand–Hand, bei dem der Strom über das Herz fließen und dessen Tätigkeit beeinflussen kann. Ein solcher Stromweg tritt auf, wenn über Leitungen die Hände mit den beiden Polen einer Spannungsquelle verbunden sind (Abb. 1). Bei einer Taschenlampenbatterie ist das ungefährlich, bei einer Steckdose kann es tödlich sein.

Kommt es trotz aller Vorsicht zum Stromunfall, sind die Regeln im Kasten rechts einzuhalten.

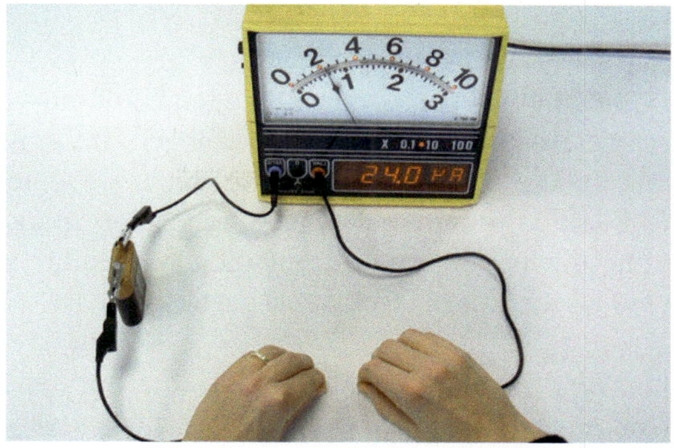

1 Nur sehr kleine Ströme, die in einem Stromkreis mit Batterie von Hand zu Hand fließen, schaden nichts.

Was tun bei einem Stromunfall?

- Berühre den Verunglückten nicht, solange der Stromkreis nicht sicher unterbrochen ist!
- Schalte den Stromkreis, in dem sich der Verunglückte befindet, mithilfe der Sicherung aus!
- Rufe Notruf 112!
- Leite Erste-Hilfe-Maßnahmen ein, z. B. Herzdruckmassage und Atemspende!

Gewusst · Gekonnt

1. Wiederhole, welche Regeln beim Umgang mit elektrischem Strom unbedingt einzuhalten sind (↗ S. 137). Warum dürfen z. B. die Pole einer Steckdose niemals mit bloßen Händen oder Leitern berührt werden?
2. Lies den Text auf dieser Seite gründlich durch und bewerte folgende Aussage: „Mir passiert schon nichts!“, sagt Niklas und experimentiert zu Hause mit Netzspannung.
3. Finde mithilfe des Textes auf dieser Seite heraus, welche Gefahren Ströme für den Menschen haben können. Beginne mit „Sehr kleine Ströme …“ usw.

Reihen- und Parallelschaltung

Damit ein elektrischer Strom fließen kann, muss ein geschlossener Stromkreis vorliegen. Im einfachsten Fall wird ein elektrisches Gerät, z. B. eine Glühlampe, durch zwei Leiter mit einer Spannungsquelle verbunden. Ein solcher Stromkreis wird als **einfacher Stromkreis** bezeichnet.

Für viele Anwendungen müssen aber mehrere Geräte im Stromkreis zusammengeschaltet werden. Dafür gibt es verschiedene Möglichkeiten. Als Beispiel betrachten wir die Schaltung von zwei Glühlampen.

Diese Glühlampen können hintereinandergeschaltet sein (Abb. 1). Der Stromkreis ist **unverzweigt.** Eine solche Schaltung wird als **Reihenschaltung** bezeichnet.
Glühlampen können auch parallel zueinander geschaltet werden (Abb. 2). Der Stromkreis ist dann **verzweigt.** Eine solche Schaltung wird als **Parallelschaltung** bezeichnet.

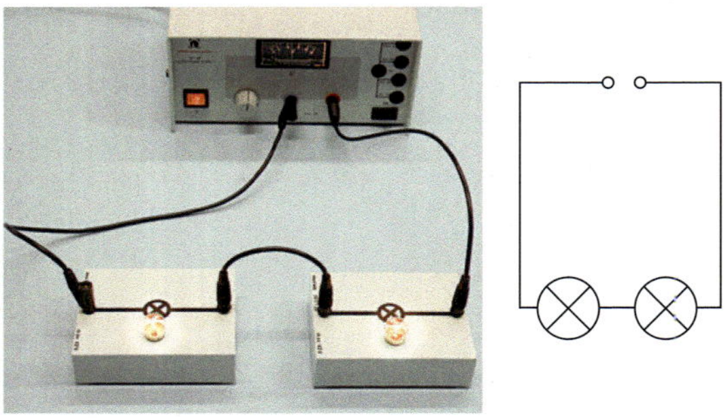

1 Reihenschaltung von Glühlampen. Der Stromkreis ist unverzweigt.

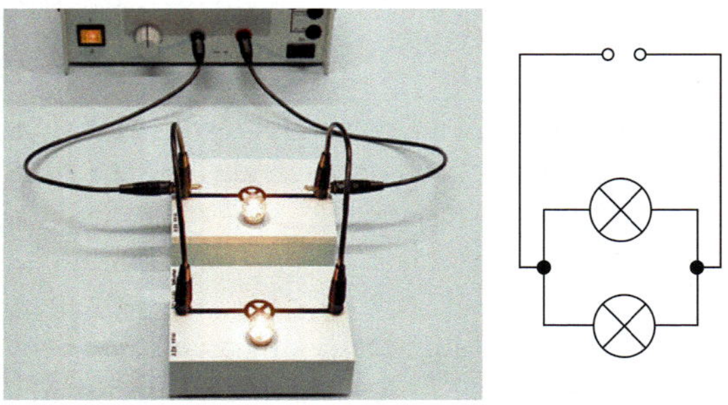

2 Parallelschaltung von Glühlampen. Der Stromkreis ist verzweigt.

UND-Schaltung und ODER-Schaltung

Auch Spannungsquellen und andere Bauteile können in Reihe oder parallel geschaltet sein. Für praktische Anwendungen ist vor allem die Reihen- oder Parallelschaltung von zwei Schaltern von Bedeutung.

Schaltet man zwei Schalter in Reihe (Abb. 3), dann fließt im Stromkreis nur dann ein Strom, wenn beide Schalter geschlossen sind. Eine solche Schaltung wird als UND-Schaltung bezeichnet. Sie wird z. B. bei Waschmaschinen, Mikrowellenherden oder Heckenscheren genutzt. Deshalb funktioniert z. B. ein Mikrowellenherd nur dann, wenn die Tür geschlossen ist (Schalter 1) und das Gerät eingeschaltet wird (Schalter 2).

Mit der Parallelschaltung von Schaltern (Abb. 4) wird erreicht, dass z. B. die Klingel in einem Haus sowohl von der Haustür als auch von der Wohnungstür aus betätigt werden kann. Die Schaltung wird als ODER-Schaltung bezeichnet.

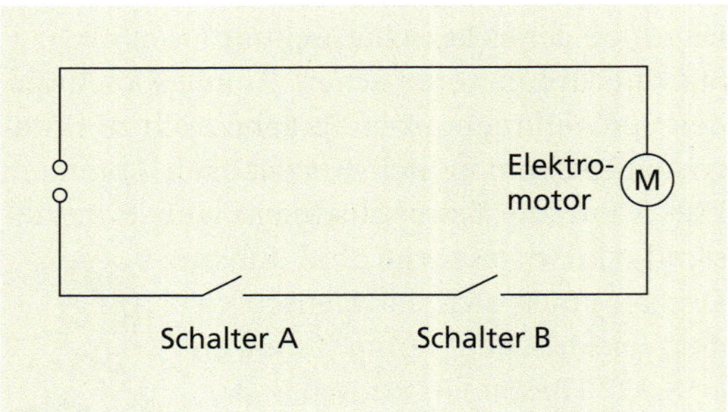

3 Bei der UND-Schaltung müssen beide Schalter gleichzeitig geschlossen werden, damit Strom fließt.

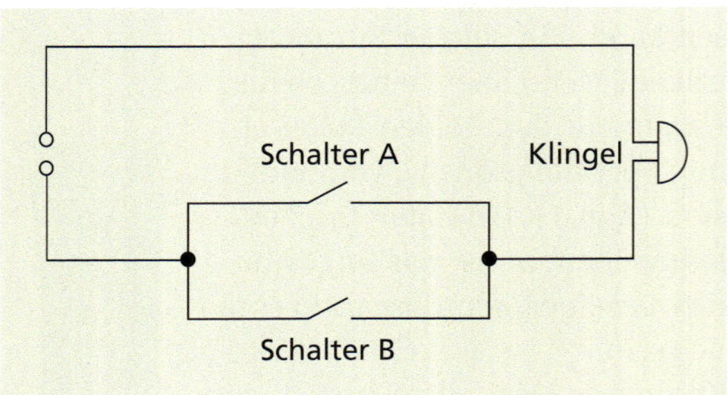

4 Bei der ODER-Schaltung fließt Strom, wenn Schalter A, Schalter B oder beide Schalter betätigt werden.

Erklären

In langen Fluren kann man das Licht an verschiedenen Stellen ein- oder ausschalten. Im einfachsten Fall kann dazu eine **Wechselschaltung** genutzt werden (Abb. 2).

Eine solche Schaltung besteht aus einer Spannungsquelle, einer Lampe und zwei speziellen Schaltern.

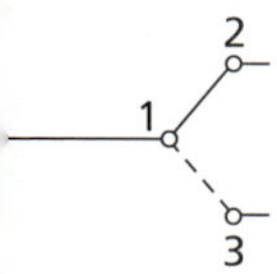

Ein Wechselschalter hat im Unterschied zu einem normalen Schalter drei Anschlüsse. Je nach Schalterstellung ist der Anschluss 1 mit dem Anschluss 2 oder 3 verbunden. Das Besondere bei einer Wechselschaltung besteht darin, dass sich die Lampe von jedem der beiden Schalter ein- und ausschalten lässt.

Wenn du wissen möchtest, **warum** etwas geschieht oder in bestimmter Weise abläuft, ist eine **Erklärung** gefragt.

Beim **Erklären** wird eine Erscheinung oder ein Vorgang in der Natur oder Technik auf Gesetze zurückgeführt. Es wird dargestellt, wie das Gesetz wirkt. Auch Modelle können zum Erklären genutzt werden.

Die Erscheinungen oder Vorgänge, die zu erklären sind, können sehr unterschiedlich sein.

Im Falle der Wechselschaltung interessiert z. B. die Funktionsweise.

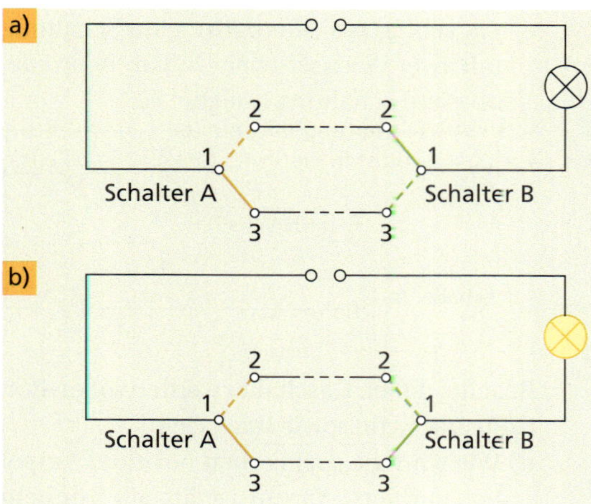

1 Bei den Schalterstellungen in (a) leuchtet die Lampe nicht, in (b) leuchtet sie.

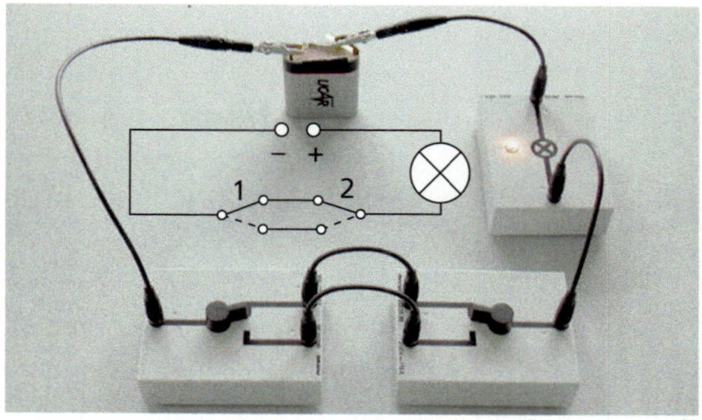

2 So sieht eine Wechselschaltung aus.

Schritt 1

Nennen des Sachverhalts, der erklärt werden soll

Bei einer Wechselschaltung kann eine Lampe mit jedem der beiden Schalter ein- und ausgeschaltet werden. Sie kann aber auch mit einem Schalter eingeschaltet und mit dem anderen ausgeschaltet werden.

Schritt 2

Aufsuchen von Gesetzen oder Modellen

Eine Lampe leuchtet, wenn der Stromkreis geschlossen ist. Sie verlöscht, wenn der Stromkreis geöffnet wird (Abb. 1).

Schritt 3

Zurückführen der Erscheinung auf Gesetze oder Modelle

Es wird gezeigt, dass diese Gesetze in der Erscheinung wirken, die erklärt werden soll.

Bei einer Wechselschaltung wird durch die Verbindung der beiden Schalter erreicht, dass der Stromkreis von jedem Schalter aus geöffnet oder geschlossen werden kann.

Mit dem einen Schalter kann der Stromkreis unterbrochen und mit dem anderen wieder geschlossen werden. Das ist bei großen Entfernungen wie auf einem langen Flur von Vorteil.

Knifflige Schaltungen

Eine Fußgängerampel soll entweder Rot oder Grün anzeigen. Auf den ersten Blick scheint die Schaltung in Abb. 1 geeignet zu sein: Schließt man Schalter A, leuchtet die rote Lampe, schließt man Schalter B, leuchtet die grüne Lampe.
Bleiben aber beide Schalter versehentlich geöffnet, leuchtet keine Lampe. Schließt man aus Versehen beide Schalter, leuchten beide Lampen. Wie kann man das Problem beheben?
Mit **einem Wechselschalter** lässt sich eine Ampelschaltung konstruieren, die diese Fehler ausschließt (Abb. 2). Du weißt bereits, dass ein Wechselschalter drei Anschlüsse hat. Bei Schalterstellung 2 leuchtet in Abb. 2 die rote Lampe, die grüne bleibt dunkel. Wird der Schalter umgelegt (Schalterstellung 3), leuchtet die grüne Lampe und die rote Lampe verlöscht.

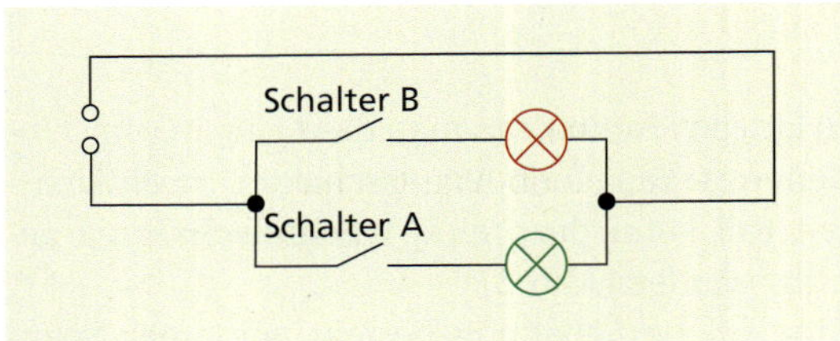

1 Eine ODER-Schaltung mit zwei Glühlampen ist nicht für eine Fußgängerampel geeignet.

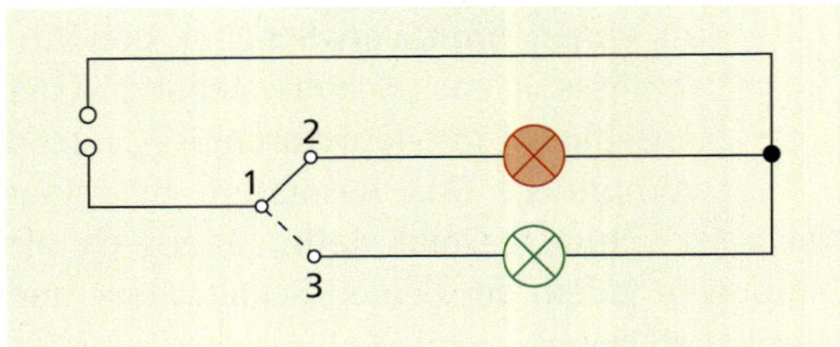

2 Schaltung einer Fußgängerampel mit Wechselschalter: Entweder Rot oder Grün leuchtet.

Schaltungen mit **zwei Wechselschaltern** nennt man Wechselschaltung. Wie eine **Wechselschaltung** aufgebaut ist und wie sie funktioniert, ist auf Seite 145 dargestellt.

Gewusst · Gekonnt

1. Begründe, warum die Schaltung in Abb. 1 eine ODER-Schaltung ist. Lies noch einmal auf Seite 144 nach.

2. Ist die Bezeichnung Sicherheitsschaltung für eine UND-Schaltung treffend gewählt?

3. Mit der folgenden Schaltung soll eine dreifarbige Ampel geschaltet werden.

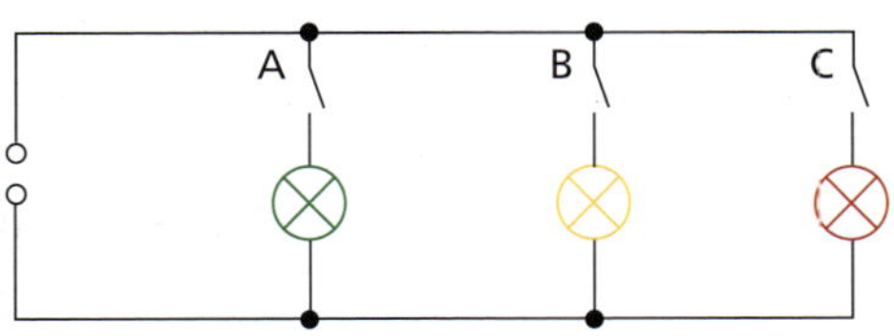

a) Welche Schalter müssen geschlossen sein, um die Ampelphasen „grün“, „gelb“, „rot“ sowie „rot“ und „gelb“ darzustellen? Fertige dazu eine Übersicht an.

b) Ist diese Schaltung für den sicheren Betrieb einer Ampelanlage geeignet? Begründe deine Meinung.

c) Jan schlägt als Alternative eine Schaltung mit zwei Wechselschaltern vor. Beurteile, ob diese Schaltung geeignet ist.

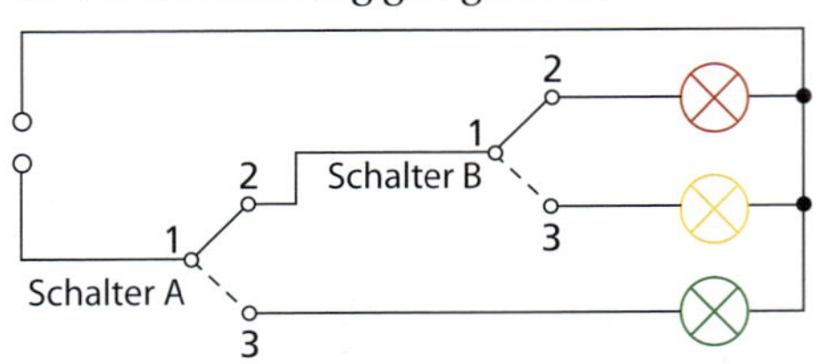

Beachte dabei: Geschaltet werden sollen Rot, Gelb und Grün sowie Rot + Gelb.

d) Wie sind die drei Farben bei einer Ampel angeordnet? Warum ist für alle Ampeln eine bestimmte Farbfolge festgelegt? Was bedeutet ein gelbes Blinken?

Gewusst · Gekonnt

1. Leitet Wasser?
Untersuche, ob Wasser elektrischen Strom leitet.

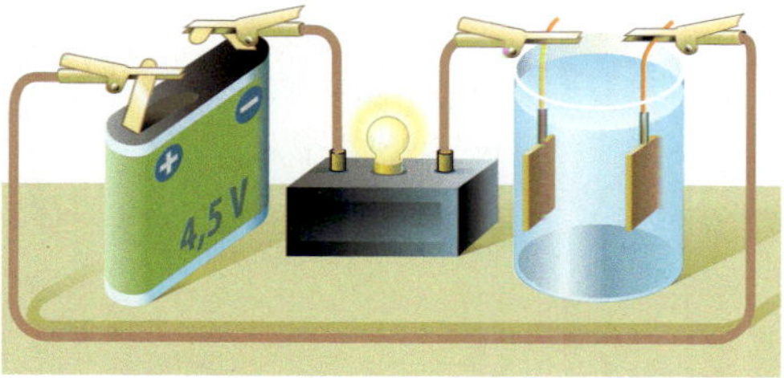

a) Fülle in das Gefäß Leitungswasser oder destilliertes Wasser.
b) Schütte nach und nach etwas Salz in das Wasser und rühre vorsichtig um. Beobachte die Glühlampe.
c) Beschreibe deine Beobachtungen.
d) Deute die Beobachtungen.
e) Bewerte die Aussage: Der menschliche Körper leitet elektrischen Strom.

2. Stromwirkungen
In den Abbildungen sind verschiedene Geräte bzw. Bauteile dargestellt. Gib für jedes Gerät an, welche Wirkungen des elektrischen Stroms genutzt werden.

a) 

b) 

c) 

d) 

3. Stromkreis bei Straßenbahnen
Oberleitungsbusse (O-Busse) und Straßenbahnen werden mit Elektromotoren angetrieben. Damit die Motoren arbeiten können, muss ein geschlossener Stromkreis vorhanden sein.
Warum benötigen O-Busse zwei Fahrdrähte zum Betrieb, Straßenbahnen dagegen nur einen?

4. Drachen sicher steigen lassen
Bewerte die Aussage:
„Vorsicht beim Drachensteigen in der Nähe von nicht isolierten Freileitungen!“

5. Verschiedene Schaltungen
Zwei Glühlampen sind an eine elektrische Quelle angeschlossen (Abb. a, b). Was passiert, wenn jeweils eine der beiden Lampen aus der Fassung geschraubt wird? Begründe.

a) 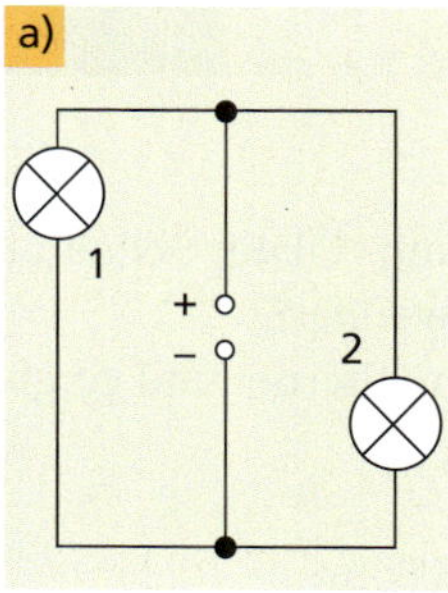

b) 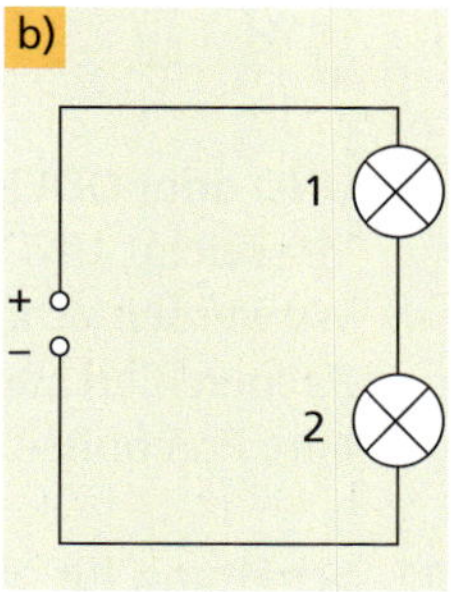

6. Sicherheit durch Regeln
Bewertet die Sicherheitsregel: Sicherungen dürfen auf keinen Fall geflickt oder überbrückt werden.

7. Auf der Suche nach der Hauptsicherung
Erkunde, wo sich in eurem Haushalt der Sicherungskasten befindet.
Wie können die Stromkreise in einzelnen Zimmern geöffnet werden? Gibt es eine Hauptsicherung? Begründe, warum bei einem Stromunfall diese Kenntnis wichtig ist.

Gewusst · Gekonnt

8. Gesetze helfen
Geräte können in Reihe oder parallel geschaltet sein.
Wie kann man prüfen, ob bei zwei elektrischen Geräten eine Reihenschaltung oder eine Parallelschaltung vorliegt?

9. Probieren geht über Studieren
Daniel wechselt die zwei Monozellen von je 1,5 V in seiner Maus aus. Erst nach mehrmaligem Probieren ist die Maus wieder funktionstüchtig. Was muss er beim Einlegen der Zellen beachten?

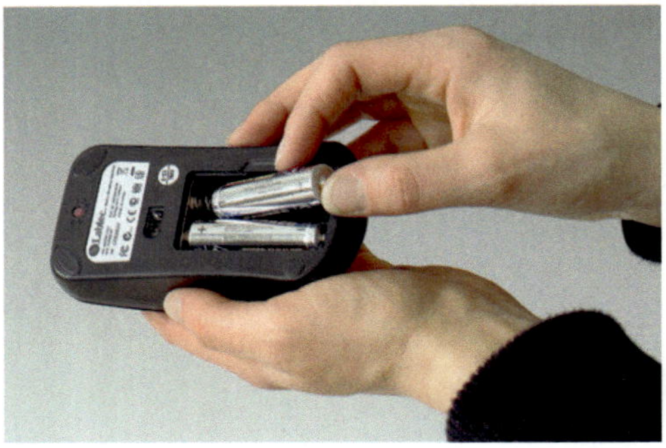

10. UND oder ODER?
Vergleicht UND- und ODER-Schaltungen. Wo werden sie angewendet?
Recherchiert auch im Internet und vergleicht eure Ergebnisse.

11. Schaltung für einen Föhn
Bei einem Föhn lassen sich Gebläse und Heizung getrennt einschalten. Während die Heizung nie ohne das Gebläse laufen darf, kann das Gebläse mit oder ohne Heizung laufen.
a) Entwirf einen Schaltplan für einen solchen Föhn.
b) Probiere die Schaltung aus. Verwende für die Heizung z. B. eine rote und für das Gebläse eine grüne Lampe.

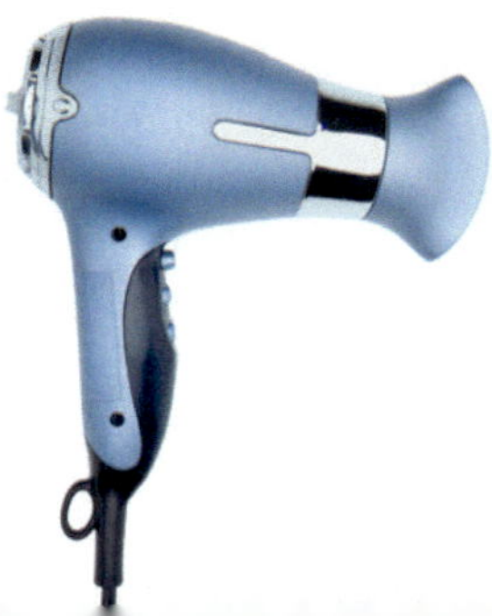

12. Ein Stromkreis und sein Schaltplan
Das Foto zeigt einen Stromkreis.

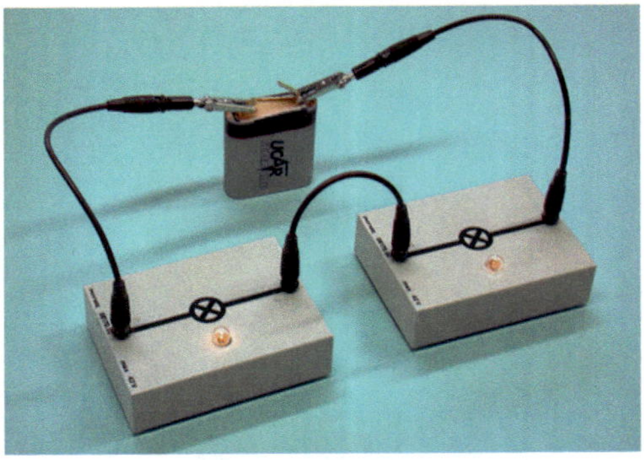

Skizziere den Schaltplan. Was für eine Schaltung liegt vor?

13. Schaltplan gesucht
In einem Stromkreis befinden sich neben einer Spannungsquelle, einem Schalter und einer Sicherung zwei Glühlampen. Die beiden Glühlampen sind parallel zueinander geschaltet. Spannungsquelle, Schalter und Sicherung sind mit den Glühlampen in Reihe geschaltet. Skizzierte den Schaltplan.

14. Eine Wechselschaltung
In einem langen Flur möchte man die Beleuchtung an verschiedenen Stellen ein- und ausschalten können. Dazu wird eine Wechselschaltung genutzt.

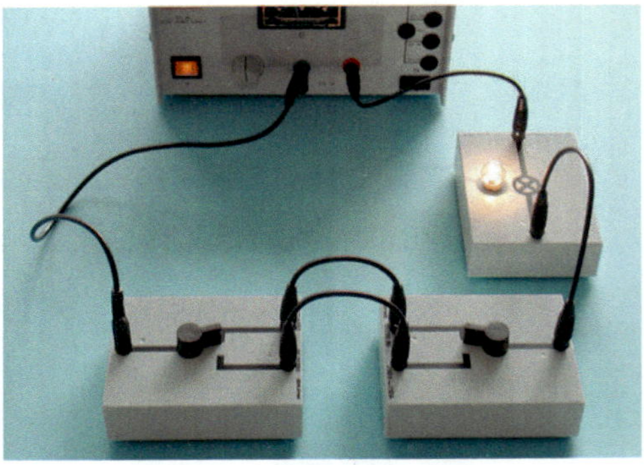

Baue eine solche Schaltung auf. Probiere sie aus. Zeichne den Schaltplan.

Elektrischer Strom und einfache Schaltungen

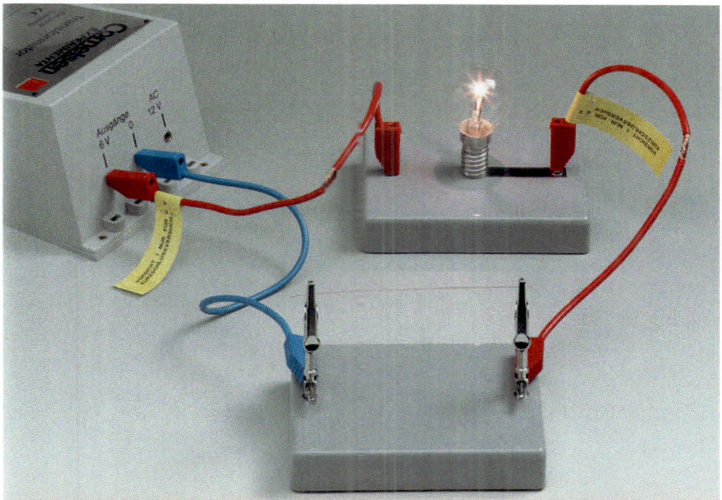

Elektrischer Strom kann nur in einem geschlossenen Stromkreis fließen.

Elektrischer Strom in einem metallischen Leiter ist die gerichtete Bewegung von Elektronen in diesem Leiter.

Elektrischer Strom kann eine Lichtwirkung, eine Wärmewirkung, eine chemische Wirkung oder eine magnetische Wirkung haben.

Je nachdem, wie Körper den elektrischen Strom leiten, unterscheidet man zwischen **Leitern** und **Isolatoren.**

- Elektrische Bauteile oder Geräte können hintereinander oder parallel zueinander geschaltet werden.

Art der Schaltung	Reihenschaltung	Parallelschaltung
Glühlampen und andere Verbraucher	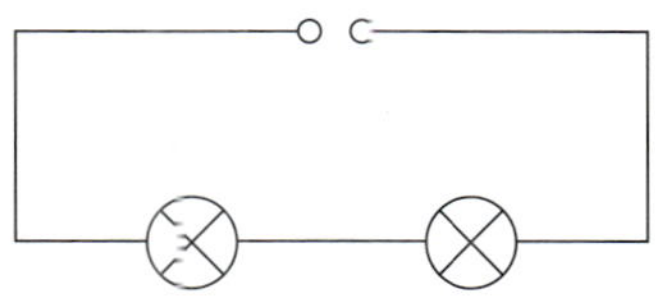	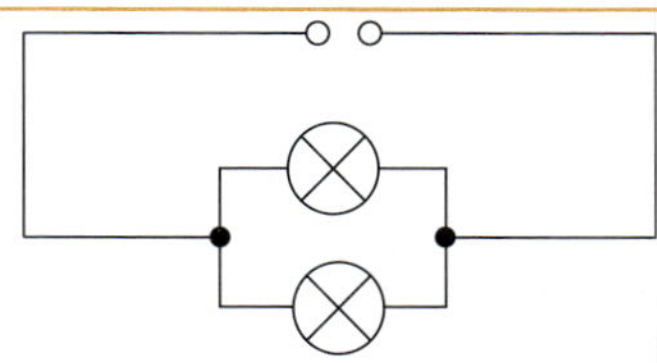
Schalter	UND-Schaltung 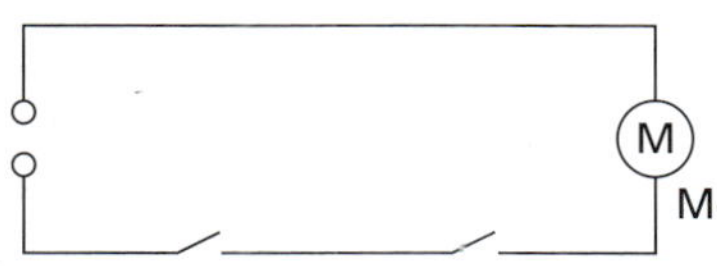	ODER-Schaltung 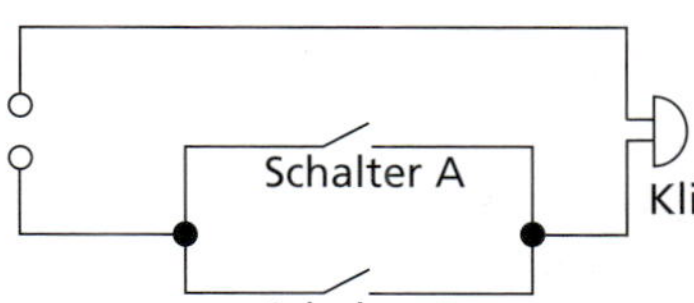

- Elektrische Leiter (Metalle, Salzwasser) leiten den elektrischen Strom gut.
- Auch der menschliche Körper leitet den elektrischen Strom. Deshalb gilt:

Um Schäden und Unfälle mit elektrischem Strom zu vermeiden, müssen unbedingt Regeln eingehalten werden (↗ S. 137, 143).

Register

Bildquellenverzeichnis

adpic Bildagentur/B. Leitner: 94/2; adpic Bildagentur/M. Baumann: 91/2; adpic Bildagentur/M. Dietrich: 135/04; AEG GmbH: 135/01, 147/01a; ARAL: 114/01; Archiv der Archenhold-Sternwarte Berlin:18/2; BackArts GmbH: NS:1/05, 88/01, 141/01; Bizerba GmbH & Co. KG, D-72336 Balingen: 82/1b; blickwinkel/W. Layer: 57/1d; Boeing: 125/02; Bossek, Hubert, Hoppegarten: 23/02; Canon Deutschland GmbH: 58/3; Carl Zeiss Jena GmbH: 8/03; Corbis/Jim Reed/Jim Reed Photography-Severe: 134/02; Corel Photos Inc.: 12/01, 13/1a, 71/05, 97/03b, 101/05, 101/06, 124/1; Cornelsen Experimenta: 53/1, 75/1, 113/1a, 113/1b, 113/2, 113/3, 115/01, 120/01/1, 123/1, 139/01, 139/02, 139/04, 139/05, 139/06, 149/01; Cornelsen Experimenta/Duden Paetec GmbH: 36/1a-c; Daimler AG: 72/03/2, 90/01, 136/01; Dennis Selke: 4/01, 70/01; Deutsche Bahn AG: 92/01; Deutsche Bahn AG/Hartmut Reiche: 91/1; Döring, V., Hohen Neuendorf: 138/3/01; Dr. Michael Unger: NS 1/01; Dr. Tilo Geisel:106/01, 119/01/2, 123/2; Drenckhan, Wiebke: 100/02; Duden Paetec GmbH: 31/3, 56/2, 65/01, 97/03a, 111/01, 143/01, 149/02; ESA: 7/2; ESO: 12/03; Fotolia: 41/05; Fotolia/by-studio: 148/02; Fotolia/Cyril Comtat: 134/01; Fotolia/Elina Gareeva: 119/01/1; Fotolia/Erwin Wodicka : 138/3/04; Fotolia/Franz Pfluegl: 135/03; Fotolia/Freddy Smeets: NS/2/04; Fotolia/Helmut Niklas: 28/02; Fotolia/Ingo Bartussek: 116/02, 131/2; Fotolia/Jacek Chabraszewski: 90/03; Fotolia/Jordi Lopez: 98/01; Fotolia/lnzyx: 119/02; Fotolia/Lulu Berlu: 15/2; fotolia/Michael Neuhauß: 146/01; Fotolia/Noel Powell: 6/02; Fotolia/pics: 72/03/0; Fotolia/Samantha Roche: 63/2; Fotolia/styf: 71/04; Fraport AG: 8/01; Gaa, Markus: 12/04, 16/01, 16/03; Heike Möller, Rödental: 57/1b; Hekatron Vertriebs GmbH, Sulzburg: 114/1; Held, Alfred, Falkensee: 10/01; Hemera Photo Objects: 38/02, 80/02, 86/01; Hubert Bossek, Hoppegarten: NS 2/02, 19/01; Hummel Roland, Engstingen: 106/02; InfraTec GmbH, www.InfraTec.de: 107/1, 132/2; iStockphoto: 5/01, 9/04, 23/01, 128/03, 134/03; iStockphoto/S. Dominick: 10/04; iStockphoto/Alexei Zaycev: 79/1; iStockphoto/Gene Cutka: 24/02; iStockphoto/Izabela Habur: 135/02; iStockphoto/Kristian Sekulic : 71/02; iStockphoto/marco testa: 4/02; iStockphoto/marco testa: 100/01; iStockphoto/Matjaz Boncina: 136/04; iStockphoto/mustafa deliormanli: 8/02; iStockphoto/Nadezda Verbenko: 119/03; iStockphoto/photoGartner: 72/03/1; iStockphoto/R. Kohlhuber: 141/1; iStockphoto/Ugur Bariskan: 118/01; John Foxx Images: 109/1a; Kalmutzki, S., Neuenhagen: 54/3a, 54/3b; Kilian C.: 41/01; Knauf Insulation GmbH & Co. KG: 130/01; LD Systeme AG & Co. KG: 33/02, 78/01, 113/1c, 113/01; Libbrecht, Kenneth G., Kalifornien, USA: 126/01; Liesenberg, G.: NS 1/03, NS 2/01, 13/1c, 26/01, 39/01, 40/01, 61/01, 73/2, 74/1, 92/02, 101/02, 102/03a, 102/03c, 113/1c, 117/04, 121/1a, 139/06, 139/07, 139/08, 128/01; Mahler, Fotograf, Berlin: 11/03, 16/02, 24/01, 29/1a, 29/1b, 29/1c, 30/1, 32/01, 35/1, 52/01, 67/2, 68/3/02, 68/3/01, 69/2, 72/02, 73/1a, 74/2a, 74/2b, 75/2, 80/1, 87/01, 87/02, 100/03, 101/03, 120/01/2, 121/1b, 126/03, 128/02, 129/1b, 129/1a, 129/2, 135/03, 140/1, 148/01; mauritius images/age fotostock: 100/04; mauritius images/Chris Hermann: 14/4/01; mauritius images/Douglas Peebles: 126/02; mauritius images/H. Weyer: 133/2; mauritius images/Phototake: 11/04; mauritius images/Thorsten Milse: NS 2/03; Messe Berlin GmbH und BDLI/Chris Sorensen: 71/03; Meyer, L., Potsdam: 11/06, 17/2, 21/01b, 24/04, 28/01, 31/1a, 31/1b, 38/01, 39/02, 41/03, 41/04, 42/01, 43/01, 43/02, 44/1, 44/2, 51/01, 72/01, 77/01, 80/02, 82/1c, 88/02c, 88/02b, 88/02a, 88/02d, 88/03, 90/02, 92/1, 96/1, 97/03d, 102/03b, 103/1, 113/4, 113/5, 116/01, 117/01, 117/02, 117/03, 127/02, 130/2, 133/1, 141/04, 142/2; NASA: NS 2/06, NS 1/02, 21/02; NASA/JPL: 12/02; NASA/JPL-Caltech: 7/1; NTL Austria: 33/01, 34/1, 68/1, 136/03; ÖAMTC: 28/1, 79/01; Osram GmbH: 14/4/02, 14/2, 139/03, 147/01c; panthermedia: 70/03, 101/01; panthermedia/A. Kirch: 21/01c; panthermedia/Dieter Möbus: 71/01; panthermedia/Gerhard Mayer: 124/3; panthermedia/Horst Hellwig: 92/03; panthermedia/Meseritsch Herby: 49/2; panthermedia/Robert Strehlow: 12/04; Photo Disc Inc.: NS 2/05, 6/01, 11/05, 13/1b, 25/1, 48/1, 77/2, 87/03, 103/3, 129/1c; Photosphere: 79/2; Phywe Systeme GmbH & Co. KG, Göttingen: 10/03, 11/01, 64/1, 82/1a, 84/2, 85/1a, 85/1b, 97/03c, 102/01; picture-alliance/dpa: 57/1a ,99/01, 125/01, 131/1, 131/3; picture alliance/dpa/Foto DVR: 73/1d; picture-alliance/ZB: 41/02; picture-alliance/dpa/Stockfood: 119/01/3; picture-alliance/OKAPIA KG, Germany: 147/02; picture-alliance/ZB: 121/1c; pixathlon/Icon Sports Media/Jonathan Schwan: 70/02; Raake, Susanne: 97/02, 109/1c, 136/02; Ruhmke, D., Berlin: 58/1, 73/1c; RWE Power AG, Essen: 97/01; Sartorius AG: 89/02; Shutterstock/Picsfive: 101/04; Shutterstock/Ungor: 127/01; Sibylle Haase: NS 1/04; Siemens AG/München: 13/1d, 21/01a, 36/3, 134/04, 147/01d, 147/01b; Silvestris GmbH, Kastl: 73/1b; Spitz, Christian Dr.: 70/04; Technorama, Schweiz, www.technorama.ch: 3/01, 11/02, 69/1; Theuerkauf, H., Gotha: 57/3; ullstein - Ihlow: 89/01; VARTA: 138/3/03; Vogt, Patrik, Landau: 78/1, 135/05, 138/3/02, 141/01, 141/03, 143/1, 144/1, 144/2, 145/2, 148/03, 148/04; Volkswagen AG: 109/1b; WeberHaus: 133/3; WILDLIFE/NWU: 57/1c; Wöhlbrandt B.: 21/01d; www.bildagentur-online.com: 9/05; www.fotos-direkt.de: 10/02.

Massen in Natur und Technik

Elektronen, Atome
$<10^{-24}$ kg

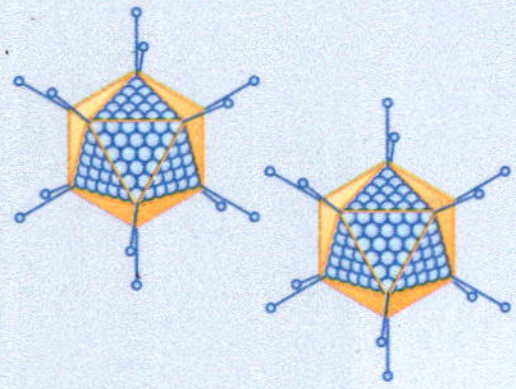

Viren, Bakterien
$<10^{-20}$ kg

kleines Sandkorn
10^{-8} g

Briefmarke
10^{-5} g

Wassertropfen
(0,3 g)

1-Euro-Münze
7,5 g

Tafel Schokolade
100 g

1 Liter Wasser
1 kg

Gehirn eines Menschen
ca. 1,4 kg

Pkw der Mittelklasse
1 400 kg = 1,4 t

Startmasse eines Airbusses A 380
ca. 500 t

Masse der Kugel des Berliner Fernsehturms
4 800 t

Masse des Betonschafts des Berliner Fernsehturms
26 000 t

Masse der Erde
$5{,}97 \cdot 10^{24}$ kg